军事计量科技译丛

太赫兹技术及其军事安全应用

THz and Security Applications

Detectors, Sources and Associated Electronics for THz Applications

[意] 卡洛·科西（Carlo Corsi）
[乌克兰] 费迪尔·西佐夫（Fedir Sizov） 编著

王星 徐航 李宏光 等译

国防工业出版社

·北京·

著作权合同登记　图字：军—2018—053 号

图书在版编目(CIP)数据

太赫兹技术及其军事安全应用/(意) 卡洛·科西
(Carlo Corsi),(乌克兰)费迪尔·西佐夫
(Fedir Sizov)编著；王星等译. —北京：国防工业
出版社,2019.8
(军事计量科技译丛)
书名原文：THz and Security Applications：
Detectors, Sources and Associated Electronics for
THz Applications
ISBN 978-7-118-11953-4

Ⅰ.①太… Ⅱ.①卡… ②费… ③王… Ⅲ.①电磁辐
射—研究②电磁辐射—应用—军事技术—安全技术—研究
Ⅳ.①O441.4②E912

中国版本图书馆 CIP 数据核字(2019)第 183903 号

Translation from the English language edition：
THz and Security Applications：
Detectors, Sources and Associated Electronics for THz Applications
edited by Carlo Corsi and Fedir Sizov
Copyright © Springer Science+Business Media Dordrecht 2014
This Springer imprint is published by Springer Nature
The registered company is Springer Science+Business Media B. V.
All Rights Reserved

本书简体中文版由 Springer 出版社授权国防工业出版社独家出版发行,版权所有,侵权必究。

※

国防工业出版社出版发行
(北京市海淀区紫竹院南路 23 号　邮政编码 100048)
三河市腾飞印务有限公司印刷
新华书店经售

*

开本 710×1000　1/16　插页 6　印张 17¼　字数 296 千字
2019 年 8 月第 1 版第 1 次印刷　印数 1—2000 册　定价 98.00 元

(本书如有印装错误,我社负责调换)

国防书店：(010)88540777　　　发行邮购：(010)88540776
发行传真：(010)88540755　　　发行业务：(010)88540717

译者序

当今，太赫兹（Terahertz，THz）技术研究方兴未艾，已成为世界发达国家民用和军事安全领域的研究热点。太赫兹波所拥有的独特性质，使太赫兹技术在生物、医学、通信、军事安全等诸多领域具有广阔的市场前景。近年来发生的恐怖袭击日益成为全世界民用和军事安全面临的紧迫问题，而利用太赫兹成像系统可以远程探测爆炸物和其他形式的威胁。然而，太赫兹源及传感器在操作中存在的问题仍然严重限制该技术的应用，尤其是传感器尺寸、使用复杂性、成本和低温操作等方面无法满足要求。为此，我们亟需了解太赫兹前沿技术和未来发展的各种关键因素，基于鉴别和总结太赫兹技术的优缺点，努力推动太赫兹技术和应用进一步发展，从而占据这一新兴、重要领域的制高点和主动权。

本书由太赫兹领域的著名专家学者意大利 Carlo Corsi 教授和乌克兰 Fedir Sizov 教授撰写，源于乌克兰国家科学院半导体物理研究所于 2013 年 5 月在基辅举办的"北大西洋公约组织（NATO）高级研讨会（ARW）"会议录。会议邀请了 20 多位来自美国、欧洲等国家在太赫兹领域颇有造诣的科学家，旨在综述目前具有最先进技术水平的太赫兹探测器、源及相关电子器件，为太赫兹成像系统应用解决方案提供最具实施性的建议，以揭示太赫兹技术在军事安全应用方面的巨大潜力。

与太赫兹领域的其他著作相比，本书独辟蹊径，别具特色，将太赫兹的理论与实践相结合，融先进性、前沿性和实用性于一体。本书既可帮助相关专业的本科生、研究生学习理解太赫兹基础理论，也可作为太赫兹领域科研人员从事技术研究与应用的有价值参考用书。

本书共分为 14 章。第 1 章阐述太赫兹技术的发展历史、实际局限性及军事安全领域应用前景；第 2、3 章介绍各种类型的太赫兹探测器及其理论基础、技术特点和实验数据；第 4 章介绍中红外量子级联激光器室温太赫兹源的设计；第 5、6 章介绍计量级量子级联激光器组件、新型室温纳米探测器和低损耗波导的最新发展；第 7、8 章介绍太赫兹技术在光谱学、痕量气体探测中的应用；第 9 章介绍太赫兹主动实时成像的五种新方法；第 10 章介绍宽带纳米晶体管太赫兹探测器的最新研究成果；第 11~14 章介绍太赫兹成像系统在无线通信、军事防御和民用安检中的应用。最后的圆桌研讨会问答部分进一步总结了太赫兹技术的优缺点、与成熟红外或微波监视技术相比的竞争力、特殊研发领域的迫切需求、新技术(纳米、皮秒和有机电子学)在太赫兹学科中发挥的作用,以及未来电子学和光子学在太赫兹领域的发展方向。

全书由王星统稿和审校,李宏光技术审定。全书共14章,其中:前言、第1、2、3、11、12、14章和圆桌研讨会问答由王星翻译;第4、5章由解琪翻译;第6、13章由陈娟翻译;第7、8、10章由徐航翻译;第9章由李宏光翻译。译著在忠实于原文表述的基础上,力求深入理解原著所涉及的技术概念和基本操作原理,并就疑难点与西安应用光学研究所的科研人员进行了多次讨论和确定。尽管如此,由于译者水平有限,错误和不妥之处在所难免,恳请读者批评指正。

西安应用光学研究所的闫杰总工程师为译著翻译提供了大力支持,田民强研究员和邵新征主任给予了中肯的意见和建议,在此对他们表示衷心感谢。"不忘初心,方得始终"。希望本书能对太赫兹相关领域的科研人员有所裨益,为促进我国国防工业的太赫兹技术研究和发展尽绵薄之力。

译者

2019.7

前言

对小型探测器来说，不管是致冷(不低于液氮温度)或是非致冷，大功率太赫兹源及相关电子器件是确定主动和被动太赫兹成像系统最终性能的关键因素。参加太赫兹会议的专家一致认为，太赫兹部件的建模和仿真(包括矩阵阵列和天线的仿真及优化)是非常重要的一个方面，因而也使其成为该领域专家在本次会议上讨论的核心内容。太赫兹波段物理建模和仿真的深入研究对研制性能优良且成本低的太赫兹成像系统至关重要。研制高性能的太赫兹成像系统部件或系统，其建模和仿真将受到北大西洋公约组织(NATO)的持续关注，原因有两方面：首先，这些部件是非侵入边境安全监视、远距离探测爆炸物和其他军事安全应用的重要组成部分，这些应用决定了太赫兹成像系统的性能参数；其次，上述领域的进一步发展将推动设计出更加先进的太赫兹成像系统。研制太赫兹成像系统所必需的探测器、源及其相关电子器件，结构复杂且成本高昂，而设计和制造先进的太赫兹探测器、源及相关电子器件，尤其是带有微致冷和非致冷部件的太赫兹成像系统，其最终的发展方向必然是降低成本并扩展性能。

会议的目的是综述太赫兹成像系统目前具有最先进技术水平的微致冷和非致冷太赫兹探测器、源及相关电子器件。通过建立太赫兹波段物理模型和不确定度估算标准，确定未来太赫兹技术研发的关键领域，可为获得高效太赫兹成像系统技术及其未来发展方向提供一个清晰的思路。

会议讨论的主题包括太赫兹探测器及源的物理学机理、探测器设计和工艺制造、相关电子器件设计以及电路和天线的建模和仿真等问题，对近年来基于研制先进太赫兹探测器、源和相关电子器件所获得的技术经验进行了深入分析和讨论。

科学联合主任
Carlo Corsi 教授(意大利)
Fedir Sizov 教授(乌克兰)
Antony Rogalski 教授(波兰)

目录

第1章 准光学或亚毫米波和太赫兹技术的发展历史、实际局限性及安全领域应用前景 ·········· 001
1.1 引言 ·········· 001
1.2 太赫兹安全领域应用关键技术:历史介绍 ·········· 002
    1.2.1 太赫兹波的起源 ·········· 007
    1.2.2 一个世纪前的"太赫兹"概念 ·········· 008
    1.2.3 近代史 ·········· 008
    1.2.4 现状和未来 ·········· 009
1.3 关键器件:太赫兹源、滤波器和传感器 ·········· 009
    1.3.1 滤波器 ·········· 013
    1.3.2 太赫兹探测器 ·········· 014
1.4 太赫兹成像系统在安全领域中的应用 ·········· 016
1.5 结论 ·········· 017
参考文献 ·········· 020

第2章 远红外半导体探测器和焦平面阵列 ·········· 023
2.1 引言 ·········· 023
2.2 远红外探测器的发展趋势 ·········· 024
2.3 探测器的分类 ·········· 026
    2.3.1 光子探测器 ·········· 026
    2.3.2 热探测器 ·········· 029
2.4 室温太赫兹成像探测器 ·········· 030
    2.4.1 肖特基势垒(SBD)二极管 ·········· 031
    2.4.2 场效应晶体管(FET)探测器 ·········· 033
    2.4.3 微测辐射热计 ·········· 035
2.5 非本征探测器 ·········· 037
    2.5.1 锗非本征光电导探测器 ·········· 037

2.6　阻挡杂质带探测器 ……………………………………………………… 040
2.7　半导体测辐射热计 ……………………………………………………… 044
2.8　结论 ……………………………………………………………………… 045
参考文献 ………………………………………………………………………… 046

第3章　非致冷整流和测辐射热计型太赫兹/亚太赫兹探测器 …… 049

3.1　引言 ……………………………………………………………………… 049
3.2　FET探测器 ……………………………………………………………… 050
　　3.2.1　功率传递系数 …………………………………………………… 055
　　3.2.2　天线传递系数 …………………………………………………… 057
　　3.2.3　分压器传递系数 ………………………………………………… 058
3.3　SBD探测器 ……………………………………………………………… 059
3.4　FET和SBD探测器的噪声等效功率 …………………………………… 060
3.5　MCT-HEB探测器 ……………………………………………………… 062
3.6　太赫兹成像 ……………………………………………………………… 064
3.7　结论 ……………………………………………………………………… 065
参考文献 ………………………………………………………………………… 066

第4章　室温应用的高功率、窄带小型太赫兹源 …………………… 068

4.1　引言 ……………………………………………………………………… 068
4.2　双核有源区设计 ………………………………………………………… 069
4.3　集成双周期光栅设计的3.3~4.6THz太赫兹源 ……………………… 070
4.4　采用Čerenkov相位匹配方式的1~4.6THz太赫兹源 ……………… 073
4.5　采用外延层下安装的高功率太赫兹源 ………………………………… 075
4.6　结论 ……………………………………………………………………… 078
参考文献 ………………………………………………………………………… 079

第5章　太赫兹光子器件 ……………………………………………… 082

5.1　引言 ……………………………………………………………………… 082
5.2　太赫兹QCL ……………………………………………………………… 083
　　5.2.1　计量级太赫兹(QCL) …………………………………………… 083
　　5.2.2　相位锁定 ………………………………………………………… 086
5.3　太赫兹探测器 …………………………………………………………… 088
　　5.3.1　纳米线FET ……………………………………………………… 089
　　5.3.2　石墨烯FET ……………………………………………………… 092

5.4　太赫兹空心波导 ……………………………………………………… 094
5.5　结论 …………………………………………………………………… 096
参考文献 ……………………………………………………………………… 096

第6章　基于超导外差集成接收机的太赫兹成像系统 …………………… 100

6.1　引言 …………………………………………………………………… 101
6.2　基于600GHz超导集成接收机的太赫兹安全系统 ………………… 105
　　6.2.1　接收机性能 …………………………………………………… 105
　　6.2.2　太赫兹成像系统模型 ………………………………………… 108
6.3　总结和展望 …………………………………………………………… 109
参考文献 ……………………………………………………………………… 110

第7章　表面波在太赫兹光谱学中的应用 ………………………………… 112

7.1　引言 …………………………………………………………………… 112
7.2　太赫兹光谱学在亚波长级系统的应用 ……………………………… 113
7.3　亚波长孔径太赫兹近场探头 ………………………………………… 114
7.4　太赫兹表面波 ………………………………………………………… 116
7.5　太赫兹表面波近场成像 ……………………………………………… 117
7.6　采用太赫兹表面波的亚波长限定 …………………………………… 119
7.7　结论 …………………………………………………………………… 120
参考文献 ……………………………………………………………………… 120

第8章　探测红外和太赫兹波段痕量气体的石英增强光声传感器 ……………………………………………………………………… 122

8.1　引言 …………………………………………………………………… 123
8.2　中红外石英增强光声传感器 ………………………………………… 123
8.3　太赫兹石英增强光声传感器 ………………………………………… 126
8.4　基于QCL的太赫兹石英增强光声传感器 …………………………… 129
8.5　结论 …………………………………………………………………… 132
参考文献 ……………………………………………………………………… 132

第9章　太赫兹主动实时成像系统 ………………………………………… 134

9.1　引言 …………………………………………………………………… 135
9.2　太赫兹主动电子成像系统 …………………………………………… 135
　　9.2.1　太赫兹机械扫描成像系统 …………………………………… 135

9.2.2 合成孔径成像 ………………………………………… 141
  9.2.3 太赫兹主动电子成像系统的发展潜力及总结 ……… 145
 9.3 光电太赫兹成像系统 …………………………………………… 146
  9.3.1 零平衡探测原理 ………………………………………… 146
  9.3.2 外差探测原理 …………………………………………… 150
  9.3.3 光电太赫兹成像的潜力及总结 ………………………… 153
 9.4 太赫兹焦平面阵列 ……………………………………………… 154
  9.4.1 硅FET太赫兹焦平面阵列 ……………………………… 155
  9.4.2 硅FET太赫兹焦平面阵列的总结及展望 ……………… 157
 9.5 结论和展望 ……………………………………………………… 158
 致谢 …………………………………………………………………… 159
 参考文献 ……………………………………………………………… 159

第10章 宽带纳米晶体管太赫兹探测器的最新研究成果 ……… 165
 10.1 引言 …………………………………………………………… 165
 10.2 等离子体FET探测的流体动力学理论 ……………………… 166
 10.3 低功率和高功率限的FET太赫兹辐射探测 ………………… 170
 10.4 非共振探测与温度的依赖关系 ……………………………… 173
 10.5 FET太赫兹探测的螺旋性依赖关系 ………………………… 174
 10.6 太赫兹通信应用的负载效应和等离子体波探测器 ………… 175
 10.7 太赫兹探测的双光栅栅极结构 ……………………………… 177
 10.8 讨论与结论 …………………………………………………… 179
 致谢 …………………………………………………………………… 180
 参考文献 ……………………………………………………………… 180

第11章 太赫兹在民用和军事安全检查中的应用 ……………… 185
 11.1 引言 …………………………………………………………… 185
 11.2 探测隐藏物体的太赫兹系统 ………………………………… 186
 11.3 图像处理 ……………………………………………………… 188
 11.4 图像质量评估 ………………………………………………… 191
 11.5 热模型 ………………………………………………………… 194
  11.5.1 热模型制作 …………………………………………… 194
  11.5.2 测量配置和结果 ……………………………………… 196
 11.6 结论 …………………………………………………………… 199
 参考文献 ……………………………………………………………… 200

第 12 章　Clinotron 太赫兹成像系统 ········· 202
12.1　引言 ········· 202
12.2　Clinotron 设计特点 ········· 203
12.3　Clinotron 太赫兹成像系统 ········· 206
12.4　Clinotron 太赫兹成像系统应用前景 ········· 207
参考文献 ········· 208

第 13 章　安全与防御应用的新型低成本红外"太赫兹火炬"技术 ········· 210
13.1　引言 ········· 211
13.1.1　背景 ········· 211
13.1.2　光谱范围 ········· 212
13.1.3　成本驱动 ········· 213
13.1.4　新型热红外"太赫兹火炬"技术 ········· 214
13.2　基本单通道架构 ········· 215
13.2.1　基本部件介绍 ········· 215
13.2.2　基本子系统介绍 ········· 217
13.2.3　首台单通道"太赫兹火炬"原理验证演示器 ········· 225
13.3　多路复用方案体系结构 ········· 226
13.3.1　多路复用方案介绍 ········· 226
13.3.2　首台"太赫兹火炬"频分复用演示器 ········· 228
13.4　基本局限性和工程解决方案 ········· 231
13.4.1　工作波段 ········· 231
13.4.2　灯丝和传感器的热时间常数 ········· 231
13.4.3　探测器响应度和颤噪效应 ········· 233
13.4.4　灯泡玻璃外壳的吸收 ········· 234
13.4.5　自由空间衰减及扩展损耗 ········· 236
13.5　结论 ········· 237
致谢 ········· 237
参考文献 ········· 238

第 14 章　太赫兹最新技术及其在军事安全领域中的应用 ········· 241
14.1　引言——新兴、持久、两用和非常规威胁形式 ········· 242
14.1.1　信号采集与远程探测 ········· 244

  14.1.2 信号情报(SIGINT) ·· 244
14.2 太赫兹成像技术——系统基本操作原理 ·· 245
14.3 系统概念和实施策略 ·· 248
14.4 未来军事安全应用的思考及发展方向 ·· 250
14.5 结论 ··· 252
参考文献 ··· 253
附录 圆桌研讨会问答 ··· 254

第1章
准光学或亚毫米波和太赫兹技术的发展历史、实际局限性及安全领域应用前景

Carlo Corsi

摘 要：恐怖袭击造成的大规模杀伤风险，日益成为全世界民用和军事安全面临的紧迫问题。最新引起人们极大关注的一项技术是利用太赫兹（THz）波探测爆炸物和其他形式的威胁。然而，目前太赫兹器件（传感器及源）在操作中存在的问题仍然严重限制着太赫兹技术的应用，特别是传感器尺寸、使用复杂性、总体成本和低温操作等方面无法满足要求。综述安全领域中室温无人值守设备当前最先进的太赫兹传感器及源技术。遵从"源于历史，展望未来"的原则，介绍并讨论太赫兹科学以获取历史经验，确认在技术和操作层面上获得的成功解决方案和令人失望的幻想。综述什么是太赫兹波，其产生、传输和探测方式以及对太赫兹通用技术的评价，探讨其未来的发展方向。

1.1 引言

长久以来，电磁光谱的太赫兹区域一直被认为是电磁波"间隙"———种未知的电磁科学领域，然而19世纪末以来的科技进步已逐渐对这一"间隙"有所认识。所有这些取得的成就都要归功于少数杰出的天才科学家。下面章节将对他们进行介绍。

造成这种电磁光谱知识空白的原因多种多样，主要是缺乏在室温下工作的可

C. Corsi (✉)
C.R.E.O. Centro Ricerche Elettro-Ottiche, Località Boschetto SS17, 67100 L'Aquila, Italy
e-mail: corsi@romaricerche.it

靠、高灵敏度的太赫兹探测器和大功率的太赫兹可调谐辐射源。

太赫兹科学需要众多科技领域(器件和系统)的深入和广泛知识,只有极少数的实验室和经过严格挑选的科学家才能够担此重任并取得成功,这也从侧面证明了太赫兹技术在目前没有得到广泛应用的原因。虽然当前在安全和生物医学领域对太赫兹技术的需求激增,而且事实上一些"卓越研究中心"(Centres of Excellence)在这两个领域的应用已取得了重大进展,但是距离广泛使用太赫兹技术,以及低成本、大规模生产和购买可靠、实用的太赫兹传感器及源的目标仍然存在差距。

如前言所述,我们将证实从太赫兹科学发展的重要历史事件中获得的基本经验,基于参加"高级研讨会"(ARW)的"卓越研究中心"所取得的重大成果,预测未来太赫兹技术的发展方向。

在"高级研讨会"的讨论中:首先,介绍太赫兹科学历史以吸取历史经验,综述什么是太赫兹波,其产生、传输和探测方式,从而获得更丰富的技术文化基础;然后,讨论太赫兹未来的发展方向。重点研究和确认有关实际问题,并努力寻找可能的科学解决方案。主要任务是"发现现有或预期的问题,提出可能的解决方案"。

1.2 太赫兹安全领域应用关键技术:历史介绍

如上所述,太赫兹波介于红外和微波两个电磁波段之间,因此,与太赫兹有关的大部分研究都源于红外和微波这两个学科。

红外是电磁光谱的一部分,它是由威廉·赫萧(William Herschel)爵士发现,并将其看作是一种除红光以外的光的形式(或辐射)。这些"热"射线被重新命名为红外射线(infra 拉丁语意为"以下"),其主要贡献是在热测量学科,多年以来的重要进展是基于辐射测量的红外热成像[1-4]。

红外和热测量之间的联系非常密切,它在很长一段时间与"热成像"同义。首台辐射度装置在1829年由诺比利(G. Nobili)研制,他制作了第一个热电偶,从而促成马其顿·梅罗里(Macedonio Melloni)在1833年研制出多元热电堆。通过将热能聚集在热电堆上,梅罗里利用该装置(首台辐射计)能够探测10m远的人。美国天文物理学家和天文学家塞缪尔·皮埃尔特·朗利(Samuel Pierpont Langley)是一位在太阳常数测量和太阳光谱红外区领域研究的先驱者,他在19世纪70年代后期研制了测辐射热计。这是一种能够准确测量热辐射的装置。朗利的测辐射热计非常灵敏,可以探测到400m远处母牛的热辐射(图1.1)[5]。

太赫兹在安全领域的最佳应用或许是1913年由贝灵厄姆(L. Bellingham)研制并获得专利的能够探测"冰山"的"红外眼",如用它就能避免1912年4月发生的"泰坦尼克"号悲剧。

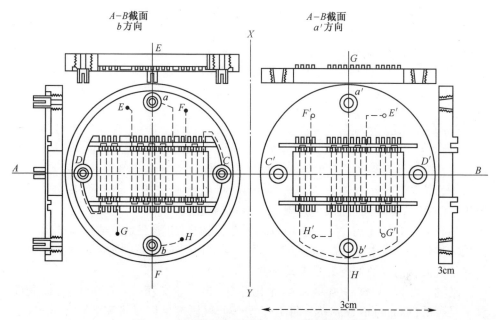

图 1.1 朗利的测辐射热计包含两组薄铂片[5]

该发明涉及远距离探测冰山、轮船等装置,尤其是船上对长波红外辐射敏感的辐射接收器装置,如热电堆或测辐射热计……,文中提到的辐射接收器称为"红外眼"[6](图 1.2)。

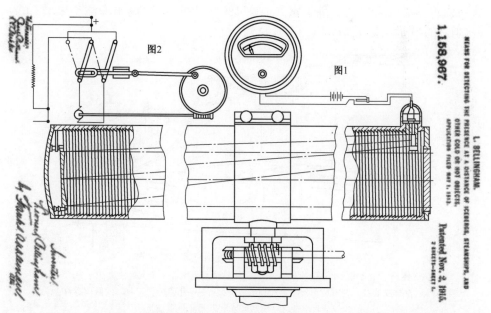

图 1.2 Bellingham 发明用于探测远距离冰山、轮船和其他冷或热物体的装置[6]

003

在电磁光谱的另一端,"微波"的发展历史与红外类似。早在1886年,德国物理学家海因里希·赫兹(Heinrich Hertz)演示了无线电波可从固体上反射。1895年,俄罗斯帝国海军大学的物理老师亚历山大·波波夫(Alexander Popov)利用"粉末检波器"探测到远处的雷击。1896,他制作了"火花隙式发射机"。1897年,当用该装置测试波罗的海中两艘船之间的通信时,他注意到,第三艘船通过时产生"相干拍频"。波波夫在报告中写到该现象可用于探测物体,但没有对这一观察结果做进一步研究[7-8]。

德国发明家克里斯蒂安·侯斯美尔(Christian Hülsmeyer)首次使用无线电波探测"远处存在的金属物体"。1904年,他演示了在浓雾中探测船舶的可行性,但不是探测船舶与发射机之间的距离。他的探测装置在1904年4月获得了专利,全套探测系统在英国也获得了专利,他将其称为"电动镜"。1917年8月,尼古拉·特斯拉(Nikola Tesla)描绘了其原始雷达式装置的概念[7-8]。

他在文章中陈述到:"……利用电磁驻波,我们可以随意地从地球上任何特定区域的发射台产生电子效应;利用这种效应,我们可以确定移动物体如海上船只的相对位置或航向以及航行的距离或速度"[9]。

在同一时期,大约1900年,意大利科学家、诺贝尔奖获得者(1909年)伽利摩尔·马可尼(Guglielmo Marconi)将上述大部分科研成果用于研究电磁无线电波,完成了第一个电磁波传输实验[10]。

太赫兹科技领域更为重要的工作是印度科学家贾格迪什·钱德拉·博斯(J. C. Bose)用新型适合的传感器、偏振器和辐射源完成了第一个太赫兹实验[11-12]。

实际上,太赫兹实验研究的起源应归功于贾格迪什·钱德拉·博斯———一位没有获得诺贝尔奖的杰出科学家。他在1894—1896年研制出探测毫米波(12~60GHz)的半导体接收器(图1.3~图1.5)[13]。

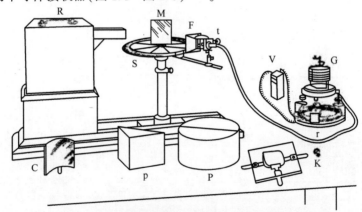

图1.3 1897年博斯演示给英国皇家学会的装置

R—辐射体;S—光谱仪圆盘;M—平面反射镜;C—柱面反射镜;p—全反射棱镜;P—半圆柱体;
K—晶体支架;F—与螺旋形接收器相连的收集漏斗;t—用来旋转接收器的微调螺钉;
V—伏打电池;r—环形可变电阻器;G—检流计。

(图中,左侧发射机上的波导辐射体和"收集漏斗"(F)实际上是一个金字塔形电磁喇叭天线,由博斯首次使用)

图 1.4 （a）一套完整的装置，左侧是发射机天线，右侧是接收机天线；（b）粉末检波器
（图中，接收机天线顶部的微调螺钉可调节点接触探测器的压力。中心是转台（"光谱仪圆盘"），
上面可安装用于研究的各种微波部件（棱镜、透镜、栅极、偏振器等）。
图中安装的是双棱镜衰减器）

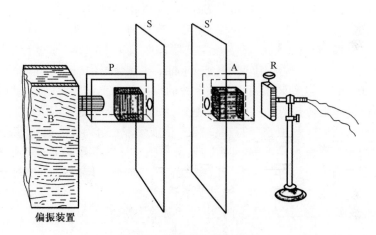

图 1.5 博斯的偏振装置图
S,S′—屏幕；B—辐射箱；R—接收器；P—偏振器；A—分析仪。
（图中右侧是螺旋弹簧接收器（猫须），博斯发明的其中一个偏振装置是切断的金属片光栅，
由一本以书页层状交织构成的锡箔纸（全英火车时刻表）构成）

此外，博斯在 1901 年申请的美国 1904 专利是方铅晶体探测器的发明，这是一种点接触半导体整流器，后来用作接收器以解调连续波无线电信号，是世界上的首个半导体器件专利。在他首创的众多固态半导体接收器中，有 1897 年在英国皇家学会上发表的用电话线连接的螺旋弹簧粉末检波器、方铅矿接收器和铁汞粉末探测器。在该装置中，数千根弹簧钢（直径 2mm、长度 1cm）并排放在单层的正方形硬橡胶块矩形凹槽中。由于弹簧上的精细氧化层可作为半导体，弹簧之间的接触点可作为半导体结。当敏感接触点吸收电辐射时，电阻会突然减少，电流计偏转。该探测器称为金属-半导体-金属（MSM）探测器，是一种"空间辐射多触点半导体（使用弹簧的天然氧化物）"（图 1.6～图 1.8）[20]。

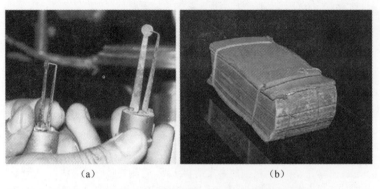

图1.6 金属点接触"猫须"二极管/太赫兹偏振器

1894—1898年[15,19],博斯发明了方铅矿探测器[14],并于1900年发表在英国皇家研究院的论文集上[20]。在该装置中,他用方铅矿制成一对触点(猫须),将其与电压源和检流计串联连接。这种装置可探测任何类型的辐射,"赫兹波、光波和其他辐射"。他将这种方铅矿点接触探测器称作人工视网膜(通过合适的结构可以只探测光波)——一种通用辐射计或tejometer(在梵语中"tej"是指辐射)。根据文献[17,20]报道,这种装置可作为毫米波的点接触探测器,以及光波和毫米波的光电导探测器。他曾打算用这个装置接收"无线信号或其他电信信号"。

在专利申请中[18],他这样写道:"粉末检波器及电子干扰、电磁波、光波或其他辐射的检测器都包含具有特征曲线(具备不断增加的电动势与通过敏感物质的合成电流之间的关系)的敏感物质接触装置,这些特征曲线不是平直的,而是相对于电动势的轴线成凸形或凹形。通过调节接触装置之间的接触力,当返回曲线缓慢地与先前的特征曲线大致重合时,电动势随之下降。"

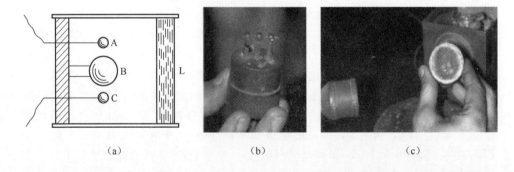

图1.7 (a)博斯发明的其中一个辐射天线的图片,在过模环形波导内产生部分火花振荡,在波导的辐射端,可以清晰地看到在天线内制成的偏振光栅;(b)发射机的双火花隙特写图,火花在两个外球体和内球体之间产生;(c)发射机天线(左)和接收机(右)

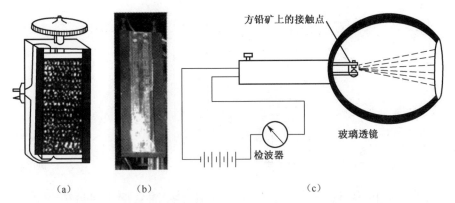

图1.8 （a）博斯的螺旋弹簧粉末检波器[11]；（b）博斯的螺旋弹簧粉末检波器照片[11]；（c）粉末检波器的功能图[18]

博斯的探测器与1900年早期探测器之间的主要区别是：博斯的探测器采用毫米波，他的方铅矿探测器是首次使用半导体晶体作为光波直接照射的无线电波探测器。文献[11-14]表明，半导体二极管探测器或者用于无线电波的晶体探测器源于20世纪之前博斯的研究工作，博斯的方铅矿探测器是晶体探测器的前身。

1.2.1 太赫兹波的起源

"太赫兹波"为介于电子学和光学区域之间的电磁频谱，对其研究已有一个多世纪。这一概念最早在海因里希·鲁本斯（H. Rubens）和尼科尔斯（E. F. Nichols）的著名论文[21]中提到：从习惯性地认为电能波和光波是常用光谱的组成部分以来，我们一直努力拓展这两种现象之外的广阔的知识领域，并力图将它们拉得更近，通过缩短电振荡的波长——由里希（Righi）及之后乐博德夫（Lebedev）的著名实验，赫兹（Hertz）可以测量到最短波波长的1/100，或者发现和测量波长更长的热波。"在长波红外研究中存在的重要障碍是，这些射线在火焰或白炽体作为光源的总能量中占有最少的部分。因此，如果要研究这些光波的属性，必须将其从完全重叠并被隐藏的其他波中分离出来。"[21]

在太赫兹研究领域，鲁本斯、尼科尔斯和普林舍姆（E. Pringsheim）对普朗克（Planck）辐射定律的影响巨大（图1.9）[22]。

在1922年鲁本斯去世后，普朗克写道："如果没有鲁本斯，辐射定律公式以及此后的量子理论基础将会以另一种完全不同的方式展现，也许根本不会发生在德国"。

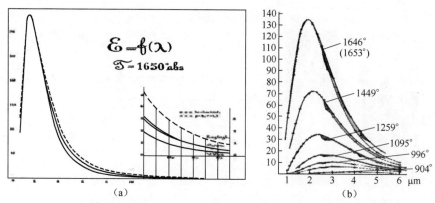

图1.9 德国帝国技术研究所(PTR)在不同黑体温度上获得的辐射光谱测量结果，其重要推导来自于维恩辐射定律理论[19-20]

1.2.2 一个世纪前的"太赫兹"概念

鲁本斯去世几年后，在1924年4月29日，当尼科尔斯和蒂尔(J.D.Tear)正在介绍确定和测量亚毫米波的第一项实验工作时[22]，尼科尔斯在口述论文时突然倒在了美国国家科学院大会礼堂的讲台上。该论文首次提出通过改进产生和测量短电波的方法，可以"将短电波光谱延伸到0.22mm的波长"。采用的辐射源是一个改进的赫兹振荡器，它包括密封在玻璃管砂砾端部的小钨筒偶极子，接收器是尼科尔斯辐射计。接收元件可以是云母上的细铂丝，也可以是薄铂膜，通过入射辐射加热。温度的升高可通过辐射效应(朗利(Langley)测辐射热计)测量。用法布里-珀罗(Fabry-Perot)型干涉仪测量波长。如此，发现"小型太赫兹振荡器的基波波长"约为偶极子总长度的4~5倍。使用的最小振荡器的每个圆柱形电极长度为0.1mm，直径为0.1mm，测量的相应波长为0.9mm。

1.2.3 近代史

20世纪70年代中期，"太赫兹"术语获得了很多关注，尤其是引起了光谱学工作者的浓厚兴趣(1974年，弗莱明(Fleming)首次使用这一术语。此前一年，克雷斯曼(Kerecman)将点接触二极管探测器的频率覆盖到太赫兹波段，阿什利(Ashley)和帕尔卡(Palka)用该术语指水激光谐振频率)[23-26]。

此后，采用光整流和光电导的先进技术可以直接使用多模激光器和自由电子激光器(FEL)产生太赫兹辐射。1989年，研究出太赫兹时域光谱学(THz-TDS)实现了太赫兹射线的产生和探测。目前，"太赫兹"术语用于表示亚毫米/远红外电磁辐射,它填补了1000μm和100μm(300GHz~3THz)之间波长的空白区域。

1.2.4 现状和未来

"太赫兹"术语的成功传播归因于近年来的爆发性应用,由此推动了太赫兹源和传感器性能的不断提高。太赫兹科学越来越普及,主要是由于超短脉冲激光源产生太赫兹时域光谱(THz-TDS)的出现,从而得以研究时间分辨"远红外"(FIR),探讨亚毫米波段的光谱学和成像应用,尤其是用于安全系统上。此外,不同技术中的新进展为利用先前未曾使用过的太赫兹波段进行光谱分析,甚至是研制用于成像系统的可接受和高性能的太赫兹源和传感器提供了可能性。目前,太赫兹应用涉及生物和化学危险试剂探测、爆炸物探测、机场建筑物和衣服下面隐藏武器的安检,以及环境监控、工业产品检测、光谱学(化学、天文学和空间研究)、材料表征(物理学)到生物医学诊断(最近开发出了新型癌症病理探测系统),宽带安全点对点通信终端链路控制(TLC),以及高清晰度合成孔径雷达(SAR),从而拓展了太赫兹波特性的新应用。事实上,太赫兹波可以穿透在电磁光谱其他区域不能透过的材料。许多非金属或非极性材料(塑料、玻璃、木材、纸板、泥土/土构造、陶瓷)在某种程度上对太赫兹是透明的,因此太赫兹波可探测到容器、包装或衣物结构隐藏或埋置层中的物体[23,27,29]。由于太赫兹辐射能够穿透许多衣物和包装材料,而且衰减适中,因而在安检方面具有巨大潜力。此外,许多化学物质和爆炸性材料在太赫兹频谱上表现出"指纹"光谱响应特性,从而可以用于某些情形下的目标识别。因此,即使样品隐藏在衣物或包装/邮寄材料中,太赫兹技术不仅可提供安检使用的高分辨率成像,而且可通过光谱学进行样品识别。太赫兹成像系统甚至可以是被动的,即可检测自然界黑体热的太赫兹辐射,如检测在太赫兹波段功率约1W的人身体自然辐射。由于超高灵敏度探测器通常需要冷却到极低的温度,而目前已经获得了照射成像物体的大功率太赫兹源,因而可采用太赫兹主动成像系统[39-43]。

1.3 关键器件:太赫兹源、滤波器和传感器

如所有电磁波一样,太赫兹的系统及应用也同样基于这三种关键器件。在实现器件可靠性和良好性能方面做了很多努力,但在大规模使用时,其成本、复杂性和特殊性的要求都非常高。

最近几年,太赫兹源和传感器在可靠性和室温方面取得了重大进步,从而为未来太赫兹的应用提供了光明前景。基于电子学和光电子学的特点,太赫兹源有以下分类:

(1) 热原理：
- 灯具/黑体(硅碳棒)。

(2) 电子学原理：
- 耿氏二极管(Gunn)/混频器；
- 返波管(BWO)。

(3) 光学/激光原理：
- 二氧化碳泵浦太赫兹气体激光器；
- 光参量振荡器(OPO)；
- 外差连续波光混频源；
- 太赫兹脉冲法产生的源。

纵观太赫兹源的历史，可以忽略热原理类型，因其能量低于远红外，特别是在光谱学研究的窄波段(不包括天然高强度源，如研究大气层空间的太阳)。在上面介绍的伟大科学家中，博斯、尼科尔斯和蒂尔发明了第一台电子学辐射源，用"火花隙"产生"短电波"。而电波/电子波源于查尔斯·哈德·汤斯(Charles Hard Townes)发明的微波激射器(Maser)，他制作了用于太赫兹波段的"分子发生器"(可产生激光)。历史上，微波激射器一词最初来源于大写字母缩写 MASER，其含义是"微波受激辐射放大"(图1.10)[28]。

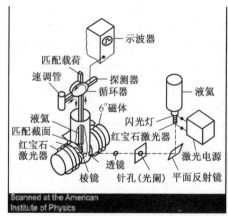
(a)

(b)

图1.10　汤斯及其同事首次制作了工作在微波波段的"MASER"——激光器的前身。几年后，MASER 扩展到光学和红外波段[34,44]

太赫兹源要实现的关键性能是室温可调[33]。图1.11和图1.12给出多数相关固态太赫兹源的功率输出与频率的关系[29]。

历史上，电子学辐射源的发明要归功于雷达技术，优良的太赫兹源是返波管(一种用于太赫兹范围产生微波的真空管)。虽然存在自由电子传输和物理空间的问题，但可利用一些范围有限的调谐能力(即使有高功率输出，但需要高压，在

010

操作上存在困难)。除了太赫兹电子技术,还可依赖于肖特基二极管、耿氏二极管和碰撞雪崩渡越时间(IMPATT)二极管的倍频放大技术(图 1.12),太赫兹晶体管技术由此应运而生。因为器件的特征尺寸已经缩小到点,使得电子传输的弹道模式[16]变得重要甚至占主导地位。异质结构双极晶体管(HBT)和高电子迁移率晶体管(HEMT)能够工作在亚太赫兹区域,近期的截止频率已达到 1THz[29]。

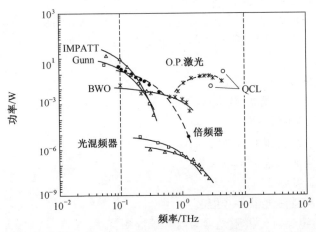

图 1.11 获得的连续波太赫兹和亚太赫兹源的功率输出与频率的关系(来源:Michael Shur 太赫兹电子 CS MANTECH 会议,2008 年 4 月 14—17 日,美国伊利诺州芝加哥)

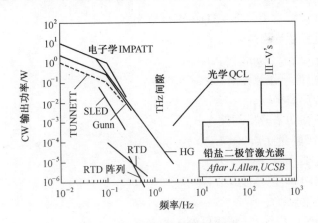

图 1.12 可获得的固体太赫兹源

CW—连续波;TUNNETT—隧穿渡越时间;SLED—超辐射发光二极管;RTD—共振隧穿二极管;
HG—谐波产生;QCL—量子级联激光器;Ⅲ-V's—Ⅲ-V族化合物,如 GaAs;
IMPATT—碰撞雪崩渡越时间;Gunn—耿氏二极管

(来源:英国利兹大学 Heribert Eisele)

光电子太赫兹源的历史有所不同。实际上,在高功率、大带宽自由电子激光器(FEL)出现之后,由于尺寸大、操作复杂及成本高昂,其使用受到限制。两种稳定的具有可调谐宽度的窄线二氧化碳泵浦分子激光器以及差频混频效应二氧化碳激光器,使得在各种技术中,新兴的固态激光技术脱颖而出。继 P 型锗激光器之后,具有 1.5~5THz 调谐范围的 10~100μW 功率激光器需要低温和超导磁体,通过使用连续波或脉冲波两种激光器产生差频,以及非线性材料/器件如光电导、GaP 和 GaSe 中产生的光学拍频,可对 0.1~5THz 范围的太赫兹频率进行调谐。最后,最具创新性的量子级联激光器(QCL)具有良好发展前景。事实上,虽然需要复杂结构以实现电子带隙中的粒子数反转,但即使在 1THz 以上频率,并具有可调谐激光窄线的连续波操作和中间温度(甚至接近室温)上操作,QCL 仍可提供较高的输出功率[32]。

光电子太赫兹源的主要特点如下:

(1) 自由电子激光器(FEL):
- 高功率、大带宽;
- 尺寸大、复杂和成本高。

(2) 二氧化碳泵浦分子激光器:
- 窄线宽、可调谐。

(3) 二氧化碳激光器差频混频:
- 两种稳定二氧化碳激光器与射频源混频;
- 需要稳定电路的激光器。

(4) P 型锗激光器:
- 10~100μW 功率,1.5~5THz 调谐范围;
- 需要低温超导磁体。

(5) 耿氏二极管(Gunn):
- 功率高,但可用频率有限;
- 倍频可扩展频段;
- 存在热和功率输出问题。

(6) 量子级联激光器(QCL)[35]:
- 结构复杂,可实现粒子反转;
- 高输出功率,连续波操作;
- 中间温度操作;
- 大于 1THz,窄线宽,频率可调。

虽然近期许多太赫兹源的性能取得了重大进展,但仍然存在一些局限性。事实上,很多太赫兹源的输出功率有限,或需要大范围的低温致冷,一些源局限于固有的脉冲操作,而另一些源则受限于尺寸、复杂性或成本。出于这些原因,持续开展的"完美太赫兹源"研发工作也因两种主要技术而有所不同。在微波波段,通过固态电子器件,如晶体管、耿氏振荡器和肖特基二极管放大器实现了可接受的性能,其缺陷是渡越时间和电阻——电容效应产生的频率响应下降,以及获得 1THz

以上的可用功率常限于毫瓦级。在光电子波段，太赫兹源的主要限制是缺乏具有足够小带隙的合适材料。例如，最长波长的铅盐激光二极管源不能扩展到15THz以下。尽管存在上述局限性，已经研究出产生辐射频率超过1THz的各种技术，如利用光整流非线性或光电导效应的可见光区域降频变换，或毫米波区域倍频，或利用光泵浦分子气体激光器和自由电子激光器的频率直接生成[27,33]。

由于QCL的来临，可以预见固态激光器目前发生巨大的变化，这种变化正在真正改变对未来成功应用的预测，尤其是太赫兹波长延伸对于预见先进光谱学在安全和生物医学领域中的应用是一种真正的突破。自从1994年在贝尔实验室演示了第一台近红外波段的量QCL,QCL已成为中红外波段的主要辐射源，可覆盖近红外至远红外的光谱范围[48-50]。2001年10月，在意大利比萨高等师范学校演示了第一台低于半导体光子能量的4.4THz($\lambda=67\mu m$)QCL[35]。

首次演示的这些激光器件只能在脉冲模式下发出激光，峰值功率仅为几毫瓦，且在温度超过几十开时停止发射激光，但近几年的深入研究已迅速得到了改善。目前，太赫兹QCL在连续波模式下的传输功率超过数百毫瓦。最近，维也纳科技大学光电研究所通过使用多层半导体实现了1W的传输功率——多层意味着电子通过时可以改变能态，因此可提高光子发射数量。通过贴装工艺，将两个分离的QCL结合在一起实现多层结构以获得1W的辐射，从而使太赫兹在各种技术领域中的应用迈出了非常重要的一步[45-47,51]。

1.3.1 滤波器

滤波器组件主要应用于光谱学，可用于太赫兹波段中大气传输窗口及水蒸气对太赫兹波强吸收谱线的研究(图1.13)。

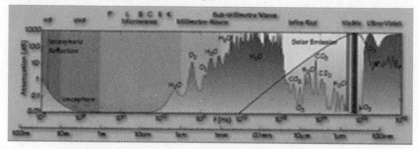

图1.13 大气吸收效应(来源：Mark J. Rosker 和 H. Bruce Wallace 发表在2007年6月IEEE MTT-S 国际会议上的《太赫兹频率的大气成像》论文)

第一个选择性传输滤波器主要是基于伴随金属网格滤波器发展的电子产品，已证实成为20世纪70年代用于远红外/亚毫米波段仪器的最佳选择。将单个金属网格作为自由空间传输线的集总电路元件，可对金属网格的光学传输特性进行精确建模。重要的是，金属结构元件的集总阻抗仅与金属图案的几何特性有关。

几何参数之间的模拟,光学响应是一个关键参数,因而可在制造之前对需要的光学性能进行设计[30]。其中的例子是,1970年位于罗马市弗拉斯卡蒂镇的意大利欧洲空间研究院(ESRIN)制作了具有电容感应网格的选择性传输多层网状金属滤波器结构[31]。

通过在10个软的不锈钢聚酯薄膜(几微米厚)垫片上沉积镀制金膜可实现用于波长调谐的干涉太赫兹多层滤波器。该项目用于估算具有边长为$25\mu m$电容(方形)与电感(十字形)的调谐滤波器网络的等效性(可作为探测器用于InSb液氦测辐射热计传感器),如图1.14和图1.15所示。

QCL的出现大大减少了光谱学应用中使用的带通滤波器。

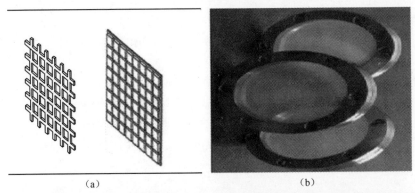

图1.14 金属网格滤波器带有选择性传输电容和感应栅格的准光学多层滤波器[30]

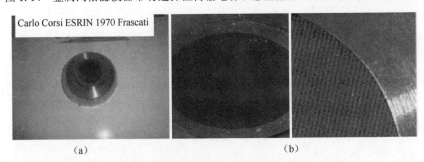

图1.15 固体金属网格滤波器中带有选择性传输电容和
感应栅格的准光学多层滤波器[31]

1.3.2 太赫兹探测器

有关太赫兹技术的最后一部分内容是探测器。直到最近(在研制出可靠的大功率太赫兹源之前),太赫兹探测器才真正成为所有太赫兹技术应用中的关键器件。同样,探测器的主要特性根据不同技术可以大致分为以下两类。

(1) 热电探测器:低温测辐射热计、高莱(Golay)探测器、热释电探测器。

(2) 电子学原理:光声学、二极管、光学/激光。

用于探测太赫兹脉冲的技术通常采用基于电光(EO)采样相干探测的常规泵浦探测法,即采用光整流方式由激光泵浦脉冲照射晶体,产生可探测的太赫兹脉冲信号。太赫兹波与激光束共同入射到非线性探测晶体的同一位置,光束调制编码产生与太赫兹场强成正比的偏振变化,以获得优良的太赫兹带宽和灵敏度[36]。

(1) 测辐射热计:基于温度的装置,对频率不敏感,工作在 4K 温度,具有极好的灵敏度。

(2) 高莱探测器:基于温度的装置,工作在室温,灵敏度较高,但速度慢,对振动敏感,容易损坏和老化,线性度有限。

(3) 光声传感器:基于密闭气室的压力传感器,可探测太赫兹辐射。通过内置欧姆加热气室内的金属薄膜实现自校准,具有良好的灵敏度,易操作。

(4) 热释电探测器:将介电常数变化转换为电信号的热探测器,灵敏度有限,但易于使用。

(5) 新型焦平面微辐射热计:可靠,易操作,具有可接受的灵敏度[2-3,37-39,52]。

其中,采用非致冷微测辐射热计技术的探测器近年来获得了优良性能,可实现低成本、高像素阵列,其中一个最可靠和高性能的技术是利用氧化钒(VO_x)薄膜材料作为具有高电阻温度系数(TCR)的热隔离微桥。这些微测辐射热计对红外至亚毫米波长敏感,具有良好的动态范围和较高的探测灵敏度(此探测率 D^* 高达 10^{10} cm · $Hz^{1/2}/W$)。

此外,微测辐射热计结构简单,成本低,无需致冷器或扫描仪,可靠性高,重量轻,具有与硅微电路完整集成的优良特性(图 1.16(a))[37]。

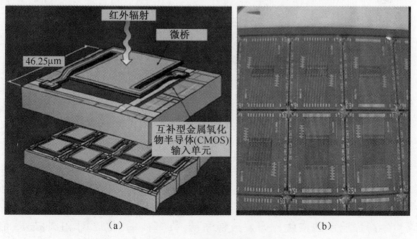

图 1.16 微测辐射热计
(a)微测辐射热计原理图[37];(b)大面积线性微测辐射热计阵列
(有源面积 280μm×5000μm),高信噪比[38]。

众多应用已证明,选择大面积微测辐射热计是一种趋势(非主流),与短时间常数相比,高信噪比(S/N)更重要(图 1.16(b))[38]。

近期,演示了利用 VO_x 微测辐射热计焦平面阵列探测 QCL 的太赫兹辐射[52]。

1.4 太赫兹成像系统在安全领域中的应用

近些年,恐怖事件猖獗导致采用的安检技术发生了巨大变化。事实上,在发现隐藏在鞋中的炸弹之后,机场安检就经常要求脱鞋及 X 射线检查。因此,人们越来越关注可以应用于安检的新技术,以简化或采用更可靠的登机办理手续。由此看来,太赫兹技术未来大有发展前景[39-42]。

到目前为止,太赫兹应用迟缓和受阻是由于所谓的"太赫兹间隙",主要是目前缺乏可靠的高功率太赫兹源,以及工作在电磁光谱 100GHz(3mm)~10THz(30μm)(毫米波、微波和远红外)之间的高灵敏度、低成本太赫兹探测器。近期已克服了其中许多的局限性。在微波方面,新型太赫兹源(目前是固体)能够在高于 100GHz 的频率上高效产生足够高功率的辐射。而在光子学领域,新型固态太赫兹源特别是 QCL,其性能在目前还受到热效应的限制。但是可以预见,商用太赫兹辐射的产生和探测在短期内即将实现。室温激光器甚至是工作在约 240K 的热电致冷器也的确推动了许多领域的应用,特别是对便携性和功效要求高的场合(如用于探测炸药或生物制剂以及环境气体控制的手持式传感器)。现有设计和新型外延生长技术的不断发展将促使器件可以工作在 240K 以上的温度,而且具有很高的发射功率。

快速、有效地探测爆炸物是针对潜在恐怖袭击发生的重要安全问题。特别是在公共场所,如机场、铁路或长途汽车站,这些地方需要配置高效的探测系统。机场安检常用的方法是扫描随身携带的行李/笔记本电脑等,以采集样品进行后续分析[43]。使用的分析方法包括:①气相色谱-质谱(GC-MS)法;②气相色谱-化学发光(GC-CL)法;③离子迁移谱(IMS)。

预计在不久的将来,在远距离探测、显示隐藏炸药和人员身上其他危险物品等方面将投入大量研究,特别是要求探测器具备选择性和特异性,能够检测两种或更多种物质光谱的差异。一般来说,用于爆炸物及化学战剂的监视、探测和告警系统必须具备优良的灵敏度、极低的虚警率和所需的特异性。

最近,采用新型威胁和爆炸物的恐怖事件推动了利用不同电磁波段的探测和告警新技术的发展,特别是从红外延伸到太赫兹辐射,即介于红外和微波之间的电磁波段。新产品研制通常优先研发成像系统,许多技术创新源于红外技术,而光谱探测更多是通过微波技术开发。

与 X 射线不同,太赫兹辐射是非电离的,它可以穿透许多非传导材料,其独特性有利于安全领域的应用。激光技术产生的短脉冲可实现类似雷达的三维成像,同时还可以采集光谱信息,如磁共振成像(MRI)或光谱学。这一点非常重要,因为许多物质在太赫兹频率上都有特殊的分子间振动,可对其特性进行全面表征。许多分子以非常特殊的方式吸收太赫兹光谱区域的光,即"指纹光谱"现象。因此,太赫兹辐射可作为生物化学探测器在医学成像中发挥重要作用。太赫兹作为一种非电离辐射,能量明显低于伦琴辐射,因而没有危险。另外,太赫兹波长比微波辐射短,这意味着它可以生成高分辨率图像。

由此看来,太赫兹作为一种非电离辐射,具有的以下特性使其成为可用于安检的强大工具[39-43]。

(1) 独特的光谱特征,太赫兹光谱学可用来检测和识别即使隐藏在衣物内的不同化学品。

(2) 利用反向散射 X 射线,二维太赫兹成像能够看到金属、塑料和陶瓷等难以检测的材料。

(3) 太赫兹脉冲技术使用超短脉冲(如同雷达技术),可以实现高分辨率三维成像(如检测和分辨邮件信封内的粉末层)。

利用多光谱、多领域智能传感器的新颖创新技术,特别是与新型固体可调激光源相结合,太赫兹多光谱(如红外/太赫兹)系统在以下安全应用领域具有高增长潜力:

(1) 红外/太赫兹成像/图形;

(2) 红外/太赫兹光谱学;

(3) 远距离激光探测红外/太赫兹光谱学;

(4) 气相色谱质谱(GC-MS)联用。

1.5 结论

基于新型威胁和爆炸物的恐怖事件的发生推动了利用电磁光谱不同波段的探测和告警新技术的发展,特别是从红外延伸到太赫兹辐射,即介于红外和微波之间的电磁波段。此外,新技术通常将优先应用于成像系统,许多技术创新来源于红外技术,而光谱探测则更多是通过微波技术开发。当前,新兴的太赫兹技术[11]因其非电离辐射特性,可检测服装、包装箱及行李中的隐藏物体,能对塑胶炸药和其他化学及生物制剂进行光谱探测,因而是用于综合、高效安检和反恐系统的最有前途的技术。太赫兹辐射具有安全应用的独特特性,与 X 射线有所不同,它是非电离辐射,可以穿透许多非传导材料。由于太赫兹技术使用超短脉冲,可实现类似的雷达三维成像,还可以同红外技术一样同步采集光谱信息,这一点非常重要。同红外光谱学可探测单个分子键振动一样,许多物质在远红外-太赫兹波段上也有特殊的分子之间振动,可对其进行表征。太赫兹波段上的许多分子以非常特殊的方式吸收光,具有"光学指纹"特征。因此,太赫兹辐射可作为生物化学探测器在医学成像中发挥重要的作用:一方面,太赫兹是一种非电离辐射,其能量明显低于伦琴辐射,因而没有危险;另一方面,太赫兹波长比微波辐射短,可生成高分辨率图像。

由于太赫兹的非电离辐射特性,以及能够检测隐藏在服装、包装箱和行李中的物品,具备光谱探测塑胶炸药和其他化学品及生物制剂的能力,使其成为用于综合、高效安检和反恐怖袭击系统的非常有前景的技术。利用其选择性和特异性可大力开发远红外/微波技术和成像超光谱传感器,以探测两种或多种化学战剂(CWA)的光谱差异,从而实现高灵敏度和超低虚警率爆炸物探测,智能传感器告警系统指日可待。利用多光谱、多区域智能传感器的新颖创新技术,特别是与新型固体可调激光源相结合,红外/太赫兹(IR-THz)多光谱系统在军事安全方面应用的潜力将不断增长。

利用新型太赫兹源的最新关键技术,如太赫兹 QCL,可预见太赫兹时域光谱学的发展将更加令人注目,实现战略上重要的医疗应用,特别是癌症疾病的诊断和预后分析。此外,太赫兹与多晶粉末材料相结合将开拓除新型制药工具之外的安全/筛查新技术潜在应用前景。对这些领域的关注将日益增长,通过一些重要的电子商务研发(R&DEC)项目,如 FP5"TERAVISION","WANTED",FP6"TERANOVA",FP7"PEOPLE"和 TERACOMP e TERACAM 项目,以及最新涌现的活跃高科技公司,如 NTT(意大利),Qinetiq,QMC,Picometrix,TeraView Thruvision(英国),Synview(德国),TrayScience(加拿大),Traycer,Toptica(美国)等的快速增长可得以证实。总之,通过与大学和国家研究委员会联合,一大批研发中心获得了新型令人瞩目的太赫兹源研究成果。

目前,虽然太赫兹技术还不能满足用户在实用性和低成本方面的要求,没有真正地成为大众应用市场的亮点,但随着成本下降,技术实现更加便携性和小型化,众多的太赫兹应用将呈现出快速增长的趋势,预期未来的发展领域有以下几个方面:

(1)研发成本更低、尺寸更小的太赫兹成像系统,如基于 QCL 的太赫兹成像系统等。

(2)研发室温工作的高灵敏度、紧凑、低成本多像素探测器阵列(如微测辐射热计)。

(3)研发芯片技术:采用微米和纳米结构的太赫兹芯片。

(4)通过设计合适的实验仪器,开发具有太赫兹指纹光谱特征的生物材料(如蛋白质)。

(5)在医学、生物和物理科学中更广泛地使用太赫兹技术。

最后提出的疑问是:太赫兹是否是现有实际问题的真正解决方案?太赫兹是否是目前应用的最适合技术?也许这两个问题的答案都是肯定的,而最新的太赫兹 QCL 进展会给予上述问题以确切回答。

主要参考文献

Martyn Chamberlain "Where optics meets electronics: recent progress in decreasing the terahertz gap". Philosophical Transactions of the Royal Society of London A (2004) Vol.362, pp.199-213

Peter H. Siegel "Terahertz technology". IEEE Transactions on Microwave Theory and Techniques" (March) Vol.50, No.3, p.910

Edmund Linfield(School of Electronic and Electrical Engineering, University of Leeds) "Terahertz Background & Overview Terahertz: Solutions Looking for the Right Problems?".www.etn-uk.com

Richard Dudley, Mira Naftaly(National Physical Laboratory, Teddington, UK) "Introduction to Terahertz the Ins and Outs of Terahertz Technologies, What It Does and How It Works".www.npl.co.uk/17

Martyn Chamberlain(Physics Department, Durham University), Mark Sherwin (Institute for THz Science and Technology ITST/UCSB University of California) "Terahertz Spectroscopy Comes of Age".www.itst.ucsb.edu

Michael Shur(ECSE Physics and Centre for Integrated Electronics, Rensselaer Polytechnic Institute, Troy, NY) "Terahertz Electronics".http://www.csmantech.org/Digests/2008/2008%20Papers/2.2.pdf

D. T. Emerson(National Radio Astronomy Observatory Tucson, ArizonLab) "The work of Jagadis Chandra Bose: 100 years of mm research". IEEE Transactions on Microwave Theory and Techniques (December 1997) Vol.45, No.12, pp.2267-2273

V. P. Wallace, E. MacPherson, J. A. Zeitler, C. Reid "Three-dimensional imaging of optically opaque materials using nonionizing terahertz radiation". Journal of the Optical Society of America A (2008) Vol.25, No.12

"Terahertz Sensing Technology" Vol.1 (Selected Topics Electronics and Systems Vol.30)
(eds) **D. Woolard, W. Leorop, M.S.Shur**(World Scientific, Singapore, 2003)

"Terahertz Sensing Technology" Vol.2 (Selected Topics Electronics and Systems Vol.32)
(eds) **D. Woolard, W. Leorop, M.S.Shur**(World Scientific, Singapore, 2004)

参考文献

1. Barr ES (1960) Historical survey of early development of the IR region. Am J Phys 28:42-54
2. Corsi C (2007) IR technologies: history lessons new perspectives. In: Strojnic M, SPIE (eds) Proceedings of AITA IX conference Mexico, 4-19
3. Corsi C (2010) History highlights and future trends of infrared sensors. J Mod Opt 57(18):1663-1686, 09 April, Tutorial review
4. Herschel W(1800) Experiments on the refrangibility of the visible rays of the sun. Philos Trans R Soc Lond 90:284-292
5. Langley SP (1880 May-1881 June) The bolometer and radiant energy. Proc Am Acad Arts Sci 16: 342-358
6. US 1158967 (1913) An application filed May. Patented 2 Nov 1915
7. Radar - Wikipedia, the free encyclopaedia en.wikipedia.org/wiki/Radar
8. Kostenko AA, Nosich AI, Tishchenko IA (2003) Radar prehistory, soviet side. In: Proceedings of IEEE APS international symposium 2001, vol 4, Boston, 8-13 July 2001, p 44
9. Belrose JS (1994) The sounds of a spark transmitter: telegraphy and telephony. Radio Scientist Online, 22 Dec
10. Marconi G (1901) British Patent 18 105, applied for Sept 10
11. www.minhas.net - Jagadish Chandra Bose
12. Bose JC (1901, Patented Mar 29) Detector for electrical disturbances, US Patent 755840. Application filed, 30 Sept 1904
13. Emerson DT (1997) The work of J. Chandra Bose: 100 years of millimetre-wave. IEEE Trans Microw Theory Tech 45(12):2267-2273
14. Pearson GL, Brattain WH (1998) History of semiconductor research. Proc IRE 43:1794-1806
15. Sengupta DL et al (1998) Centennial of the semiconductor diode detector. Proc IEEE 86(1): 235-243
16. Asif Islam Khan (Pre-1900) Semiconductor research and semiconductor device applications. Bangladesh University of Engineering and Technology 28/3 BUET Quarters, Dhaka-1000, Bangladesh
17. Sen AK (1997) Sir J.C. Bose and radio science. Microwave symposium digest. IEEE MTT S Int 2: 557-560
18. Bose JC (1904) Detector for electrical disturbances, US Patent 755840. Application filed 30 Sept 1901, Patented Mar 29, 1904
19. Shahidul I Khan, Asif I Khan (2004) An appreciation of Bose's seminal research on semiconductors. 3rd International Conference on Electrical & Computer Engineering ICECE 2004, 28-30 December, Dhaka, Bangladesh
20. Bose JC (1997) On the selective conductivity exhibited by certain polarizing substance. Repr Proc IEEE 86(1):244-247, Microwave Symposium Digest. IEEE MTT S Int 8-13 June 1997,2:

557–560
21. Rubens H, Nichols EF (1897) Heat rays of great wave-length. Phys Rev 4(314):1897
22. Nichols EF, Tear JD (1923) Joining the infrared and electric wave spectra. Phys Rev 21:3–78
23. Chamberlain M (2004) Where optics meets electronics: recent progress in decreasing the terahertz gap. Philos Trans R Soc Lond A 362:199–213
24. Fleming W (1974) High resolution submillimeter-wave Fourier-transform spectrometry of gases. IEEE Trans Microw Theory Tech MTT-22:1023–1025
25. Kerecman J (1973) The tungsten – P type silicon point contact diode. IEEE MTT-S Int Microw Symp Dig 30–34
26. Ashley R, Palka FM (1973) Transmission cavity and injection stabilization of an X-band transferred electron oscillator. IEEE G-MTT-Int Microw Symp Dig 4–6 June 1973, 181–182
27. Siegel PH (2002) Terahertz technology. IEEE Trans MTT 50(3):910–928
28. Gordon JP, Zeiger HJ, Townes CH (1955) The maser – new type of microwave amplifier, frequency standard, and spectrometer. Phys Rev 99:1264
29. Shur M (2008) Terahertz electronics. CS MANTECH conference, 14–17 April 2008, Chicago, IL, USA
30. Ulrich R (1967) Far-infrared-properties of metallic mesh and its complementary structure. Infrared Phys 7:37
31. Corsi C, Fiocco G, Magjar G (1970) Internal Technical Report. Int Rep ESRIN
32. Evenson K, Jennings D, Petersen F (1984) Tunable far infrared spectroscopy. Appl Phys Lett 44:576
33. Chamberlain M (2004) Where optics meets electronics: recent progress in decreasing the terahertz gap. Philos Trans R Soc Lond A 362:199–213
34. Schawlow L, Townes CH (1958) Infrared and optical masers. Phys Rev 112(6):1940–1849
35. Köhler R, Tredicucci A, Beltram F, Beere H, Linfield E, Davies A, Ritchie D, Iotti R, Rossi F (2002) Terahertz semiconductor-heterostructure laser. Nature 417:156–159, 9 May
36. Jiang Z, Zhang X-C (1995) E.O. measurement of THz field pulses with a chirped optical beam. Appl Phys Lett 67:3523
37. Wood RA, Han C and Kruse PW (1992) Integrated uncooled infrared detector imaging arrays. In: Proceedings of IEEE solid state sensors and actuators workshop, Hilton Head Island, SC, USA, June 1992
38. Corsi C, Liberatore N, Mengali S, Mercuri A, Viola R, Zintu D (2007) Advanced applications to security of IR smart microbolometers. In: Proceedings of SPIE, vol 6739, Florence, Italy, 17 September 2007
39. Sheen DM et al (2008) Active imaging at 350 GHz for security applications. In: Proceedings of SPIE, vol 6948. Passive millimetre-wave imaging technology XI, 69480M, 18 Apr 2008
40. Wallace VP, MacPherson E, Zeitler JA, Reid C (2008) Three-dimensional imaging of optically opaque materials using non-ionizing terahertz radiation. J Opt Soc Am A 25(12):3120–3133
41. Kemp MC, Taday PF, Cole BE, Cluff JA, Fitzgerald AJ, Tribe WR (2003) Security applications of terahertz technology. Proc SPIE 5070:44–52

42. Tribe WR, Newnham DA, Taday PF, Kemp MC (2004) Hidden object detection: security applications of terahertz technology. Proc SPIE 5354:168–176
43. Baker C et al (2007) Detection of concealed explosives at a distance using terahertz technology. Proc IEEE 95:1559–1565
44. Maiman TH (1960) Stimulated optical radiation in ruby. Nature 167:494
45. Williams BS (2007) Quantum Cascade Lasers, PhD Thesis M.I.T: 1973 nature photonics.1: 517–525
46. Woolard D, Leorop W, Shur MS (eds) (2003) Terahertz sensing technology, vol 1, Selected topics electronics and systems, vol 30. World Scientific, Singapore
47. Woolard D, Leorop W, Shur M S (eds) (2004) Terahertz sensing technology, vol 2, Selected topics electronics and systems, vol 32. World Scientific, Singapore
48. Faist J et al (1994) Quantum cascade laser. Science 264:553–556
49. Semtsiv MP et al (2007) Short-wavelength InP based strain-compensated quantum-cascade laser. Appl Phys Lett 90:051111
50. Vitiello M et al (2007) Terahertz quantum cascade lasers with large wall-plug efficiency. Appl Phys Lett 90:191115
51. Fathololoumi S et al (2012) Terahertz quantum cascade lasers operating up to 200 K with optimized oscillator strength and improved injection tunneling. OSA Opt Express 20(4):3866–3876
52. Odaa N et al (2008) Detection of THz radiation from quantum cascade lasers using VO_x microbolometers FPAs. In: Proceedings of SPIE, vol 6940. Infrared technology and applications XXXIV, Orlando, USA

第2章
远红外半导体探测器和焦平面阵列

Antony Rogalski

摘　要：远红外和亚毫米波辐射探测与相邻的微波和红外波段常用的技术有差异。在该波段的探测中，由于电荷载流子的渡越时间大于辐射的一个振荡周期，使用固态探测器受到限制。此外，在室温甚至是液氮温度下的辐射量子能量基本上小于热能。

20世纪70年代开始研制焦平面阵列，之后的几十年中出现了革命性的焦平面阵列成像系统。本章将介绍近20年来远红外和亚毫米波半导体探测器焦平面阵列技术的进展，特别关注实时、非致冷太赫兹焦平面阵列探测器的最新技术，如肖特基势垒阵列、场效应晶体管探测器和测辐射热计。本章还将研究低温冷却的硅和锗非本征光电导阵列，以及半导体测辐射热计阵列。

2.1　引言

通常，太赫兹辐射被视为频率 ν 为 $0.1 \sim 10 \text{THz}$（λ 为 $3000 \sim 30 \mu m$）的频谱区，与松散排列的亚毫米波段频率 ν 为 $0.1 \sim 3 \text{THz}$（λ 为 $3000 \sim 100 \mu m$）部分重叠。太赫兹电子学覆盖了无线电电子学到光子学的中间过渡区域。

太赫兹区域已被证明是电磁波"间隙"。由于介于红外光和微波辐射之间，其相邻波段已经明确建立的常用技术不太适合太赫兹波段。在历史上，太赫兹技术的发展是由天文学家和行星科学家推动的。但是近几年，主流物理学和工程技术领域的发展促进了太赫兹技术其他潜在的应用，使其活跃性增长，尤其是在医疗和

Antony Rogalski
Institute of Applied Physics, Military University of Technology, 2 Kaliskiego Street,
00-908 Warsaw, Poland
e-mail：rogan@ wat.edu.pl

安全方面。因为太赫兹系统在这些波段上的衍射很重要,仅采用传统光学技术设计不能满足要求。在低频区(小于0.5THz),太赫兹辐射可以透过大多数的非金属和非极性物质,太赫兹成像应用成为重要的技术发展方向。

近20年来,太赫兹系统发生了革命性的转变。高功率源基于新型先进材料,太赫兹在先进的物理学研究和商业应用中呈现出具有一定的潜力。近年来,太赫兹领域研究的众多技术突破使其成为关注的焦点。一些里程碑式的成就包括THz-TDS、太赫兹成像和利用非线性效应生成高功率太赫兹源。目前,对太赫兹技术的研究受到越来越多的关注,在人类一系列不同的应用活动中利用太赫兹技术的设备变得越来越重要(如安全、生物、药物和爆炸物探测、气体指纹、成像等)。事实上,人们对太赫兹产生兴趣是因为研究这个领域可以揭示不同的物理现象,而且通常需要应用多学科的专业知识。目前,太赫兹技术也广泛应用于基础科学,如纳米材料科学和生物化学。所有这些都基于这样的事实,即与纳米电子学器件相对应,太赫兹波段存在单一和集体激发效应以及生物分子学的联合动力学现象。在2004年出版的《技术评论》中,太赫兹技术被认为是"改变未来世界的10种新兴技术之一"[3]。

2.2 远红外探测器的发展趋势

太赫兹辐射的探测与相邻微波和红外(IR)波段通常采用的技术相矛盾。在太赫兹探测中使用固态探测器受到限制,原因是电荷载流子的渡越时间大于太赫兹辐射的一个振荡周期。此外,室温甚至液氮温度下的辐射量子能量完全小于热能。

探测器是当前所有制造商的研发核心。目前,已有各种各样的传统深冷却毫米波和亚毫米波长探测器(主要是测辐射热计),以及基于光电量子器件、碳纳米管测辐射热计、场效应晶体管的等离子体波探测器和热电子室温双极性半导体测辐射热计等新概念[38-39]。

半个多世纪以来,太赫兹探测器灵敏度的发展令人印象深刻,测辐射热计在远红外和亚毫米波天体物理学中的应用如图 2.1(a)所示(http://www.ipac.caltech.edu/DecadalSurvey/fa-rir.html)。与此相对应,噪声等效功率(NEP)值在70年内由10^{-10}量级降低到10^{-20}量级,每2年性能指标提高2倍。20世纪90年代,单个探测器在地面成像应用中实现了光子噪声限性能。目前,空间天体物理辐射源的致冷望远镜光子噪声灵敏度大约为$10^{-18}\text{W/Hz}^{1/2}$。近10年来,关于宇宙微波背景(CMB)辐射极化的宇宙膨胀理论研究取得了进展,推动其发展的因素不是探测器灵敏度,而是探测器阵列格式。然而,远红外光谱仪的致冷望远镜需要大约$10^{-20}\text{ W/Hz}^{1/2}$的灵敏度才能达到天体物理学的光子噪声限。未

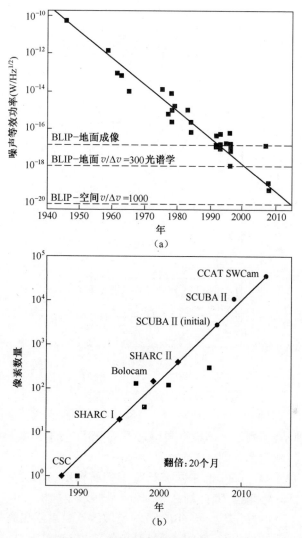

图 2.1　太赫兹探测器的发展趋势

(a) 半个多世纪以来,测辐射热计噪声等效功率值的提高(在过去 70 年中,灵敏度每两年翻一番);
(b) 在过去 10 年中,探测器阵列格式每 20 个月翻一番;CCAT Swcam 表明当前期望值,
(引自 http://www.ipac.caltech.edu/DecadalSurvey/farir.html)

来 10 年,在现有的探测器阵列中实现这种灵敏度仍面临挑战,这是因为当观察银河系物体以获得完整的成像或光谱时,阵列中的探测器数量是决定系统信息性能和速度提高的一个关键参数。

与此同时,像素阵列的开发也发生了革命性的变化。图 2.1(b)给出了在过去 20 年时间段中不断增加的像素数量。近 10 年中,探测器阵列的像素数量每 20 个月翻一番,而当前的阵列像素数以千计。预期在不久的将来,总体观测效率将稳定增长。与20世纪60年代初相比,目前的效率因子已经达到了10^{12}。

美国航空航天局(NASA)历来是促进长波探测器技术发展的领先机构,图2.2给出当前计划或即将生产的主动远红外/亚毫米光谱设备的灵敏度比较结果。

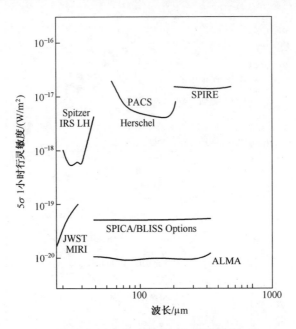

图2.2 远红外光谱学平台的灵敏度

(引自 http://www.ipac.caltech.edu/DecadalSurvey/farir.html[16])

如图2.2所示,詹姆斯·韦伯空间望远镜(JWST)的工作波长低于27μm。阿塔卡马大型毫米/亚毫米阵列(ALMA)工作在多个亚毫米大气窗口和650μm波长上,其灵敏度比覆盖60~650μm中间波长范围的赫歇尔(Herschel)望远镜高至少100倍。目前,ALMA和JWST计划在未来几年内投入使用。2017年发射的宇宙学和天体物理学空间红外望远镜(SPICA)的灵敏度比赫歇尔提高2~3个数量级,其远红外/亚毫米灵敏度将与JWST和ALMA看齐。文献[3]中总结了具有巨大挑战性的未来空间任务要求。

2.3 探测器的分类

2.3.1 光子探测器

在光子探测器中,辐射在材料内部的吸收是通过与电子相互作用结合成晶格原子或杂质原子或自由电子完成的。观测的电输出信号来自于电子能量分布变化。图 2.3 所示为半导体的光激发过程基本原理。光子探测器表现出选择性波长与单位入射辐射功率的响应关系,具有良好的信噪比性能,响应速度非常快。因此,光子探测器需要低温冷却,这对于防止热生成电荷载流子是必不可少的。热转换与光电转换互相作用,使得非致冷器件的噪声很大。

根据相互作用的特性,光子探测器可以进一步分为不同类型,最主要有本征探测器、非本征探测器和光电发射(肖特基势垒)探测器,在《红外探测器》专著中详细描述了不同类型的探测器[37]。图 2.4 所示为热探测器的原理,图 2.5 给出不同类型探测器的光谱探测率特性[37,41]。

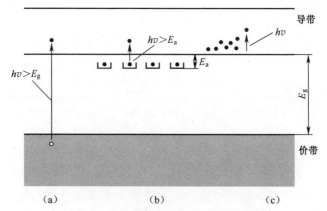

图 2.3　半导体的光激发过程基本原理
(a)本征吸收;(b)非本征吸收;(c)自由载流子吸收。

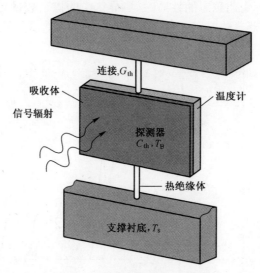

图 2.4　热探测器原理示意图

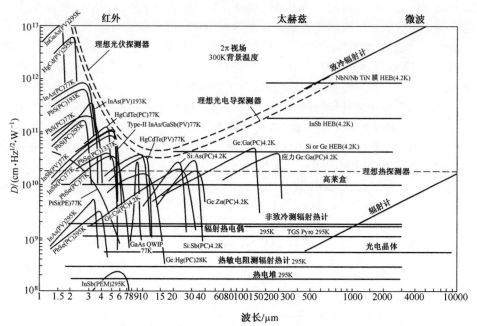

图 2.5 在所示温度上工作时,现有各种探测器的 D^* 比较

PC—光电导探测器;PV—光伏探测器;PEM—光电磁探测器;HEB—热电子测辐射热仪。

利用从价带到导带激发电子的光电导体称为本征探测器。相反,那些激发电子进入导带,或者空穴从带内杂质态(能隙、量子阱或量子点中的杂质结合态)进入价带的光电导体称为非本征探测器。非本征电导率的效率远低于本征光电导率,这是因为在不改变杂质态的性质时,半导体中的掺杂数量受到限制(图 2.6)。最常见的本征探测器工作在低于 $20\mu m$ 的短波。有趣的是,在 $40\mu m$ 左右的波长上有明显的间隙。

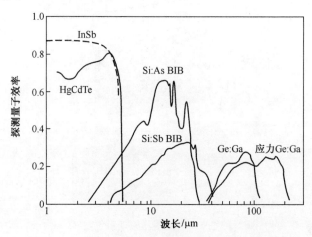

图 2.6 $1\sim300\mu m$ 波长范围的典型半导体量子效率

本征和非本征探测器之间的重要区别是非本征探测器需要低温致冷,以实现在特定光谱响应截止波长上与本征探测器相对应的高灵敏度。低温操作与长波灵敏度有关,以抑制相邻能级间热跃迁产生的噪声。长波截止可近似地表达为

$$T_{max} = \frac{300K}{\lambda_c(\mu m)} \tag{2.1}$$

图 2.7 所示为总趋势图,适用于低辐射背景应用的 5 种高性能探测器:Si、InGaAs、InSb、HgCdTe 光电二极管,Si:As 阻挡杂质带(BIB)探测器,非本征 Ge:Ga 无应力探测器和应力探测器。太赫兹光电导体工作在非本征模式。光电导体的一个优点是其电流增益等于复合时间除以多数载流子的渡越时间。该电流增益产生的响应度高于非雪崩光伏探测器。然而,由于电接触的复合机理以及与电偏压的相互关系,导致光电导体探测器在低温工作时出现像元不均匀性等一系列问题。

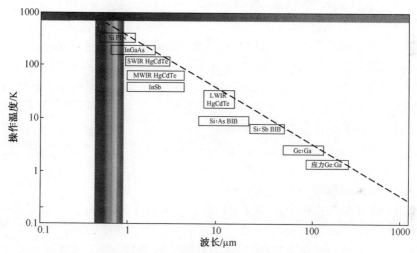

图 2.7 具有波段最大灵敏度的低背景材料系统的操作温度,
虚线表示长波探测的较低操作温度趋势

2.3.2 热探测器

第二类是热探测器。在如图 2.4 所示的热探测器示意图中,材料吸收入射的辐射而改变温度,产生的一些物理特性变化生成电输出。探测器悬置与散热器连接的防护套上。探测信号并不依赖于入射辐射的光子特性。因此,热效应通常与波长无关。信号取决于辐射功率(或变化率),但与光谱含量无关。由于辐射在黑色表面涂层中被吸收,光谱响应可以很宽。有三种方法能够最大程度地利用红外技术,即测辐射热计、热释电效应和温差电效应。热释电探测器测量内部电极化的变化,而热敏电阻测辐射热计测量电阻的变化。

通常，测辐射热计是一种黑色的薄片或薄板，其阻抗与温度密切相关。测辐射热计可分为几种类型，最常使用的是金属、热敏电阻和半导体测辐射热计。还有一种类型是超导测辐射热计，该测辐射热计的操作基于电导率跃迁，电阻可在温度改变的范围上急剧变化。

常规非致冷热探测器的关键问题是灵敏度和响应时间的折中。通常，探测器的灵敏度由代表温度变化的噪声等效温差（NEDT）来表示，对于入射辐射，可给出与均方根噪声电平等效的输出信号。热导率是一个极为重要的参数，因为噪声等效温差（NEDT）与 $(G_{th})^{1/2}$ 成正比，而探测器的热响应时间 τ_{th} 与 G_{th} 成反比。因此，通过改进材料加工工艺可改变热导率，提高灵敏度，但代价是时间响应变差。

2.4 室温太赫兹成像探测器

研制太赫兹成像系统尤其关注于可实现实时成像同时保持大动态范围和室温操作的传感器。CMOS 工艺技术因其在工业、监视、科学和医学应用中成本低而具有特殊吸引力。然而，目前使用的 CMOS 太赫兹成像仪主要采用基于锁定技术的单个探测器，获得帧频达到分钟量级的光栅扫描成像仪。近期研制的多数探测器采用了以下三种类型的焦平面传感器：

(1) 与 CMOS 工艺兼容的肖特基势垒二极管（SBD）；
(2) 等离子体整流场效应晶体管（FET）；
(3) 适合太赫兹频率范围的红外测辐射热计。

有关焦平面阵列的一个重要问题是像素均匀性。然而，由于单片集成探测器阵列的生产遇到很多技术瓶颈，致使器件与器件之间的性能发生变化，甚至每个芯片的无功能探测器占比越来越高，达到不可接受的程度。为此，很多研究小组正在解决这一问题。

表 2.1 中汇总了单片集成探测器阵列与其他室温太赫兹探测器性能的比较结果。一般来说，肖特基势垒二极管和场效应晶体管探测器的 NEP 值优于操作频率为 300GHz 左右的高莱探测器和热电探测器。热电探测器和测辐射热焦平面阵列探测器的响应时间在毫秒级范围，不适合外差式操作。场效应晶体管探测器能够明显提高外差探测灵敏度。从衍射角度来说，其焦平面适合高频（0.5THz 以上）和大 F 数光学系统。

表 2.1 非致冷太赫兹探测器的性能比较

技术		NEP /(pW/Hz$^{1/2}$)	响应度 /(kV/W)	频率 /THz	单片集成	光学系统	参考文献
SBD	2×2 阵列	66[①]	0.063[①]	0.28	是	—	[14]

(续)

技术		NEP /(pW/Hz$^{1/2}$)	响应度 /(kV/W)	频率 /THz	单片集成	光学系统	参考文献
SBD	130nm CMOS	73②	20②				
	450×450μm 间距 4×4 阵列	29①	355	0.28	是	无硅透镜	[15]
	130nm CMOS, 500×500μm 间距						
	GaAs	20 1.5	0.4① 3.8①	0.8 0.15	否	—	[17]
	ErAs/InAlGaAs	1.4	6.8①	0.1	否	—	[6]
外差返波管	InAs/AlSb/AlGaSb	0.18	49.7	0.094	否	—	[43]
MOSFET	Si	100①	0.033①	0.7	是		[40]
	3×5 阵列,250nm CMOS, 150×200μm 间距	300②	80②	0.65	是	硅透镜	[32]
	32×32 阵列 65nmSOI CMOS,80×80μm 间距	100②	140②	0.856	是	硅透镜	[2]
测辐射热计	320×240 阵列, 23.5×23.5μm 间距,NbN	<100		3	是	透镜	[31]
	320×240 阵列, 49×49μm 间距,α-Si	<30		2.5	是	透镜	[28]
	160×120 阵列, 52×52μm 间距,VO$_x$	70		3	是	反射镜和透镜	[5]
高莱盒	—	200~400	0.1~45	0.2~30	否	—	[30]
热电型	—	400	150②	0.1~30	否	—	[36]

注：①无放大器；②有放大器

下文将简单介绍 3 种类型的非致冷太赫兹探测器。

2.4.1 肖特基势垒(SBD)二极管

太赫兹波段尽管使用了其他类型的探测器,但在太赫兹技术中,肖特基势垒二极管是基本元件。它们可直接用于探测,或作为非线性元件用于 4~300K 温度范围的外差接收混频器。20 世纪 80 年代和 90 年代初,低温冷却肖特基势垒二极管在混频器中工作良好,此后被超导-绝缘-超导(SIS)或热电子辐射热计(HEB)混频器广泛替代,其混频过程类似于在肖特基势垒二极管中观察到的情形,但是在 SIS 结构中,整流过程基于准粒子(电子)的量子力学光子辅助隧道效应。非线性 SBD 的电流-电压(I-V)特性(电流随施加电压指数增加)是发生混频的先决条件。

历史上第一个肖特基势垒结构是与半导体表面(即晶体探测器)点接触的锥形金属线(如钨针)。例如,广泛使用的 p-Si/W 接触,当工作温度 T = 300K 时,其 NEP ≈ $4×10^{-10}$ W/Hz$^{1/2}$。还可以采用钨针或铍青铜与 n-Ge,n-GaAs,n-InSb 点接触。20 世纪 60 年代中期,Young 和 Irvin[42] 研制了首个高频应用的光刻 GaAs 肖特基二极管,该基本二极管结构随后生成多种组合类型。

由于晶须技术的局限性,如设计和重复性的约束,从 20 世纪 80 年代开始研究制作平面肖特基二极管(图 2.8(a))。空气桥接冷指取代了已经过时的晶须接触,该设计是实现肖特基二极管混频器真正用于太赫兹频波段率的最重要步骤。单个芯片上有数千个二极管,使串联电阻和分流电容的寄生损耗降至最小。为了获得良好的高频性能,应减小二极管的结面积。减小结面积可降低结电容,提高操作频率,但同时也提高了串联电阻。

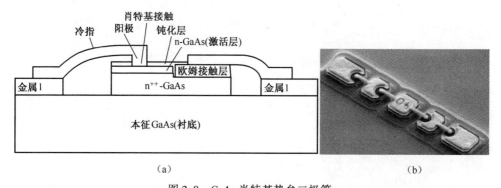

图 2.8 GaAs 肖特基势垒二极管
(a)平面二极管示意图;(b)4 个二极管芯片阵列示意图(Crowe 等提供[8])。

平面肖特基二极管在高掺杂 GaAs 衬底上(约 $5×10^{18}$ cm^{-3})制作,其背面为欧姆接触层和薄 GaAs 外延层,厚度为 300nm~1μm,生长在衬底的顶部。在外延层顶部的 SiO$_2$ 绝缘层中用金属(Pt)填充孔,限定了阳极面积(0.25~1μm)。采用最新技术制作的器件阳极直径约为 0.25μm,电容为 0.25fF。

在分立二极管芯片中,采用焊料或导电环氧树脂将二极管芯片倒装在电路中。采用先进的技术可将二极管与多个无源电路元件(阻抗匹配、滤波器和波导探针)集成到同一衬底上。通过改善机械结构和减少损耗,可将平面技术拓宽用于 300GHz 至几个太赫兹的范围。例如,图 2.8(b)中采用平衡配置的桥接四肖特基二极管芯片,提高了功率处理能力。

由于在制造过程中产生氧化物、污染物以及对结造成的损坏,典型的肖特基二极管通常具有高量级的低频噪声。最近,研制出另一种形成肖特基势垒的方法,即通过分子束外延(MBE)在半导体(InP衬底上的InGaAs/InAlAs)上原位沉积半金属(ErAs),以降低这些缺陷引起的过量低频噪声,特别是$1/f$噪声[6]。这种Ⅲ-Ⅴ半导体SBD具有优异的NEP性能(在100GHz频率上为$1.4pW/Hz^{1/2}$)。通过利用带间隧道效应,异质结反向二极管在94GHz频率上的响应率为49.7kV/W,NEP值为$0.18pW/Hz$[43]。最近,Han等[15]演示了在接近或亚毫米波段内工作的全功能CMOS成像仪(图2.9)。由于采用了很少的机械扫描步骤,4×4阵列的成像速度增加了4~8倍。

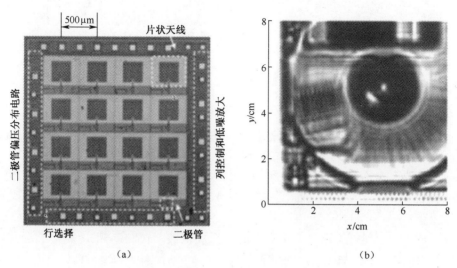

图 2.9　CMOS SBD 280GHz 成像仪
(a)阵列芯片照片;(b)音乐贺卡成像(来自Han等参考文献[15])。

2.4.2 场效应晶体管(FET)探测器

场效应晶体管(FET)的沟道可作为等离子体波的谐振腔,其典型波速为$10^8 cm/s$。该谐振腔的基频取决于其尺寸及$1\mu m$级及以下的栅极长度,基频可以达到太赫兹波段。基于门控二维晶体管沟道的电子传输与流动会引起类似于浅水或乐器声波的自激发辐射,Dyakonov和Shur在1993年[10]首次提出使用FET作为太赫兹辐射的探测器。因此,FET沟道中的载流子动力学也应存在类似的流体动力学现象,可预测在一定边界条件下的等离子体波形流动的不稳定性。图2.10所示为FET中的等离子体振荡。

纳米级FET沟道中等离子体波激发的非线性特性(电子密度波)使其响应频率略高于器件的截止频率,这是由于电子弹道传输造成的。在弹道工作区域,电子动量弛豫时间大于渡越时间。FET既可以用于谐振(当在沟道中激发等离子体振荡模式时出现高电子迁移率谐振),也可以用于非谐振(宽频)太赫兹探测[23](当等离子体振荡过阻尼时出现低迁移率谐振)。稳定振荡产生的物理机制依赖于晶体管边界上出现的等离子体波反射及随后的波振幅放大。FET 中具有足够高电子迁移率的等离子体激发可用于太赫兹辐射的发射及探测。

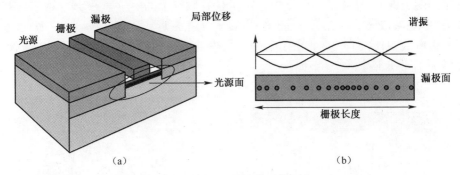

图 2.10 FET 中的等离子体振荡

FET 探测基于晶体管的非线性特性,由此可对入射辐射产生的交流电流进行整流。最终在源极和漏极之间出现直流电压形式的光响应,这个电压与辐射强度成正比(光伏效应)。即使没有天线,太赫兹辐射可通过焊盘接触和焊线耦合到 FET。通过添加适当的天线或腔体耦合可大幅度地提高 FET 探测灵敏度。

晶体管接收器可工作在高达室温的宽温度范围。在制造 FET、高电子迁移率晶体管(HEMT)和金属/氧化物半导体场效应晶体管(MOSFET)器件时可使用不同的材料,包括 Si、GaAs/AlGaAs、InGaP/InGaAs/GaAs 和 GaN/AlGaN。目前,最有前途的应用是非谐振模式下的宽带太赫兹探测和成像。

继首次实验演示硅 CMOS FET[24]的亚太赫兹和太赫兹探测之后,大约在 2004 年,大规模使用 FET 作为太赫兹探测器引起了关注。2006 年,Si-CMOS FFT 的 NEP 值与最佳常规室温太赫兹探测器相当[40]。目前,利用 Si-CMOS FET 技术优势(室温操作、超短响应时间、易于与读出电路在芯片上集成以及高度的复现性)可直接制造太赫兹探测器阵列。

最近制造了第一个用于实时采集透射模式太赫兹视频流的 CMOS 焦平面阵列,可以不需要光栅扫描和源调制。演示了采用 65nm CMOS 工艺技术制作的全集成 32×32 像素阵列[2](图 2.11 右侧)。每个 80μm 像素阵列包含一个差分片上环形天线,并与工作在远大于截止频率上的 CMOS 探测连结。相机芯片与 5cm×5cm×3cm 相机组件中的 41.7dBi 硅透镜封装在一起。在连续波照明中,相机达到的响应度为 100~200kV/W,总 NEP 为 10~20 nW/Hz$^{1/2}$,856GHz 的帧频高达 500 帧/s。在非视频模式,最大响应度为 140kV/W,对于 5kHz 斩波频率,获得了 856GHz 的最小 NEP 值。

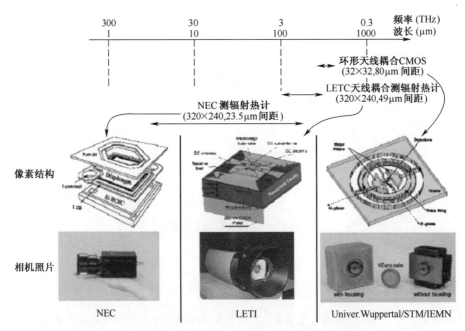

图 2.11 非致冷太赫兹焦平面阵列的研发进展

2.4.3 微测辐射热计

另一个有前景的技术同样是商用的微测辐射热计阵列。继 2006 年成功演示了主动太赫兹成像[25]之后,为了使红外微测辐射热计适用于太赫兹波段,针对 1THz 以上波段,2010—2011 年间有 3 家不同的公司机构宣布研制出该波段性能优良的摄像机,它们是 NEC(日本)[31]、INO(加拿大)[5]和 Leti(法国)[28]。供应商数量近期有望迅速增加。

主动太赫兹成像实验装置如图 2.12 所示。多数发表的文章中采用单色太赫兹源表征焦平面,如量子级联激光器或提供毫瓦级功率的远红外光学泵浦激光器。如图 2.12 所示,反射光束背光照射在具有最大面积的物体上,其透射光通过相机采集。焦平面位于相机镜头后,物体平面在透镜前面。图中还示出了改进的反射模式配置,镜面反射光由重新定位的透镜和相机采集。

提出了硅太赫兹测辐射热计像素的不同设计方案。NEC 公司的像素设计分为两部分(图 2.11 的左侧),即下方的硅读出集成电路(ROIC)和上方的悬浮微桥结构。微桥为两层结构:光阑和两条接脚组成,檐形结构位于光阑上以提高敏感面积和填充因子。光阑和檐形结构吸收太赫兹辐射。光阑由 VO_x 测辐射热计薄膜、SiN_x 钝化层和 TiAlV 电极组成,檐形结构由 SiN_x 层和 TiAlV 太赫兹薄膜吸收层组成。

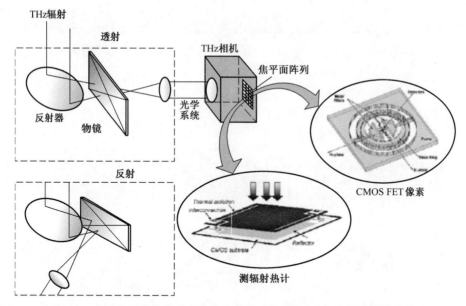

图 2.12　主动太赫兹成像系统的实验装置,剖面图显示备选的反射模式装置

图 2.11 上图的中间一列为 Leti 公司的一个非晶硅微测辐射热计阵列的像素示意图。50μm 间距的准蝶形天线与由标准红外测辐射热计衍生的温度计微桥结构连结。薄膜通过绝热臂和金属柱悬置在衬底上。为了增强天线增益,在天线下方用沉积在金属反射器上的 11μm 厚 SiO_2 层实现等效的 1/4 波长谐振腔。为确保测辐射热计金属柱与 CMOS 金属上触点间的电接触,通过 11μm 腔蚀刻通孔,然后金属化封装。

图 2.13 汇总了 3 家供应商制造的测辐射热计焦平面的 NEP 值。在 2~5THz 响

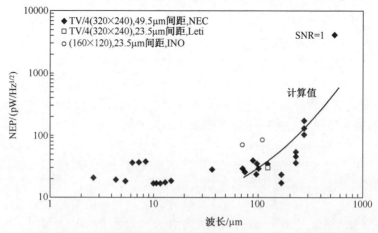

图 2.13　测辐射热计太赫兹焦平面的波长与 NEP 的相关性

应的焦平面具有良好的 NEP 值,数值低于 $100pW/Hz^{1/2}$(视频速率为 20~30 帧/s 时可达到几十 $pW/Hz^{1/2}$ 量级)。可以看出,在 $200\mu m$ 以下波段的 NEP 波长响应曲线相当平缓。在像素间距、ROIC 和技术堆栈保持不变时,通过增加像素数量,改进天线设计可进一步提高性能。

最近,提出了测辐射热计阵列像素设计的一种新方法——利用 Si FET 及沟道热传导率与温度的响应曲线[7]。应该提到的是,Tracer 系统公司采用的焦平面设计和制造基于 0.6~1.2THz 的天线耦合隧道结二极管,焦平面尺寸为 120×120 像素,$NEP = 5nW/Hz^{1/2}$。通过 HgCdTe 层中的辐射加热方式也可以设计具有主动成像特性且能够组装到阵列中的非致冷太赫兹/亚太赫兹探测器[9]。

2.5 非本征探测器

历史上,第一个非本征光电探测器是基于锗的非本征光电导探测器。非本征光电探测器是工作在 $\lambda > 20\mu m$ 范围内的重要探测器。该特定光电探测器的波段由掺杂杂质及掺入材料确定。对于具有最浅杂质层的 GaAs 来说,长波光响应截止波长约为 $300\mu m$。

非本征红外光电探测器的研发持续了 50 多年。20 世纪 50 年代和 60 年代,锗可以制作得比硅更纯,掺杂硅比掺杂锗需要进行更多的补偿,因此,掺杂硅的载流子寿命比非本征锗短。当前,除了硼污染的问题之外,生产纯硅的问题已在很大程度上得到了解决。硅比锗有几个优势,如可获得高达 3 个数量级的杂质溶解度,因此,用硅可以制造更薄、空间分辨率更高的探测器。硅的介电常数低于锗,目前已经完全开发出硅器件相关技术,包括接触方法、表面钝化以及成熟的 MOS 和 CCD 制作工艺。此外,硅探测器在核辐射环境中还具有优良的硬度。

2.5.1 锗非本征光电导探测器

在高背景和低背景辐射应用中,硅探测器已经在很大程度上取代了锗非本征探测器,获得了相同的光谱响应。然而,当波长大于 $40\mu m$ 时,由于没有适合硅的薄层掺杂剂,锗器件应用于长波仍然受到关注。锗光电导体已经用于各种各样的红外天文实验,包括 3~$200\mu m$ 以外波长范围的航空和航天应用。非常薄的施主材料,如锑(Sb)和受主材料硼(B)、铟(In)或镓(Ga),其截止波长在 $100\mu m$。图 2.14 所示为掺锌(Zn)、铍(Be)、镓(Ga)和应力型锗掺镓(Ge:Ga)非本征锗光电导体的光谱响应[26]。近期,尽管在开发超灵敏热探测器方面做了大量工作,锗光电导体仍然是用于波长为 $240\mu m$ 以下最灵敏的探测器。

Ge:Ga 光电导体是用于 40~$120\mu m$ 波段的最佳低背景光子探测器。由于材

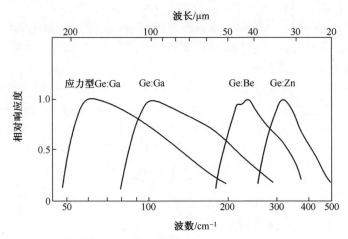

图 2.14　一些锗非本征光电导探测器的相对光谱响应（由 Leotin 提供[26]）

料的吸收系数由光电离截面积和掺杂浓度的乘积决定，通常需要掺杂浓度最大。当掺杂浓度太高，使杂质带传导产生过量暗电流时，实际应用受到限制。对于 Ge：Ga，杂质带出现在大约 $2×10^{14}cm^{-3}$ 处，吸收系数仅为 $2cm^{-1}$，典型量子效率为 $10\%\sim20\%$。

使用锗存在许多问题。为控制暗电流，材料必须轻掺杂，因而吸收长度较长（通常为 $3\sim5mm$）。因为扩散长度也较长（通常为 $250\sim300\mu m$），像素尺寸需要达到 $500\sim700\mu m$，以便将串扰降至最小。在空间应用中，大像素意味着更高的宇宙辐射命中率，同时也意味着工作在低背景限的阵列读出噪声非常低，因而，很难在大电容和大噪声的情况下实现大像素。由于能带间隙小，锗探测器必须能够在硅"凝固"点（4.2K）以下工作良好。

沿 Ge：Ga 晶体的[100]轴方向施加单轴应力可减少 Ga 受主结合能，将截止波长延伸至 $240\mu m$ 左右[22]。与此同时，工作温度必须降低到 2K 以下（图 2.7）。在实际应用时，必须在探测器上施加和保持非常均匀且可控的压力，使整个探测器在应力作用下不会超过断裂强度极限。已经开发了许多机械应力模块，应力 Ge：Ga 光电导体系统广泛应用于天文和天体物理学[13,35]。

标准平面混合结构常用于制作近红外和中红外焦平面阵列[37]，不适合制作远红外探测器，原因是远红外探测器有读出辉光，缺乏有效散热，探测器和读出电路之间的热噪声干扰限制了性能。通常，远红外阵列采用模块化设计，将多个模块堆叠在一起，形成二维阵列。

红外天文卫星（IRAS）、红外空间观测台（ISO）和 Spitzer 空间望远镜（Spitzer）的远红外通道都使用了大块锗光电导体。在 Spitzer 空间任务中，32×32 像素的 Ge：Ga 无应力阵列工作波段为 $70\mu m$，2×20 应力探测器阵列工作波段为 $160\mu m$。探测器配置在 Z 平面结构中，该阵列实质上为三维尺寸。

在马克斯·普朗克地球外物理研究所(Max Planck Institut für Extraterrestrische Physik) Albrecht Poglitsch 的指导下,研制了一种创新型的积分场光谱仪,称为场成像远红外线光谱仪(FIFI-LS)。该光谱仪可在每两个波带中产生 5×5 像素图像,每个像素图像具有 16 个光谱分辨像元。该阵列是为赫歇尔空间天文台和 SOFIA 公司研制的,如图 2.15 所示。为实现这一目的,仪器采用两个 16×25 Ge:Ga 阵列,其中一个阵列在 45~110μm 波段上无应力,另外一个阵列在 110~210μm 波段上有应力。低应力蓝色探测器像素的机械应力减小到红色探测器长波响应所需量级的大约 10%。每个探测器像素在其子组件中受到应力,信号线与旁边的前置放大器连接,显著限制了该类型阵列的尺寸,使其远远小于没有这种约束结构的阵列。

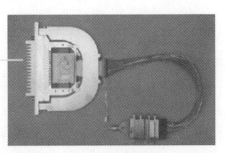

Ge:Ga应力模块

图 2.15　(见彩图)PACS 光电导体焦平面阵列。PACS 仪器红色和蓝色阵列的 25 应力和低应力模块(对应于 25 个空间像素)集成到外壳上(摘自 http://fifi-ls.mpg-garching.mpg.dr/detector.html[19])

光电探测器阵列相机和光谱仪(PACS)是欧洲航天局远红外和亚毫米天文台——赫歇尔空间实验室 3 台科学仪器中的其中一个。除了具有两个 Ge:Ga 光电导阵列,还使用了 16×32 像素和 32×64 像素的两个硅填充测辐射热仪阵列,可实现 60~210μm 波长范围的积分场光谱和成像光度测定。对于应力和无应力探测器,NEP 中值分别为 $8.9×10^{-18} W/Hz^{1/2}$ 和 $2.1×10^{-17} W/Hz^{1/2}$。探测器工作温度为 1.65K,读出电路集成在探测器模块中,其中 16 个探测器的每个线性模块读出通过工作温度为 3~5K 的 CMOS 低温放大器/多路转换器电路实现。

如上所述,标准的混合焦平面阵列(FPA)体系结构通常不适合远红外阵列(虽然也用于这种结构),主要是因为探测器能探测到读出电路辉光,降低了性能。为此,引入新型分层混合结构以减少这些问题,从而可以制作大格式的远红外焦平面阵列(图 2.16)[11-12]。在设计中,中间衬底位于探测器和读出电路之间,两侧像素采用与阵列相同的格式,并通过嵌入式通孔实现相应像素焊盘之间的电接触。选择的衬底材料必须具有足够的红外阻挡性能,热导率高,膨胀系数介于锗和硅之间。氧化铝(Al_2O_3)和氮化铝(AlN)具备这些特性,可作为衬底材料。通过阻挡读出电路辉光到达探测器,提供了高效散热,改善了整个阵列的温度均匀性,降低了探测器与读出电路之间的热失配影响。此外,衬底可作为输出电路板,提供简单和可靠的焦平面和外部电路连接,且没有额外的封装要求。这种分层混合结构已用于制造 Ge:Sb 焦平面阵列($\lambda_c \approx 130\mu m$)。利用这种结构有望实现超大格式、灵敏度优于 10^{-18} $W/Hz^{1/2}$ 的焦平面阵列,满足未来天文仪器的技术要求。

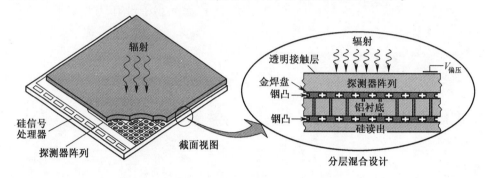

图 2.16 大格式红外和亚毫米阵列的分层混合设计

2.6 阻挡杂质带探测器

非本征光电导体设计中的一个主要问题是掺杂浓度与性能要求相冲突:掺杂浓度需要尽可能高以获得较高的光子吸收系数(在重掺杂半导体中,由于受到相邻两个杂质位点的电荷载流子直接的传递,掺杂浓度由于漂移电导受到限制);相反,低掺杂浓度还可以降低电导率,从而减小约翰逊噪声。

1979 年,在洛克威尔国际科学中心工作的 M. Petroff 和 D. Stapelbroeck 发明了阻挡杂质带(RIB)探测器[33]。与非本征掺杂硅光电导体相比,这些探测器的核辐射灵敏度明显降低,性能得以改善。BIB 的一些优良性能使它们在天文学中非常有用。

通过在重掺杂红外激活层和平面接触层之间放置薄本征(未掺杂)硅阻挡层,BIB 克服了标准非本征掺杂硅光电导体掺杂浓度受到限制的问题(图 2.17)。探测器结构的激活区基于外延生长的 n 型材料上,位于高掺杂筒并衬底电极和未掺杂阻挡层之间。激活层的掺杂足够高形成杂质带,以便杂质离子化呈现高量子效率(在 Si:As BIB 探测器中,激活层掺杂浓度大约为 $5\times10^{17} cm^{-3}$)。除了施主杂质带和导带之间的电子光激发,器件还表现出类似的二极管特性。重掺杂 n 型红外激活层具有低浓度的负电荷补偿受主杂质。在没有施加偏压的情况下，中性电荷需要相等浓度的离子化施主。鉴于负电荷固定在受主位点，而具有电离施主位点相关的正电荷（D^+）可以移动，利用占位（D^0）和空位（D^+）邻位之间的漂移机制，通过红外激活层传播。透明接触层的正偏压产生电场，驱动先前存在的 D^+ 电荷朝衬底移动，同时未掺杂的阻挡层阻止新的 D^+ 电荷注入。因此，所产生的 D^+ 电荷耗尽层宽度取决于施加的偏压和补偿的受主浓度。

BIB 探测器有效地利用了重掺杂半导体中与"杂质能带"相关的漂移传导率。因为存在阻挡层，BIB 探测器没有采用常用的光电导体模型，其特性接近于反向偏压光电二极管，除了电子的光激发是从施主杂质带到导带。由于杂质带和导带之间的能隙较窄，因此 BIB 探测器的响应可扩展到甚长波红外（VLWIR）光谱区。掺砷和锑的 Si BIB 探测器可选择 $5\sim40\mu m$ 波段的材料（图 2.18(a)）。采用常规设计和工艺的 Si:As BIB 探测器的截止波长约为 $28\mu m$。由于窄带隙的电子热激发导致暗电流，探测器必须工作在足够低的温度（$T<13K$）下，以限制暗电流。

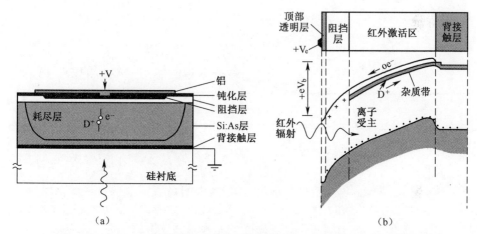

图 2.17 Si:As BIB 探测器：正向偏压探测器的(a)层结构和(b)能带结构

与常规非本征掺硅光电导体相比，BIB 探测器具有许多优点：高吸收系数的吸收层可以制造较小激活体积的探测器，对宇宙射线敏感度低，且不降低量子效率。此外，由于重掺杂激活层，杂质带宽度增加，有效地降低了杂质带和导带之间的能隙。因此，与块状光电导体相比，采用相同的掺杂剂，BIB 探测器的光谱响应通常向长波方向扩展。此外，BIB 器件还提供了优于常规光电导体的噪声性能。

DRS 技术公司演示了长波截止的 JFET 探测器性能（图 2.18(b)）。远红外扩展阻挡杂质带（FIREBIB）探测器通过进一步增加施主掺杂制造。多层施主电荷重叠作用增强，杂质导带变宽，使得杂质能带和导带之间的能隙变窄，窄带隙可获得长波响应。两个模型的点状曲线如图 2.18(b)所示。$10\sim50\mu m$ 的宽带探测器（目标为 $3\sim100\mu m$）基于 $10\sim12K$ 的 As 掺杂 Si BIB 探测器。

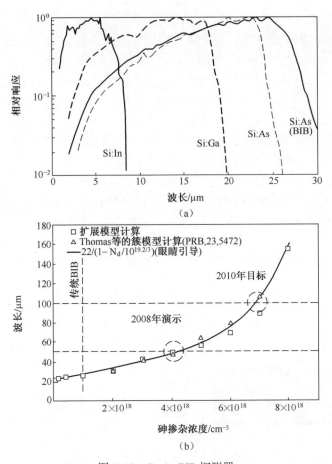

图 2.18 Si:As BIB 探测器

(a)非本征硅探测器的光谱响应,包括 Si:In、Si:Ga 和 Si:As 块状探测器及 Si:As IBC(Norton 提供[29]);
(b)截止波长与施主掺杂的关系(Hogue 等提供[18])。

当前,BIB 探测器阵列主要应用于地面和空间远红外天文学,表 2.2 汇总了 Si-As BIB 探测器阵列性能。探测器阵列应尽可能工作在优良、均匀和恒定的环境中,阵列性能可能受到不同背景辐射的强烈影响,非本征硅阵列的高背景辐射应用滞后于低背景辐射。

表 2.2 用于地面和空间应用的若干格式 Si:As BIB 探测器焦平面阵列性能

参数	Si-As BIB	Phoenix	MIRI	Aquarius-1k
应用/用户	地面望远镜 ESO,东京大学	空间望远镜 日本宇宙航空研究开发机构(JAXA)	空间望远镜 NASA JWST	地面望远镜 ESO,亚利桑那大学

(续)

参数	Si-As BIB	Phoenix	MIRI	Aquarius-1k
格式/阵列	320×240	1024×1024	1024×1024	1024×1024
像素尺寸/μm	50	25	25	30
ROIC 类型	DI	SFD	SFD	SFD
填充因子	≥95%	≥95%	≥98%	≥98%
ROIC 输入参考噪声	<1000e$^-$ RMS	6~20e$^-$ RMS	10~30e$^-$	低增益 <1000e$^-$ RMS
积分性能	7 或 20×10^6 e$^-$	3×10^6 e$^-$	2×10^5 e$^-$	1 或 11×10^6 e$^-$
最大帧频/Hz	100~500	0.1	0.1	120
输出数	16 或 32	4	4	16 或 64
封装	LCC	LCC	模块	双面对接模块

注：由 Mills 等提供[27]。

由美国国家航空航天局和国家科学基金会投资，为天文学应用制造了最大的非本征红外探测器阵列。目前，美国的雷声视觉系统(RVS)公司、DRS 技术公司和特利丹(Teledyne)成像传感器公司(前身是洛克威尔科学公司)提供了大部分的天文学用红外阵列，其中最重要的是 BIB 探测器阵列。令人印象尤其深刻是利用 Si BIB 阵列技术制造的大尺寸 2048×2048 阵列，其像素间距小至 18μm。图 2.19 所示为 RVS 公司 BIB 探测器阵列的发展过程。

图 2.19 RVS 公司 BIB 探测器阵列的发展过程。器件从左到右：SIRTF 256×256，CRC 774 320×240，Aquarius-1k 1024×1024，Phoenix 2048×2048(Mills 等提供[27])

目前,将材料由 Si 换成半导体,可以提供较薄的杂质带,还尝试了远红外探测器技术。已经尝试了基于 Ge 和 GaAs 的 BIB 探测器系统,并非常成功地获得 Ge BIB 系统。与 Ge 相比,较小结合能的 GaAs 薄层施主使波长响应超过 300μm,且没有单轴应力。

2.7 半导体测辐射热计

致冷硅测辐射热计在 1~3000μm 波长范围内表现出宽带和近平坦光谱响应。它们易于制造,可操作性高,均匀性好,成本低,但工作温度低(0.3~4.2K)。在制作测辐射热计时,其面积、工作温度、热时间常数和热导率经过调整可满足特定的设计要求。利用当前现有技术制作几百个像素的阵列在许多实验中得到应用,其中包括 NASA 探路者地面仪器以及气球实验,如 BOOMERANG、MAXIMA 和 BAM。

热敏电阻通常借助于平版印刷术制作在 Si 或 SiN 薄膜上。阻抗选择为几兆欧,以便将工作在约 100K 的结型场效应晶体管(JFET)放大器的噪声降至最低。该技术存在的局限性是温度范围为 100~300mK 的测辐射热计与约 100K 放大器之间的热机械和电气接口问题。通常,JFET 放大器位于薄膜上,可以有效地被隔离,使其保持在低温环境中(约 10K),如图 2.20 所示。因此,工作温度在 10K 的设备与周围工作在 0.1~0.3K 的部件热隔离。还没有一种实用的方法能够将许多此类测辐射热计多路转换成一个 JFET 放大器。在现有的阵列中,每个像素需要一个放大器,因此,阵列像素局限于几百个。

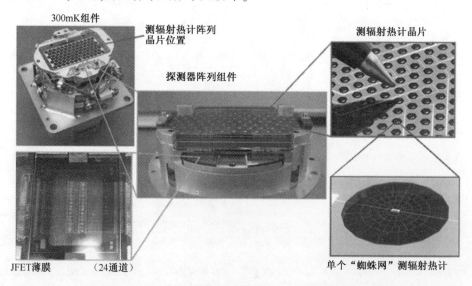

图 2.20 光谱和光度成像接收器(SPIRE)的测辐射热计阵列
(来自 http://herschel.jpl.nasa.gov/spireInstrument.shtml[20])

在测辐射热计中，网格吸收光子的金属膜可以是连续图案。图案的设计可选择波段以提供偏振灵敏度或控制接收量。采用了不同的测辐射热计结构，在紧密排列和蜘蛛网阵列结构中，制作了弹性结构或两层铟凸黏合结构。Agnese等介绍了不同的阵列结构形式，采用铟凸胶黏剂将两个晶片组装在一起[1]。其他类型测辐射热计可集成在喇叭形耦合阵列中，采用交流偏压以降低低频噪声。

随着研制出接近测辐射热计工作温度的低噪声读出装置，第一个用于远红外和亚毫米光谱范围的高性能测辐射热计阵列才真正地得以使用。例如，赫歇尔/PACS 仪器公司采用 2048 像素测辐射热仪阵列[4]替代 JFET 放大器。该阵列的结构体系与直接混合的中红外阵列大体类似，其中一个硅晶片上具有测辐射热计图案，每个测辐射热计采用硅网格阵列的形式。硅微加工工艺技术的发展使得测辐射热计制作在总体上取得了实质性进展，它是制作大规模阵列的核心要素。这项技术使得超大规模阵列结构可适用于高背景辐射环境应用。更多细节请参考 Billot 等的文献[4]。

在常规测辐射热计中，晶格吸收能量并通过碰撞将能量传输给自由载流子。然而，在热电子测辐射热计中，入射辐射功率被自由载流子直接吸收，晶格温度基本上保持恒定。注意，该机制与光电导性不同，入射光产生的是自由电子迁移率而不是电子数。这种机制可提供亚微秒响应以及扩展到毫米波长更广的远红外覆盖，但问题是需要液氦冷却。

第一个"热电子"测辐射热计是采用工作在低温的块状 n-InSb[34]。目前，这种探测器采用特殊形状的高纯度 n 型 InSb 晶体，可以直接耦合到噪声极低的前置放大器上[21]（http://www.infraredlaboratories.com/InSb×Hot×e×Bolometers.html）。

2.8 结论

远红外和亚毫米波辐射技术正不断拓展用于人类活动的各个领域。自早期太空天文学应用以来，用半导体探测器探测红外辐射已成为当今红外空间任务的主要工具。技术的不断发展已经达到了较高水平，使许多工作在低温或热力学温度的离散和低像素探测器阵列性能接近于低背景辐射的极限性能。研制探测器是当前所有制造商的核心任务。目前，已经拥有了种类繁多的传统深致冷毫米波和亚毫米波探测器以及基于新颖光电子量子器件的探测器。

未来，大格式、高性能探测器阵列将挑战远红外半导体探测器的主导地位，而且无疑将继续发挥重要作用。特别关注于研制具有实时成像、高动态范围和室温操作性能的远红外/太赫兹成像传感器系统。CMOS 加工技术因其在工业、监控、科学和医疗中的低成本应用尤其具有吸引力。

参考文献

1. Agnese P, Buzzi C, Rey P et al (1999) New technological development for far-infrared bolometer arrays. Proc SPIE 3698:284-290
2. Al Hadi R, Sherry H, Grzyb J et al (2012) A 1 k-pixel video camera for 0.7-1.1 terahertz imaging applications in 65-nm CMOS. IEEE J Solid State Circ 47:2999-3012
3. Arone D (2004) 10 emerging technologies that will change your world. Technol Rev (February):32-50
4. Billot N, Agnese P, Augueres JL et al (2006) The Herschel/PACS 2560 bolometers imaging camera. Proc SPIE 6265:62650D
5. Bolduc M, Terroux M, Tremblay B et al (2011) Noise-equivalent power characterization of an uncooled microbolometer-based THz imaging camera. Proc SPIE 8023:80230C-1-10
6. Brown ER, Young AC, Zimmerman J et al (2006) High-sensitivity, quasi-optically-coupled semimetal-semiconductor detectors at 104GHz. Proc SPIE 6212:621205
7. Corcos D, Brouk I, Malits M et al (2011) The TeraMOS sensor for monolithic passive THz imagers. In: 2011 IEEE international Conference on Microwaves, Communications, Antennas and Electronic Systems (COMCAS), Tel Aviv, 8-9 November
8. Crowe TW, Porterfield DP, Hesler JL (2005) Terahertz sources and detectors. Proc SPIE 5790:271-280
9. Dobrovolsky V, Sizov FF (2010) THz/sub-THz bolometer based on the electron heating in a semiconductor waveguide. Opto Electron Rev 18:250-258
10. Dyakonov M, Shur MS (1993) Shallow water analogy for a ballistic field effect transistor: new mechanism of plasma wave generation by the dc current. Phys Rev Lett 71:2465-2468
11. Farhoomand J, Sisson DL, Beeman JW (2008) Viability of layered-hybrid architecture for far IR focal-plane arrays. Infrared Phys Technol 51:152-159
12. Farhoomand J, Sisson DL, Beeman JW (2010) Latest progress in developing large format Ge arrays for far-IR astronomy. Proc SPIE 7741:77410A-1-8
13. Haller EE, Breeman JW (2002) Far infrared photoconductors: recent advances and future prospects. Far-IR, Sub-mm & MM Detector Technology Workshop, Monterey
14. Han R, Zhang Y, Coquillat D et al (2011) A 280-GHz diode detector in 130-nm digital CMOS. IEEE J Solid State Circ 46:2602-2612
15. Han R, Zhang Y, Kim Y et al (2012) 280GHz and 860GHz image sensors using Schottkybarrier diodes in 0.13μm digital CMOS. In: IEEE international solid-state circuits conference, San Francisco, 19-23 February, pp 254-255
16. Harwit M, Helou G, Armus L et al (2012) Far-infrared/submillimeter astronomy from space tracking an evolving universe and the emergence of life. http://www.ipac.caltech.edu/DecadalSurvey/farir.html

17. Hesler JL, Crowe TW (2007) Responsivity and noise measurements of zero-bias Schottky diode detectors. In: Proceedings of the 18th international symposium on Space Terahertz Technology, Pasadena
18. Hogue H, Atkins E, Reynolds D et al (2011) Update on blocked impurity band detector technology from DRS. Proc SPIE 7780(778004):1–10
19. http://fifi-ls.mpg-garching.mpg.dr/detector.html
20. http://herschel.jpl.nasa.gov/spireInstrument.shtml
21. http://www.infraredlaboratories.com/InSb_Hot_e_Bolometers.html
22. Kazanskii AG, Richards PL, Haller EE (1977) Far-infrared photoconductivity of uniaxially stressed germanium. Appl Phys Lett 31:496–497
23. Knap W, Dyakonov MI (2013) Field effect transistors for terahertz applications. In: Saeedkia (ed) Handbook of terahertz technology. Woodhead Publishing, Cambridge, pp 121–155
24. Knap W, Teppe F, Meziani Y et al (2004) Plasma wave detection of sub-terahertz and terahertz radiation by silicon field-effect transistors. Appl Phys Lett 85:675
25. Lee AWN, Williams BS, Kumar S et al (2006) Real-time imaging using a 4.3-THz quantum cascade laser and a 320 × 240 microbolometer focal-plane array. IEEE Photon Technol Lett 18:1415–1417
26. Leotin J (1986) Far infrared photoconductive detectors. Proc SPIE 666:81–100
27. Mills R, Beuville E, Corrales E et al (2011) Evolution of large format impurity band conductor focal plane arrays for astronomy applications. Proc SPIE 8154:81540R-1–10
28. Nguyen D-T, Simoens F, Ouvrier-Buffet J-L et al (2012) Broadband THz uncooled antennacoupled microbolometer array—electromagnetic design, simulations and measurements. IEEE Trans Terahertz Sci Technol 2:299–305
29. Norton PR (1991) Infrared image sensors. Opt Eng 30:1649–1663
30. OAD-7 Golay detector operating manual, QMC Instruments Ltd., Cardiff, UK, 4 Jan 2005
31. Oda N (2010) Uncooled bolometer-type terahertz focal-plane array and camera for real-time imaging. Comptes Rendus Phys 11:496–509
32. Öjefors E, Pfeiffer UR, Lisauskas A et al (2009) A 0.65 THz focal-plane array in a quartermicron CMOS process technology. IEEE J Solid State Circ 44:1968–1280
33. Petroff MD, Stapelbroek MG (1986) Blocked-impurity-band detectors. US Patent No.4,566,960. Filled 23 Oct 1980, granted 4 Feb 1986
34. Phillips TG, Jefferts KB (1973) A low temperature bolometer heterodyne receiver for millimeter wave astronomy. Rev Sci Instrum 44:1009–1014
35. Poglitsch A, Waelkens C, Bauer OH et al (2008) The Photodetector Array Camera and Spectrometer (PACS) for the Herschel Space Laboratory. Proc SPIE 7010:701005
36. Pyroelectric Detector, product sheet for model SPH-62. Spectrum Detector Inc., Lake Oswego, OR. www.spectrumdetector.com
37. Rogalski (2011) Infrared detectors, 2nd edn. CRC Press, Boca Raton
38. Sizov F (2010) THz radiation sensors. Opto Electron Rev 18:10–36
39. Sizov F, Rogalski A (2010) THz detectors. Prog Quantum Electron 34:278–347

40. Tauk R, Teppe F, Boubanga S et al (2006) Plasma wave detection of terahertz radiation by silicon field effects transistors: responsivity and noise equivalent power. Appl Phys Lett 89:253511
41. Ueda T, An Z, Komiyama S (2011) Temperature dependence of novel single-photon detectors in the long-wavelength infrared range. J Infrared Millim Terahertz Waves 32:673–680
42. Young DT, Irvin JC (1965) Millimeter frequency conversion using Au-n-type GaAs Schottky barrier epitaxial diodes with a novel contacting technique. Proc IEEE 53:2130–2132
43. Zhang Z, Rajavel R, Deelman P et al (2011) Sub-micro area heterojunction backward diode millimeter-wave detectors with 0.18 pW/Hz$^{1/2}$ noise equivalent power. IEEE Microw Wirel Compon Lett 21:267–269.

第3章
非致冷整流和测辐射热计型太赫兹/亚太赫兹探测器

F. Sizov, M. Sakhno, A. Golenko, V. Petryakov, Z. Tsybrii, V. Reva, V. Zabudsky[①]

摘　要：考虑到某些寄生效应，研究长沟道、无偏压硅场效应晶体管(Si-FET)作为太赫兹/亚太赫兹探测器的响应度(R)和噪声等效功率(NEP)。比较当前零偏压肖特基势垒二极管(SBD)与基于窄带隙碲镉汞(MCT)热电子测辐射热计(HEB)的太赫兹/亚太赫兹探测器参数与辐射频率(ν)的响应关系。建立了统一模型，并介绍和比较了 Si-FET 和 SBD 探测器的实验数据。

3.1　引言

　　探测器是太赫兹/亚太赫兹成像系统的关键部件。采用非致冷探测器及阵列可以使系统更加经济有效。对应用来说，重要的是计算主动或被动成像系统探测器或阵列的极限 NEP 值。

　　自 20 世纪 40 年代[1]以来，SBD 探测器因其灵敏度高和可工作在室温或低温环境，一直用于微波探测和混频。Dyakonov-Shur[2]首次发表了关于 FET 作为太赫兹探测器的研究成果。在 Dobrovolsky 和 Sizov[3]的论著中提到，碲镉汞热电子测辐射热计(MCT-HEB)可用作非致冷太赫兹/亚太赫兹探测器。其他有关太赫兹探测器类型的综述可参见 Sizov[4]发表的文章。FET 探测器的主要优势依赖于成熟的 CMOS 技术开发。

---

① Department of Physics and Technology of Low-Dimensional Systems, Institute of Semiconductor Physics, Nauki Av., 41, 03028 Kiev, Ukraine
e-mail: sizov@isp.kiev.ua

FET 和 SBD 探测器速度快,其太赫兹/亚太赫兹系统的操作速度仅受读出电路的限制。当工作在低辐射功率时,FET、SBD 和 MCT-HEB 探测器具有平方律特性,响应与输入功率成正比,并且可以组装到阵列中。

寄生效应是限制上述 3 种太赫兹/亚太赫兹探测器性能的主要因素之一。另一个主要因素是,当探测器阵列与在一定厚度的高介电常数 ε 衬底上沉积的天线放置一起时,会受到阵列中相邻敏感像元之间的串扰影响。减小高 ε 衬底的厚度或使用低 ε 衬底可抑制这种影响。

介绍和比较了 Si FET 和 SBD 探测器的已知实验数据,开发出与肖特基势垒二极管模型类似的 FET 探测器模型,其目的是计算相似模型内 FET 和 SBD 探测器的响应率 R、电学 NEP^{el} 和光学 NEP^{opt} 极限性能,还介绍了 HEB-MCT 探测器和阵列的一些计算结果。研究了不同衬底上的 3 个固态探测器系统:MCT 微测辐射热计(CdZnTe,GaAs 衬底)、Si FET,GaAs SBD 或 III-V 零偏压 SBD 探测器。

计算结果表明,在频率 ν 为 150~300GHz 的 3 种探测器主要用于太赫兹主动成像。如下面所述,这些探测器在该波段的辐射分辨率良好,可以透过干燥的衣服、纸板箱和信封。此外,现有太赫兹源在该波段的辐射功率高,可以成功地应用于多元探测器阵列进行实时成像。

3.2 FET 探测器

FET 作为太赫兹探测器研究始于 Dyakonov-Shur[2]基于流体动力学相似理论。在分析 FET 时,需要明确"FET 的工作频率远远高于截止频率"的含义。在 FET 工作的小信号近似中,其截止频率 ν_{co} 上的输入电流超过输出电流,单位增益频率上的输入功率超过输出功率。这些频率显示了晶体管的线性响应,而不是非线性响应特性。在大于 ν_{co} 的频率上观察到非线性响应。Dyakonov-Shur[2]在论著中对该现象进行了理论预测。

事实上,太赫兹探测与产生的静态分量有关,畸变分析与产生的高阶谐波相关。所以,可从不同角度研究同样的现象。在 Pu 和 Tsividis[5]论著中,通过详细解释通用假设,对超高频率上的 FET 畸变进行了分析。

通常,FET 分为本征部分和非本征部分[6]。沟道为本征部分,其余为非本征部分,包括寄生电容、栅电阻、信号源和漏电阻等。寄生效应在高频变得非常重要。图 3.1 所示为带有天线的等效电路,此处给出了仅有有源和寄生电容的 3 种类型太赫兹/亚太赫兹探测器。

有两种模型可以阐明 FET 太赫兹灵敏度:一种基于 Dyakonov-Shur 理论[2];另一种称为分布式电阻自混频模型[7]。这两种模型都与金属氧化物半导体场效应晶体管(MOSFET)有关,都是建立在漂移电流方程和强反型假设上。Dyakonov-

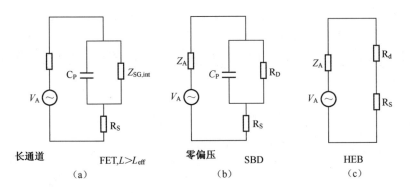

图 3.1 具有基本寄生元件的示意图

(Z_A 为天线阻抗;V_A 为天线电压振幅。在 FET 中,$R_S = R_G + R_{source}$,R_S 为串联(寄生)有源电阻;R_G 为栅极有源电阻;R_d 为 MCT-HEB 有源电阻。在 SBD 和 MCT-HEB 中,R_S 为串联寄生有源电阻;R_D 为 SBD 差分有源电阻;CP 为寄生电抗(通常是电容);$Z_{GS,int}$ 为内部栅-源阻抗。)

Shur 模型基于流体力学相似理论,不适用于 MOSFET 弱反型区和中反型区(可观察到最大灵敏度)的反型层电荷动力学,其原因是扩散电流在这些区域中占主导地位(图 3.2)。在 Boppel 等的论著[8]中,用具有某种形式反型层电荷相关近似的漂移方程解释所有反型区的整流现象,其扩展模型[2]可描述 FET 阻抗、响应度和 NEP。

最初,由 Dyakonov-Shur 的理论表达式只能获得强反型区(漂移电流主导)的电流-电压(I-V)响应关系。然而,依据产生的表达式可描述所有反型区的实验数据[8-10]。还发现电阻混频和分布式电阻自混频结果类似[8]。得到的探测电压表达式相对简单[9],基于静态电流-电压响应关系。所有结果表明,太赫兹波段内使用的探测方法在某种程度上类似于兆赫兹波段的探测方法。尽管如此,还有未解决的比例常数的问题。可精确预测探测电压与栅电压的响应关系曲线形状[8,9],但无法预测比例常数(如探测电压的最大绝对值)。

由于电流-电压响应曲线的非线性特性,FET 或 SBD 毫米波/太赫兹探测器的响应可通过信号整流来调节。对 FET 探测器来说,可采用与 SBD 特性类似的方法描述[1]。本征电流响应度(FET 沟道本身)是探测电流 $\langle I_{DS} \rangle$ 与器件本征吸收功率 $P_{in,int}$ 之比。于是,FET 的内部电流响应度为

$$R_{I,int} = \langle I_{DS} \rangle / P_{in,int} \tag{3.1}$$

本征电流和电压响应度通过沟道阻抗连接,于是,有

$$R_{V,int} = R_{CH} R_{I,int} \tag{3.2}$$

为得到 $R_{I,int}$,应已知探测电流 $\langle I_{DS} \rangle$ 和输入功率 $P_{in,int}$。在 Sakowicz 等的论著中可获得基于静态电流-电压响应关系的 $\langle I_{DS} \rangle$ 表达式[9]。产生的表达式经过实验验证(可精确到某个常数因子)。然而,使用强反型假设获得的推导公式不适用于 Si-MOSFET 弱反型区和中反型区。

研究 FET 太赫兹/亚太赫兹探测器,通常可在栅极和源极之间放置一个天线,以便通过源极将太赫兹信号引入 FET 沟道中。在靠近源极的较短距离 L_{eff} 处进行探测[11]。这里采用"长沟道"FET,其沟道长度 L 大于"有效探测沟道长度" L_{eff},室温下 Si FET 的 L_{eff} 小于 100nm[12-13]。

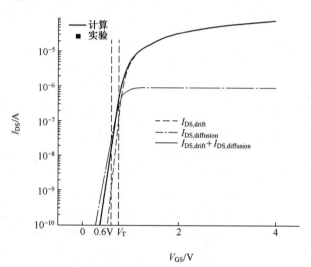

图 3.2 根据通用模型[6],当 $V_{GS} \approx 0.6V$(信号最大值), $V_{DS} = 0.05V$, $I_{DS,diffusion}/I_{DS,drift} \approx 20$。实验研究并比较了 Si FET 不同工作区域中的偏移电流 $I_{DS,drift}$ 和扩散电流 $I_{DS,diffusion}$ ($W/L = 20/2\mu m$)。$V_T = 0.758V$, $n = 1.625$ 为非共振探测因子

对非致冷探测器和阵列来说,采用哪种方式更好?可选择良好天线阻抗匹配最差的探测器 NEP 值,也可选择较低(较好)探测器 NEP 与较差的天线阻抗匹配。图 3.1 给出带有天线和有源寄生电容的电路,典型值为:$|Z_A| \approx 50 \sim 200\Omega$;Si-FET:$R_S \approx 200 \sim 500\Omega$,$|Z_{GS,int}| \approx 500 \sim 2000\Omega$;SBD:$R_S \approx 20 \sim 100\Omega$,$|Z_{int}| \approx 1 \sim 2k\Omega$;MCT-HEB:$R_S \approx 20 \sim 100\Omega$,$|Z_{int}| \approx 100 \sim 1000\Omega$,$|Z_{int}|$ 为探测器内部阻抗。

采用传输线模型估算 L_{eff} 和固有输入阻抗 $Z_{GS,int}$。其中,沟道和栅极形成交流电压信号的传输线(每单位长度阻抗 $Z = R_{CH}/L$,每单位长度导纳 $Y = j\omega C/L$(参见文献[14-15])),其中的传播常数为

$$K = \sqrt{\frac{R_{CH}}{L} \cdot \frac{j\omega C}{L}} \quad (\text{典型值} K > 10^5 cm^{-1}) \quad (3.3)$$

特征阻抗为

$$Z_0 = \sqrt{\frac{R_{CH}}{j\omega C}} \quad (3.4)$$

式中:C 为栅极和沟道之间的电容(取决于源-栅电压 V_{GS},在强反型区 $C = C_{ox}$)。为了进行估算,假设对于任何偏压 V_{GS},$C \approx C_{ox}$。这里 $\omega = 2\pi\nu$,是辐射圆频率。

在 Si-MOSFET 灵敏度模型中,假设 FET 的一部分短沟道靠近源极,并出现太赫兹信号整流,其操作类似于整个 FET。为描述这部分沟道的 I-V 响应关系(漏-源电流),可在整个 FET 沟道上采用适当的系数(L_{eff}/L)。由于沟道短(L_{eff} < 100nm),可应用准静态近似法。

为计算 $<I_{DS}>$ 探测电流,可用下面的公式

$$\langle I_{DS}\rangle = \frac{1}{T}\int_0^T I_{DS}(V_{DS,int}, V_{GS,int})dt \tag{3.5}$$

由于 $I_{DS}(V_{DS}, V_{GS})$ 为复数形式,很难分析积分式(3.5)。对低输入功率,可使用泰勒展开式。然后在接近 $V_{DS}=0, V_{GS}=0$ 点处,对式(3.5)中的 FET 电流进行级数展开,即

$$I_{DS}(V_{GS}+\Delta V_{GS}, V_{DS}+\Delta V_{DS}) = I_{DS}(V_{GS}, V_{DS}) + \frac{\partial I_{DS}}{\partial G_{GS}}\Delta V_{GS} + \frac{\partial I_{DS}}{\partial V_{DS}}\Delta V_{DS} + \frac{1}{2}\frac{\partial^2 I_{DS}}{\partial V_{GS}^2}\Delta V_{GS}^2 + \frac{\partial^2 I_{DS}}{\partial V_{GS}\partial V_{DS}}\Delta V_{DS}\Delta V_{GS} + \frac{1}{2}\frac{\partial^2 I_{DS}}{\partial V_{DS}^2}\Delta V_{DS}^2 + \cdots \tag{3.6}$$

假设:
(1) V_{DS} 无偏压(近零偏压),那么 $I_{DS}(V_{DS}=0, V_{GS}=0)=0$,于是 $\partial^2 I_{DS}/\partial V_{GS}^2 = 0$;
(2) 晶体管是对称的,即 $I_{DS}(V_{DS}, V_{GS}) = -I_{DS}(V_{DS}, V_{GS})$,于是

$$\frac{\partial^2 I_{DS}}{\partial V_{DS}^2} = 0 \tag{3.7}$$

假设 FET 本征(沟道)部分 $V_{GS}=V_{G0}+\Delta V_{GS}, V_{DS}=\Delta V_{DS}, \Delta V_{GS}=\Delta V_{GS,int}\cos(\omega t)$,$\Delta V_{DS}=\Delta V_{DS,int}\cos(\omega t+\Delta\varphi)$,其中 $\Delta\varphi$ 为相位漂移,$\omega=2\pi\nu, \nu$ 为辐射频率。由于栅电阻比沟道电阻小很多,可将整个栅极的电位看作常数,而沟道-栅极间电位差沿栅极减小。因此,短沟道上存在交流电压,源极附近出现整流电压。于是,$\Delta V_{G0} = \Delta V_{G0} = \Delta V_{Gs,int}, \Delta\varphi=0$。晶体管沟道的其余部分可作为探测整流电流的电阻。探测直流电流的等效电路由阻抗 $R_{CH}(L_{eff}/L)$、电流 $I_{DS}(L/L_{eff})$ 和电阻 $R_{CH}(L-L_{eff})/L$ 串联而成,这个电路等效于具有内部沟道电阻 R_{CH} 的电源,所以探测电压等于整个沟道的工作电压。

对式(3.5)进行时间平均,得

$$\langle I_{DS}\rangle \approx \frac{1}{2}\frac{\partial^2 I_{DS}}{\partial V_{GS}\partial V_{DS}}|_{DS=0}\Delta V_{GS,int}^2 \tag{3.8}$$

所采用的方法与电阻自混频方法非常类似[16]。为了得到 $\partial^2 I_{DS}/\partial V_{DS}\partial V_{GS}$,必须已知 $I_{DS}(V_{DS}, V_{GS})$ 的相关性;第一种方法是使用制造商(通常是 BSIM3)提供的模型获得 $I_{DS}(V_{DS}, V_{GS})$,但是晶体管参数之间有一些随机变化。因此,应该测量 $I_{DS}(V_{DS}, V_{GS})$ 的实验数据,修改模型以拟合数据。第二种方法使用 $I_{DS}(V_{DS}, V_{GS})$ 实验数据,然后应用数值微分(如在 Sakowicz 等文章中所提到的[9])。然而,由于

低反转区中的电流低,导致测量数据有太多的噪声,因此,微分数据中的噪声非常大。第三种方法使用一些较简单的公式(见式(3.9)),以拟合 $I_{DS}(V_{DS}, V_{GS})$ 的实验相关曲线。

将适用于电流-电压特性曲线[6]上所有的漏-源电流 I_{DS} 与漏-源电压 V_{DS} 和栅-源电压 V_{GS} 的半经验表达式用于实验数据描述,同理,对 R 和 NEP 等式也如此,则

$$I_{DS}(V_{DS}, V_{GS}) = \frac{W}{L} \frac{\mu_n}{1 + \mu_a\left(\frac{V_{GS} + V_T}{T_{ox}}\right) + \mu_b\left(\frac{V_{GS} + V_T}{T_{ox}}\right)^2} \cdot C'_{ox}(2n)\varphi_t^2 \cdot$$

$$[\ln(1 + e^{\frac{V_{GS} - V_T}{2n\varphi_t}})^2 - \ln(1 + e^{\frac{V_{GS} - V_T - nV_{DS}}{2n\varphi_t}})^2] \tag{3.9}$$

式中:μ_n 为沟道中的电子迁移率(在 BSIM 文件中为参数 μ_0);μ_a, μ_b 为 BSIM 模型参数;$V_T = 0.7\mathrm{V}$ 为阈值电压;$\varphi_t = (k_B \cdot T)/q$ 为热势,k_B 为玻耳兹曼常数;W 为沟道宽度;$n = 1.5$ 为接近阈值时的非共振探测因子,是 V_{GS} 和 FET 其他参数的函数;T_{ox} 为氧化物厚度;C'_{ox} 为氧化物电容。

图 3.2 给出其中一个 Si MOSFET 的实验和计算 I-V 特性曲线(式(3.9)),演示了在不同区域研究的重要性。对研究的晶体管来说,当 $V_{GS} = 0.6\mathrm{V}$ 时,信号响应具有最大值(参见 Ojefors 等[7],Tauk 等[12],Schuster 等[17]),可以看出静态电流主要是由 V_{GS} 处的扩散电流产生,因此,信号响应主要由扩散电流分量控制。

吸收功率与本征输入阻抗 $Z_{GS, int}$ 和信号幅度 $\Delta V_{GS, int}$ 有关,即

$$P_{in, int} = \frac{1}{T}\int_0^T I_{GS, int}(t) V_{GS, int}(t) \mathrm{d}t = \frac{1}{2} \frac{\mathrm{Re} Z_{GS, int}}{|Z_{GS, int}|^2} |\Delta V_{GS, int}|^2 \tag{3.10}$$

采用传输线模型可获得 $Z_{GS, in}$。长度为 L 的传输线阻抗为

$$Z(L) = Z_0 \cdot \frac{Z_L + Z_0 \tanh(kL)}{Z_0 + Z_L \tanh(kL)} \tag{3.11}$$

式中:Z_L 为传输线另一侧的阻抗;Z_0 为传输线特征阻抗(见式(3.4));k 为传播常数(见式(3.3))。

对于长晶体管情形,内部源-栅阻抗等于传输线特征阻抗。因此,对于 $\mathrm{Re}(kd) \gg 1$,当 $\tanh(kd) \approx 1$ 时,有

$$Z_{GS, int} = \frac{\alpha(1 - j)}{\sqrt{\omega}} \tag{3.12}$$

式中:当 $C \approx C_{ox}$ 时,$\alpha = (R_{CH}/2C_{ox})^{1/2}$。

内部电流响应度为

$$R_{I, int} = 2 \frac{\alpha}{\sqrt{\omega}} \frac{\partial^2 I_{DS}}{\partial V_{GS} \partial V_{DS}}\bigg|_{V_{DS} = 0} \tag{3.13}$$

FET 晶体管本征部分的响应为

$$V_{\text{det,int}} = \left(\frac{\partial I_{\text{DS}}}{\partial V_{\text{DS}}}\right)^{-1}_{V_{\text{GS}}} \cdot \langle I_{\text{DS}} \rangle \tag{3.14}$$

如果考虑到 $V_{\text{DS}} \rightarrow 0$,差分阻抗接近于寻常值,即

$$\frac{\partial I_{\text{DS}}}{\partial V_{\text{DS}}}\bigg|_{V_{\text{DS}}=0} \approx \frac{\partial I_{\text{DS}}}{\partial V_{\text{DS}}}\bigg|_{V_{\text{DS}}\rightarrow 0} = \sigma_{\text{CH}} \tag{3.15}$$

那么,探测器内部电压响应可写为

$$V_{\text{det,int}} = \frac{1}{2} \cdot \frac{1}{\sigma_{\text{CH}}} \cdot \frac{d\sigma_{\text{CH}}}{dV_{\text{GS}}} \cdot \Delta V_{\text{GS,int}}^2 \tag{3.16}$$

3.2.1 功率传递系数

晶体管中非本征部分引起的寄生效应产生功耗。所以,获得由不同寄生效应产生的功耗非常重要。在 Boppel 等的论著中考虑到寄生电容效应[14,18],研究了寄生电容对 FET 性能的影响[8,16]。然而,同时考虑寄生电阻和电容非常重要。在 Tsividis 和 McAndrew[6] 以及 Enz 和 Cheng[19] 的论著中,FET 等效复杂电路包含了多种寄生效应。我们对源-栅之间的区域感兴趣,因此将其简化为图 3.1(a) 的形式。

晶体管本征部分的吸收功率 $P_{\text{in,int}}$ 与整个晶体管的吸收功率 P_{in} 之比(本征部分和非本征部分)可以表示为

$$\eta = \frac{P_{\text{in,int}}}{P_{\text{in}}} = \left|\frac{Z_1}{Z_{\text{GS}}}\right|^2 \frac{\text{Re}Z_{\text{GS,int}}/|Z_{\text{GS,int}}|^2}{\text{Re}Z_{\text{GS}}/|Z_{\text{GS}}|^2} \tag{3.17}$$

式中:$Z_1 = Z_{\text{GS,int}} \parallel X_{\text{P}}, Z_{\text{GS}} = Z_1 + R_{\text{S}}, X_{\text{P}} = (j\omega C_{\text{P}})^{-1}$(图 3.1)。此处,$\eta$ 为功率传递系数,是两个功率的比值。因此,电压响应度可写为

$$R_{\text{V}}^{\text{el}} = \eta \cdot R_{\text{V,int}} \tag{3.18}$$

为获得探测信号与辐射频率 ν 的响应关系,把 η 表达为下面的形式。从式(3.12)和式(3.17)可以发现:

$$\eta = \frac{1}{1 + (\omega/\omega_{c1})^{1/2} + \omega/\omega_{c2} + (\omega/\omega_{c3})^{3/2}} \tag{3.19}$$

当 $C \approx C_{\text{ox}}$,系数 $\omega_{ci} = 2\pi\nu_{ci}$ 时,系数 $\omega_{c1} = (R_{\text{S}}/\alpha)^{-2}, \omega_{c2} = (2 \cdot C_{\text{P}} \cdot R_{\text{S}})^{-1}, \omega_{c3} = (2 \cdot C_{\text{P}}^2 \cdot R_{\text{S}} \cdot \alpha)^{-2/3}, \alpha = (R_{\text{CH}}/2 C_{\text{ox}})^{1/2}$。

以下讨论必须同时考虑 R_{S} 和 C_{P} 的原因。阻抗 $Z_{\text{GS}} = R_{\text{S}} + X_{\text{P}} \parallel Z_{\text{GS,int}}$,对 1μm 设计规则的 Si-FET 技术进行估算,即 $W = 20\mu\text{m}, L = 2\mu\text{m}, R_{\text{S}} \approx 200\Omega, C_{\text{P}} =$

4fF,$C_{ox} = 35\text{fF}$,$R_{CH} = 1.1\text{M}\Omega$,辐射频率 $\nu = 300\text{GHz}$,内部输入阻抗 $Z_{GS,int} = \sqrt{\dfrac{R_{CH}}{j \cdot 2\pi f \cdot C_{ox}}} \approx (3 - 3j)\text{k}\Omega$,寄生电容阻抗 $X_P = (j \cdot 2\pi f \cdot C_P)^{-1} = -j130\Omega$。

首先,由于 X_P 的纯电抗特性,$R_S \ll Z_{GS,int}$,R_S 可以忽略。然而,考虑到 $X_P \parallel Z_{GS,int} = \dfrac{X_P Z_{GS,int}}{X_P + Z_{GS,int}} = (2.7 - j128)\Omega$,可以看出 $R_S \gg R_e(X_P \parallel Z_{GS,int})$。

显然,寄生效应对 FET 性能影响很大,这是因为损失了大部分功率($1 - \eta = \dfrac{R_S}{R_S + R_e(X_P \parallel Z_{GS,int})} \approx 98.6\%$)。因此,同时考虑 R_S 和 C_P 很重要,二者缺一不可。

通常 $\nu_{c1} > \nu_{c2} > \nu_{c3}$。因此,假设场效应晶体管工作在足够大的频率上,$\nu > \nu_{c3}$,由式(3.2)、式(3.13)、式(3.18)和式(3.19),得

$$R_V^{el} = 2\alpha R_{CH} \dfrac{\partial^2 I_{DS}}{\partial V_{DS} \partial V_{GS}}\bigg|_{V_{DS}=0} \omega_{c3}^{3/2} \omega^{-2} = \dfrac{1}{C_P^2 R_S} R_{CH} \dfrac{\partial^2 I_{DS}}{\partial V_{DS} \partial V_{GS}}\bigg|_{V_{DS}=0} \omega^{-2}$$

(3.20)

该值并不依赖于参数 $\alpha = (R_{CH}/2C_{ox})^{1/2}$(从寄生电容 C_P 分流内部阻抗 $Z_{GS,int}$ 的物理角度看,功率主要由 R_S 吸收)。

与 SBD 类似,式(3.20)可以重新写为

$$R_V^{el} \approx R_{V0}^{el} \left(\dfrac{\omega_C}{\omega}\right)^2$$

(3.21)

式中:$R_{V0}^{el} = R_{CH}^2 \dfrac{\partial^2 I_{DS}}{\partial V_{DS} \partial V_{GS}}\bigg|_{V_{DS}=0}$;$\omega_c = \dfrac{1}{C_P\sqrt{R_S R_{CH}}}$。

例如,对于研究的 FET 来说(1μm 设计标准,$W = 20\mu\text{m}$,$L = 2\mu\text{m}$),$\nu_c = 2.7 \times 10^9\text{Hz}$,$\dfrac{\partial^2 I_{DS}}{\partial V_{DS} \partial V_{GS}}\big|_{V_{DS}=0} = 2 \times 10^{-5}\dfrac{\text{A}}{\text{V}^2}$,$R_{CH} = 1.1 \times 10^6 \Omega$,$R_{V0}^{el} = 2 \times 10^7\dfrac{\text{V}}{\text{W}}$。"零"电流响应度 $R_{I0}^{el} = R_{CH} \dfrac{\partial^2 I_{DS}}{\partial V_{DS} \partial V_{GS}}\big|_{V_{DS}=0} \approx 21\text{A/W}$,该值大于 SBD 探测器的极限理论值 R_I($T = 300\text{K}$ 时,$R_I = 19.3\text{ A/W}$)。

以下表达式可用于某些估算:

$$\text{NEP}^{el} = \dfrac{\sqrt{4kTR_{CH}}}{R_V^{el}} \approx \sqrt{4kT}\dfrac{\sqrt{R_{CH}}C_P^2 R_S}{R_{I0}^{el}}\omega^2$$

(3.22)

其中包含了 FET 探测器在 $V_{GS} = 0$ 处的热噪声,这一点非常重要[12]。

在 BSIM3 模型[20]中,采用了与 FET 尺寸相关的寄生效应通用模型,即 $C_P = C_x W$,$R_S = \dfrac{\rho_1}{W} + \rho_2$,$R_{CH} = \dfrac{L}{W} R_{CH0}$。利用式(3.22)的模型,得

$$\text{NEP}^{\text{el}} = \frac{\sqrt{4kTR_{\text{CH0}}}}{R_{\text{I0}}^{\text{el}}} \omega^2 (C_x^2 \rho_1 \sqrt{LW} + C_x^2 \rho_2 W^{5/2} L^{-1/2}) \tag{3.23}$$

式中：$R_{\text{CH0}}(\Omega)$ 为沟道阻抗阈值；$C_x(\text{F/m})$，$\rho_1(\Omega \cdot \text{m})$，$\rho_2(\Omega \cdot \text{m})$ ①分别为给定设计标准的工艺参数。例如，对 $1\mu\text{m}$ 和 $0.35\mu\text{m}$ 的设计标准来说，参数分别为 $R_{\text{CH0}} = 1.1 \times 10^7 \Omega(V_{\text{GS}} = 0.6\text{V})$，$R_{\text{CH0}} = 1.3 \times 10^6 \Omega(V_{\text{GS}} = 0.5\text{V})$。参数 C_x 和 ρ_2 相同（$C_x = 2 \times 10^{-10}$ F/m）；采用 $1\mu\text{m}$，$\rho_2 = 16\Omega \cdot \text{m}$；采用 $0.35\mu\text{m}$，$\rho_2 = 12\Omega \cdot \text{m}$，$\rho_1$ 分别为 $9 \times 10^{-4} \Omega \cdot \text{m}$ 和 $4.1 \times 10^{-4} \Omega \cdot \text{m}$。由式(3.3)可看到电子噪声等效功率随着功率值 W 的下降而下降。因此，对于给定 L 值的晶体管，W 值越小，获得的 NEP^{el} 值越低（较好）。

用技术约束（$1\mu\text{m} \leq L \leq 5\mu\text{m}$，$1\mu\text{m} \leq W \leq 20\mu\text{m}$）对该表达式进行优化，可以估算 FET 的最佳尺寸（$L=1\mu\text{m}$，$W=1\mu\text{m}$）。例如，对采用 $1.0\mu\text{m}$ 工艺的 CMOS 来说，在 $\nu = 77\text{GHz}$ 时，估算"零"电流响应度 $R_{\text{I0}}^{\text{el}} \approx 21\text{A/W}$，最佳 $\text{NEP}^{\text{el}} \approx 2.8 \times 10^{-13}$ W/Hz$^{1/2}$。对采用 $0.35\mu\text{m}$ 工艺的 CMOS 来说，$R_{\text{I0}}^{\text{el}} \approx 21\text{A/W}$，$\text{NEP}^{\text{el}} \approx 2.5 \times 10^{-13}$ W/Hz$^{1/2}$。可以看出，$0.35\mu\text{m}$ 的 NEP 较好，这是因为氧化物的厚度小，导致沟道阻抗低。因此，具有较低 W 值的 FET，其 NEP^{el} 值也较小。

3.2.2 天线传递系数

采用将带天线的 FET 探测器时，获得传递系数（天线匹配系数）η_a 很重要，它是晶体管的吸收功率 P 与天线发射最大功率 P_{max} 的比率。下面考虑晶体管直接连接到天线（具有输入阻抗 Z_{ant}）的情形（假设天线与栅–源相连）。

采用平面波照射天线提供给 FET 沟道的最大功率 $P_{\text{ant,max}}$ 为[21-22]

$$P_{\text{ant,max}} = G \frac{\lambda^2}{4\pi} I_0 \tag{3.24}$$

式中：G 为天线的增益；λ 为天线在真空（空气）中的波长；I_0 为辐射强度。该功率是在负载与天线完美匹配时获得的。

天线端子 U_{ant} 上的电压为

$$|U_{\text{ant}}|^2 = 2\frac{\lambda^2 G}{\pi} \text{Re} Z_{\text{ant}} I_0 \tag{3.25}$$

在此情形中，$Z_{\text{GS}} \neq Z_{\text{ant}}^*$，天线负载上的功率为

$$P = \frac{1}{2} |U_{\text{ant}}|^2 \left|\frac{Z_{\text{GS}}}{Z_{\text{GS}} + Z_{\text{ant}}}\right|^2 \frac{\text{Re} Z_{\text{GS}}}{|Z_{\text{GS}}|^2} = \frac{\lambda^2 G I_0}{\pi} \frac{\text{Re} Z_{\text{GS}} Z_{\text{ant}}}{|Z_{\text{GS}} + Z_{\text{ant}}|^2} \tag{3.26}$$

于是，传递系数 η_a 可写为

---

① 原文如此。

$$\eta_a = \frac{P}{P_{ant,max}} = \frac{4\mathrm{Re}Z_{ant}\mathrm{Re}Z_{GS}}{|Z_{GS}+Z_{ant}|^2} \tag{3.27}$$

因此,光学响应度(输出信号与天线收集的最大功率的比率)可定义为

$$R_V^{opt} = R_V^{el}\eta_a \tag{3.28}$$

3.2.3 分压器传递系数

当用电压表测量晶体管源-漏上的电压时,FET 沟道与电压表的输入电路形成分压器。电压表部分的电压(晶体管到电压表的分压器传递系数)为[9,23]

$$\eta_L = |(1+R_{CH}/Z_{load})|^{-1}$$

式中:$Z_{load} = R_{load} \parallel \dfrac{1}{2\pi f_{mod}C_{load}}$ 为测量装置的阻抗。

电压表测量 FET 晶体管得到的电压为

$$V_{det} = P_{ant,max}R_{V,int}\eta\eta_a\eta_L \tag{3.29}$$

为了获得"测量"响应度 R_V^{meas},需要知道面积 S_{meas}。假设功率是在该面积上获得,但该面积常常又是不确定的:它可以是衍射限面积、像素面积和天线面积等,因此很难将其与各种文献中引用的响应度进行比较。天线参数未知,而要由系统性能 R_V^{meas} 获得探测器自身的 R_V^{el} 性能的确有一定难度。通常取 S_{meas} 等于像素间距尺寸,测量的响应度为

$$R_V^{meas} = \frac{V_{det}}{S_{meas}I_0} = \frac{G\lambda^2}{4\pi S_{meas}}\eta_a\eta_L R_{V,int} \tag{3.30}$$

式(3.30)可作为其中一个 FET 探测器的响应度 R_V^{meas},如图 3.3 所示。从图

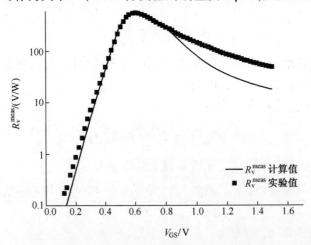

图 3.3 Si MOSFET 的实验(点状)和计算(实线)电压响应度与栅电压 V_{GS} 的比较,其中 $W=20\mu m$,$L=20\mu m$。为了拟合计算和实验数据,将实验数据乘以某个系数作为 FET 沟道的功率,由于天线的增益 G 和输入阻抗未知,因此结果不确定

中可看到,在 $V_{GS}<0.4V$ 处,信号指数衰减,而与之相连的沟道电阻增加($R_{CH} = \exp(-V_{GS}/n\phi_t)$),因此具有恒定电压表输入阻抗的匹配系数 η_L 减小了。

从图中可以看出系数乘积 $\eta\eta_a\eta_L$(决定 FET 探测器的吸收功率)的影响,这对于确定探测器信号的响应度 R 和 NEP 值至关重要。当采用这些系数的估算值时,由式(3.19)可得到在频率 $\nu \approx 77\mathrm{GHz}$ 的 η 值为 0.1;由式(3.27)得到在 $Z_{ant} \approx (100 - j100)\Omega$ 的 $\eta_a = 0.2$;在电压表 $R_{input} = 10\mathrm{M}\Omega$ 时,FET 阻抗 $Z_{FET} = (200 - j \cdot 500)\Omega$,$\eta_L = 1$,天线增益 $G = 1$,在栅极电压 $V_{GS} \approx 0.6V$ 时,可得到 $R_V^{meas} = 4 \times 10^3 \mathrm{V/W}$。在 Schuster 等[17]的论著中,观察到在 $\nu \approx 300\mathrm{GHz}$,CMOS 探测器的电压灵敏度 $R_V^{meas} \approx 6 \times 10^3 \mathrm{V/W}$。由于在较厚衬底和良好天线匹配下产生共振,当增益 $G>1$ 时,高频段似乎可获得较大的 R_V^{meas} 值。

3.3 SBD 探测器

SBD 太赫兹/亚太赫兹探测器主要基于 Ⅲ-Ⅴ 族半导体制造。对于 150~400GHz 频率范围内的准光学 SBD 探测器,典型响应度值为 300~1000V/W。图 3.1(b)给出了常用于估算 SBD 参数值的 SBD 等效示意图[1,24]。

与 FET 探测器相反,SBD 探测器响应度可由无偏压情形(没有使用泰勒级数展开)的分析式获得。SBD 的电流信号 I_d 是周期 T 内的平均值,即

$$I_d = \langle I \rangle = \frac{1}{T}\int_0^T I(t)dt = \frac{1}{T}\int_0^T I_s(e^{\frac{\Delta V\cos(\omega t)}{n\phi_t}} - 1)dt = I_s\left(I_0\left(\frac{\Delta V}{n\phi_t}\right) - 1\right) \quad (3.31)$$

SBD 的固有吸收功率为

$$P_{in,int} = \frac{1}{T}\int_0^T I(t)V(t)dt = \frac{1}{T}\int_0^T I_s(e^{\frac{\Delta V\cos(\omega t)}{n\phi_t}} - 1)\Delta V\cos(\omega t)dt = I_s\Delta V I_1\left(\frac{\Delta V}{n\phi_t}\right) \quad (3.32)$$

于是,可得到内部电流响应度为

$$R_{I,int} = \frac{I_d}{P_{in,int}} = \frac{I_s\left(I_0\left(\frac{\Delta V}{n\phi_t}\right) - 1\right)}{I_s\Delta V I_1\left(\frac{\Delta V}{n\phi_t}\right)} \quad (3.33)$$

通过小信号电压近似可得

$$R_{I,int}\big|_{\Delta V \to 0} = \frac{1}{2n\phi_t} \quad (3.34)$$

式(3.33)中 I_0，I_1 为修订后的贝塞尔函数；在信号电压近似中，$\Delta V < n\phi_t$，可获得 SBD 平方律响应。有时候可对 SBD 平方律响应使用基于泰勒级数展开的方法[1]：

$$R_{I,\text{int}} = \frac{\left.\frac{\partial^2 I}{\partial V^2}\right|_{V=0}}{2\left.\frac{\partial I}{\partial V}\right|_{V=0}} = \frac{1}{2n \cdot \phi_t} \tag{3.35}$$

当 $T = 300\text{K}$ 和 $n = 1$ 时，零偏压 SBD 的最大可能内部电流响应度 $R_{I,\text{int}} = 19.3\text{A/W}$。对于低频测量的电压响应度 R_V（当 SBD 连接到高阻抗负载如示波器时），$R_{V,\text{int}} \approx R_{I,\text{int}} \cdot R_D$，$R_D$ 为零偏压差分电阻。

在图 3.1(b)所示的电路中，在由辐射频率 ν 和功率定义的平方律区域中，SBD 电流响应率 R_I（为通过 SBD 的电流与 SBD 吸收功率之比）可以写为[1]

$$R_I^{\text{el}} = R_{I,\text{int}} \cdot \eta \tag{3.36}$$

式中：η 为功率传递系数（本征部分的耗散功率与总功率之比），有

$$\eta = \frac{1}{(1 + R_S/R_D) \cdot (1 + (\nu/\nu_c)^2)} \tag{3.37}$$

其中，截止频率为

$$\nu_c = \frac{(1 + R_S/R_D)^{1/2}}{2\pi \cdot C_P \cdot (R_S \cdot R_D)^{1/2}} \tag{3.38}$$

当使用不同参数的"优选"数值时，即 $R_S \approx 10\Omega$，$R_D \approx 3 \times 10^3\Omega$，小面积 SBD 的典型零偏压电容 $C_P \approx 5\text{fF}$，$\nu_c \approx 184\text{GHz}$，在频率 $\nu \approx 100\text{GHz}$，响应度 $R_I \approx 15\text{A/W}$（$n = 1$）。

当 $R_D \approx 6.5\text{k}\Omega$，$n = 1.6$ [25]时，估算零偏压 SBD 的内部响应度 $R_{I,\text{int}} \approx 11.7\text{A/W}$，得出的内部电压响应度 $R_{V,\text{int}} \approx R_{I,\text{int}} \cdot R_D \approx 75 \times 10^3\text{V/W}$。为了对其中一个场效应晶体管（Si MOSFET，1.0μm 设计标准）进行比较，在 $V_{GS} = 0.6\text{V}$ 时，估算其内部响应度 $R_{V,\text{int}} \approx 243 \times 10^3\text{V/W}$，$Z_{GS,\text{int}} \approx 5.7 \times (1-j) \times 10^3\Omega$。

3.4 FET 和 SBD 探测器的噪声等效功率

探测器的噪声等效功率（NEP）可以定义为 NEP = N/R_V，其中 N 为噪声电平。应该区分电学、测量和光学响应度，以便分别定义电学（NEP^{el}）、测量（NEP^{meas}）和光学（NEP^{opt}）噪声等效功率，它们可由噪声电平 N 和响应度 R_V 计算出。

电学响应度 R_V^{el} 表征探测器自身的响应度，光学响应度 R_V^{opt} 表征探测器和天线

组合电路的响应度,测量响应度 R_V^{meas} 表征探测器和天线(以及如透镜等其它测量方法)组合的响应度。从这些参数可以估算出不同的 NEP 值。因此,不同器件之间比较相同的量值(R_V^{el} 与 R_V^{el},而不是 R_V^{el} 与 R_V^{opt})。同理,NEP^{el} 和 NEP^{opt} 也如此。R_V^{el} 值是探测器与天线和光学系统达到最佳匹配时获得的最大响应度。

仅考虑在 FET 源-漏触点上无施加电压和 SBD 零偏压探测器的情况下,此时的噪声只是热噪声。那么可用下面的等式计算 FET 的电学 $NEP^{FET,el}$,即

$$NEP^{FET,el} = \frac{\sqrt{4kTR_{CH}}}{R_V^{FET,el}} \tag{3.39}$$

如果将 R_D FET 的沟道电阻替换为 SBD 的电阻 R_{CH},也可以同样写出 SBD 探测器的电学响应度表达式。

NEP^{el} 的计算结果如图 3.4 所示,其性能随着技术不断进步而提高(由于先进技术产生更薄的氧化物,在相同量级上的寄生效应可产生较低的沟道电阻)。

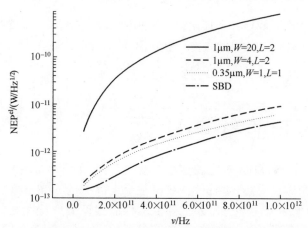

图 3.4 计算不同器件的电学 NEP^{el} 并进行比较。可看到,FET 的 NEP 性能从 $1\mu m$ 工艺,$W=20\mu m, L=2\mu m$ 到 $0.35\mu m$ 工艺,$W=1\mu m, L=1\mu m$ 得到改进,SBD 性能良好。

对于这两种类型的探测器,假设常数 $Z_{ant} = (100 - j100)\Omega$,可将获得的 NEP^{el} 结果与实验数据进行比较,如图 3.5 所示。

正如上面看到的,SBD 探测器模型很好地描述了 NEP^{opt} 的已知实验数据,但是 FET 探测器的实验数据很分散。其主要原因是 FET 太赫兹/亚太赫兹辐射的探测器使用了非优化技术。

比较图 3.4 和图 3.5 可以看出,NEP^{el} 和 NEP^{opt} 之间的明显差异是由于两种类型的探测器天线不匹配,导致 FET 探测器的 NEP 值降低了一个数量级。在 Boppel 等[30]的文献中可看到,ν 为 570GHz 时,$NEP^{opt} = 43 \times 10^{-12} W/Hz^{1/2}$,而估算的 $NEP^{opt} = 9 \times 10^{-12} W/Hz^{1/2}$,其差异达若干倍。从图 3.5 还可以看出,与 SBD 探测器相比,在 $\nu > 1THz$ 高频区,FET 采用先进技术的 NEP^{opt} 较低(更好)。

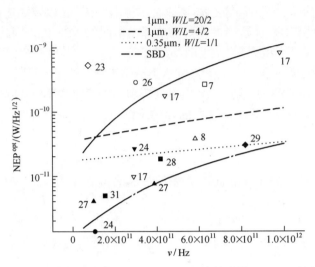

图 3.5 计算并比较具有天线阻抗 $Z_{ant}=(100-j100)\Omega$ 的光学 NEP^{opt}。空心图标是 FET 探测器数据,实心图标是 SBD 探测器数据。实验曲线图标旁的数字表示参考文献号(Sizov 等[23] 的数据获得没有使用天线)

3.5 MCT-HEB 探测器

在 Dobrovolsky 和 Sizov[3,31] 的参考文献中,研究了具有固有传导率的碲镉汞(MCT)非致冷微测辐射热计理论,并获得了令人满意的 NEP 值(NEP = 10^{-11} W/$Hz^{1/2}$)。具有不同类型和电导率及能隙值的样品温度响应特性变化很大,但利用这里研究的理论模型可以定性地解释响应特性,同时考虑到各种输出信号分量如 Dember 效应、热电动势影响和自由载流子浓度变化。

目前,窄带隙 MCT 技术已得到很好的发展,这种材料已成为近红外($\lambda=1.5\mu m$)到长波红外($\lambda=20\mu m$)光子探测器的基本半导体之一,用于 Si CMOS 读出电路的大规模阵列中。然而,尽管实现了带隙 $E_g=0$,但这些半导体不能用作太赫兹/亚太赫兹的光子探测器,因为即使在温度 $T=1K$ 时,热产生速率也很高[32]。当碲镉汞热电子测辐射热计(MCT-HEB)作为太赫兹/亚太赫兹探测器时,结果显示在频率 $\nu\approx 37GHz\sim 1.6THz$ 时,灵敏度最高,虽然高频下的 NEP 值仅为 $10^{-8}W/Hz^{1/2}$。

具有沉积天线的衬底需要选择较小的介电常数和厚度[21-22],因此,可选择熔凝石英衬底及具有足够硬度和较小介电常数($\varepsilon<4.8$)的其他电介质材料。石英衬底的厚度为 $200\mu m$,可提供大约 60% 的目标频率辐射效率。

为降低热电子测辐射热计对混频结构中天线参数的影响,HEB 尺寸应比天线小很多。在 $\nu \approx 128\sim144\mathrm{GHz}$ 频率范围优化的天线面积为 $1.5\mathrm{mm}^2$。测辐射热计总面积(减薄至 $d=20\mu\mathrm{m}$)为 $30\mu\mathrm{m}\times30\mu\mathrm{m}$,用于石英衬底上混频结构天线的接触垫面积为 $0.6\mathrm{mm}\times0.2\mathrm{mm}$。MCT-HEB 探测器的有效电阻 R 为 $50\sim300\Omega$。

此处,为提高天线效率,拓宽工作频率范围,将 MCT-HEB 与透镜耦合天线连结在一起。为了降低敏感元之间的串扰,分析了在频率范围为 $130\sim145\mathrm{GHz}$、低介电常数(熔融石英)衬底上的 16 像元双线性阵列,阵列示意图如图 3.6 所示。图中方块表示独立的敏感像元,中心为 GaAs SBD 或 MCT-HEB,蝶形天线位于 $2\mathrm{mm}\times2\mathrm{mm}\times0.2\mathrm{mm}$ 的熔凝石英衬底上(介电常数比 GaAs、Si 或 MCT 低很多)。

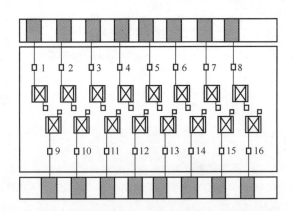

图 3.6 $130\sim145\mathrm{GHz}$ 频率范围上的混频双线性 16 元 MCT 探测器天线阵列

第一个 8 像元双线性阵列寄存信号的频率响应关系曲线如图 3.7 所示。

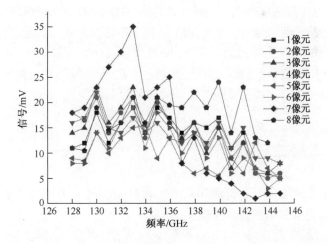

图 3.7 (见彩图)第一个 8 像元双线性阵列输出信号的频率响应关系

为了验证带有蝶形天线和硅微透镜敏感像元的模型,制作了两个具有不同

"浸没"深度、较少像元数的 MCT 微辐射计阵列(图 3.8)。探测器在阵列背面(图 3.8(b))与直径 $\phi=4.4$mm(频率 $\nu \approx 120\sim150$GHz)的微透镜连接。2mm×2mm GaAs 衬底上的蝶形天线尺寸在 1.5mm×1.5mm 以内,敏感像元尺寸为 30μm×40μm。

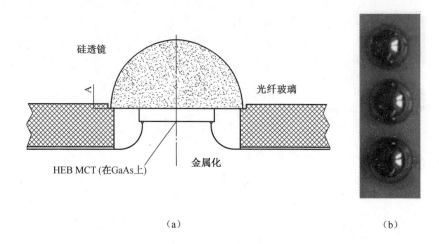

图 3.8 具有微透镜和敏感像元的玻璃纤维晶片示意图
(a)微透镜和敏感像元(MCT 微测辐射热计位于微透镜的背面);(b)天线位于 GaAs 衬底和玻璃纤维晶片上。

将透镜浸没到电介质介电常数比 MCT 低很多的玻璃纤维晶片中。假如不加硅透镜,输出信号是其原来的 1/7~1/5。

实验表明,在 MCT 层中通过电磁波的电子加热可设计具有主动成像特性的非制冷太赫兹/亚太赫兹探测器,从而用成熟的 MCT 技术制造探测器。由此可将这种窄带隙半导体作为太赫兹/亚太赫兹探测器阵列的材料。因此,基于 MCT 技术可从几个方面简化焦平面制造。首先,探测像元的有源电阻体积小,易调整(通过选择配置、组成和载流子浓度),电抗分量可忽略,简化与天线的匹配;然后,MCT-HEB 易于制造且均匀性高,可提供良好的探测像元均匀性。

3.6 太赫兹成像

采用基于通过物体辐射传输和双坐标机械扫描的通用实验装置,可验证这种类型探测器太赫兹主动成像的可能性。

实验装置采用直径 $\phi \approx 120$mm 双曲线透镜,以获得物体上波长 $\lambda=2$mm 的衍射限光斑。该艾里斑直径 $D \approx 2.44 \cdot \lambda \cdot F/\# = 5$mm(光学系统 $F/\# \approx 1$),探测器位移产生的系统分辨率为 2.5mm。艾里斑上聚集了 84% 的源辐射功率。在频率范围为 128~152GHz 工作的可调谐返波管(BWO)(辐射输出功率为15mW)可作为辐射源。探测器的输出电信号由锁相放大器测量,系统动态范围约为60dB。估算 MCT-HEB 探测器在频率 $\nu \approx 150 \mathrm{GHz}$ 的室温 NEP 值为 $2.5 \times 10^{-10} \mathrm{W/Hz^{1/2}}$。

如图3.9所示,在频率 $\nu = 150 \mathrm{GHz}$,对不透明信封中的物体进行监控,可看到在可见光区域不能透过。图中还给出用 FET 探测器获得的太赫兹图像。在图3.9中,即使从石膏板的后面,也可以明显看到不同流体(液化气体)的水平面(图3.9(b))。

由图3.9得出这样的结论,MCT-HEB 探测器和 FET 探测器用于亚太赫兹区域(采用 10~30mW 较高输出功率的太赫兹源)时,可获得具有较好分辨率的主动成像。

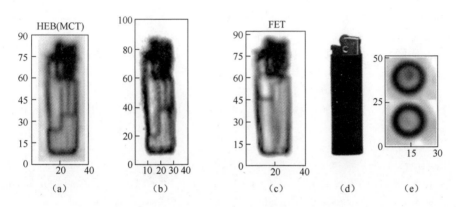

图3.9 在频率 $\nu = 150 \mathrm{GHz}$ 的透射模式下,打火机和医疗药丸的太赫兹成像。(a)和(b)非致冷 MCT-HEB 探测器;(c)非致冷 Si FET 探测器;(d)可见光区域。(a)和(c)信封中的打火机;(b)信封中的打火机透过厚度 $d=12\mathrm{mm}$ 的石膏板;(e)信封中的两个药丸(上面药丸中埋有较小(2mm×2mm)的电介质材料($d \approx 0.3 \mathrm{mm}$))。药丸周围的黑圈可能是由于光束在空气和药丸之间的相位差引起

3.7 结论

本章分析了零漏-源电压($V_{DS}=0$)的硅 FET 和 SBD 太赫兹/亚太赫兹探测器或零偏压($V_D=0$) SBD 的太赫兹/亚太赫兹探测器,并考虑到 MOSFET 的漂移和扩散电流分量。结果表明,寄生效应是限制 FET 和 SBD 探测器性能的主要因素。研究表明,随着 FET 技术进步,通过降低寄生效应,增加单位面积上的氧化物电容,FET 探测器性能会随着设计标准的改进得以提高。

事实上,与采用 III-V 族三元化合物技术的 SBD 探测器相比,尽管目前在 $\nu \approx$ 100~300GHz 的太赫兹/亚太赫兹 Si-MOSFET 探测器的 NEP 低一个数量级,但由

于硅技术发展良好,具备了设计和制造特有集成探测器的可能性,从而可在 Si CMOS 领域应用更多的先进技术,使这两种探测器具有了某种优势,可以更多地用于频率 ν >50GHz 波段上的太赫兹主动成像。

MCT 太赫兹可用于设计非致冷太赫兹/亚太赫兹探测器和具有主动成像特性的探测器阵列,通过不断完善的 MCT 技术,可以制造 MCT-HEB 探测器。

参考文献

1. Cowley AM, Sorensen HO (1966) Quantitative comparison of solid-state microwave detectors. IEEE Trans Microw Theory Tech 14:588-602
2. Dyakonov M, Shur M (1996) Detection, mixing, and frequency multiplication of terahertz radiation by two-dimensional electronic fluid. IEEE Trans Electron Device 43:380-387
3. Dobrovolsky V, Sizov F (2007) A room temperature, or moderately cooled, fast THz semiconductor hot electron bolometer. Semicond Sci Tech 22:103-106
4. Sizov F (2010) THz radiation sensors. Opto-Electron Rev 18:10-36
5. Pu L-J, Tsividis YP (1990) Harmonic distortion of the four-terminal MOSFET in nonquasistatic operation. Circuits, devices and systems. IEE Proceed G 137:325-332
6. Tsividis Y, McAndrew C (2011) Operation and modeling of the MOS transistor. Oxford University Press, New York
7. Ojefors E, Pfeiffer UR, Lisauskas A, Roskos HG (2009) A 0.65 THz focal-plane array in a quarter-micron CMOS process technology. IEEE J Solid State Circ 44:1968-1976
8. Boppel S, Lisauskas A, Mundt M et al (2012) CMOS integrated antenna-coupled field-effect transistors for the detection of radiation from 0.2 to 4.3 THz. IEEE Trans Microw Theory Tech 60:3834-3843
9. Sakowicz M, Lifshits MB, Klimenko OA et al (2011) Terahertz responsivity of field effect transistors versus their static channel conductivity and loading effects. J Appl Phys 110:054512
10. Lisauskas A, Boppel S, Mundt M et al (2013) Subharmonic mixing with field-effect transistors: theory and experiment at 639 GHz high above fT. IEEE Sensors J 13:124-132
11. Knap W, Videlier H, Nadar S et al (2010) Field effect transistors for terahertz detection-silicon versus III-V material issue. Opto-Electron Rev 18:225-230
12. Tauk R, Teppe F, Boubanga S et al (2006) Plasma wave detection of terahertz radiation by silicon field effects transistors: responsivity and noise equivalent power. Appl Phys Lett 89:253511
13. Gutin A, Kachorovskii V, Muraviev A, Shur M (2012) Plasmonic terahertz detector response at high intensities. J Appl Phys 112:014508
14. Preu S, Kim S, Verma R et al (2012) An improved model for non-resonant terahertz detection in field-effect transistors. J Appl Phys 111:024502
15. Pozar DM (2011) Microwave engineering. Wiley, New York
16. Boppel S, Lisauskas A, Roskos HG (2013) Terahertz array imagers: towards the implementation

of terahertz cameras with plasma-wave-based silicon MOSFET detectors. In: Saeedkia D (ed) Handbook of terahertz technology for imaging, sensing and communications. Woodhead Publishing Limited, Oxford, pp 231–271

17. Schuster F, Coquillat D, Videlier H et al (2011) Broadband terahertz imaging with highly sensitive silicon CMOS detectors. Opt Express 19:7827–32
18. Knap W, Kachorovskii V, Deng Y et al (2002) Nonresonant detection of terahertz radiation infield effect transistors. J Appl Phys 91:9346
19. Enz C, Cheng Y (2000) MOS transistor modeling for RF IC design. IEEE J Solid State Circ35: 186–201
20. Liu W (2001) MOSFET Models for SPICE simulation, including BSIM3v3 and BSIM4. Wiley, New York
21. Balanis CA (2005) Antenna theory analysis and design. Wiley, Hoboken
22. Volakis HL (2007) Antenna engineering handbook. McGraw-Hill, New York
23. Sizov F, Golenkov A, But D et al (2012) Sub-THz radiation room temperature sensitivity of long-channel silicon field effect transistors. Opto Electron Rev 20:194–199
24. Brown ER, Young AC, Zimmerman J et al (2007) Advances in Schottky rectifier performance. IEEE Microw Magaz 8:54–59
25. Kazemi H, Nagy G, Tran L et al (2007) Ultra sensitive ErAs/InAlGaAs direct detectors for millimeterwave and THz imaging applications. In: 2007 IEEE/MTT-S international microwave symposium. IEEE, Honolulu, pp 1367–1370
26. Pleteršek A, Trontelj J (2012) A self-mixing n-MOS channel-detector optimized for mm-wave and THz signals. J Infrared Millim THz Waves 33:615–626
27. Chahal P, Morris F, Frazier G (2005) Zero bias resonant tunnel Schottky contact diode for wideband direct detection. IEEE Electron Device Lett 26:894–896
28. Liu L, Hessler JL, Hu H et al (2010) A broadband quasi-optical terahertz detector utilizing a zero-bias Schottky diode. IEEE Microw Wirel Compon Lett 20:504–506
29. Han R, Zhang Ya, Kim Y et al (2012) 280GHz and 860GHz image sensors using Schottkybarrierdiodes in 0.13μm digital CMOS. In: IEEE international solid-state circuits conference, pp 254–256
30. Boppel S, Lisauskas A, Krozer V, Roskos HG (2011) Performance and performance variations of sub-1 THz detectors fabricated with 0.15μm CMOS foundry process. Electron Lett 47:661–662
31. Dobrovolsky V, Sizov F (2010) THz/sub-THz bolometer based on electron heating in a semiconductor waveguide. Opto Electron Rev 18:250–258
32. Sizov FF, Reva VP, Golenkov AG, Zabudsky VV (2011) Uncooled detectors challenges for THz/sub-THz arrays imaging. J Infrared Millim THz Waves 32:1192–1206

第4章
室温应用的高功率、窄带小型太赫兹源

Manijeh Razeghi, Quanyong Lu, Neelanjan Bandyopadhyay, Steven Slivken, and Yanbo Bai[①]

摘 要：本章介绍基于中红外量子级联激光器腔内差频产生辐射的室温太赫兹源的进展。其有源核心基于具有超太赫兹非线性特性的单声子谐振原理。集成双周期分布式反馈光栅用来滤波太赫兹光谱。室温单模式操作下模态相位匹配产生 3.3~4.6THz 太赫兹源，在4THz时功率为 65μW。切伦科夫(Čerenkov)相位匹配太赫兹源可产生 1~4.6THz 的宽光谱太赫兹辐射，在 2.6THz 达到功率最大值 32μW。通过高功率(3.5THz 时功率达到 215μW)外延层下安装，Čerenkov 器件的太赫兹功率得到了显著提升。这种飞速发展表明该类型太赫兹源是天文学和医学领域应用中最有前途的本征振荡器。

4.1 引言

太赫兹波频率范围为 0.1~10THz，在生物工程和安全领域有大量应用[1]。太赫兹波作为一种对环境无害的非电离辐射，暴露在环境中时比传统的 X 射线仪器更加安全。因为很多分子和固体在太赫兹波段具有强烈而明显的特征光谱，使得太赫兹技术在与光谱学和成像相关的科学和商业应用领域有非常重要的应用[2]。介于无线电与光学频段之间的光谱范围称作"太赫兹间隙"，至今仍缺乏室温条件

[①] M.Razeghi (✉) · Q.Y. Lu · N. Bandyopadhyay · S. Slivken · Y. Bai
Center for Quantum Devices, Department of Electrical Engineering and Computer Science,
Northwestern University, Evanston, IL 60208, USA
e-mail: razeghi@eecs.northwestern.edu

下的高性能小型太赫兹源。低频($\nu<1$THz)电子器件,如耿氏二极管、谐振隧穿二极管和碰撞电离雪崩渡越时间二极管,能够以紧凑小尺寸在室温条件下产生太赫兹信号[3-5]。然而,这种类型的太赫兹源带宽有限,功效低,在超高太赫兹频率($\nu>2$THz)下输出功率很低。对于光学太赫兹源,太赫兹量子级联激光器(QCL)已经成为2~5THz频段上具有最大输出功率的半导体太赫兹源,但是工作温度仍然低于200K[6-8]。此外,In-P基底的中红外QCL近年来取得了重大进步[9-12]。因此,基于中红外QCL腔内差频产生(DFG)[13]的太赫兹源与温度无关,但受到基于直接光学跃迁即将实现室温操作的太赫兹量子级联激光器的冲击[14]。

多领域的技术进步促进更高太赫兹功率和转换效率的持续发展,表现在基于带有显著非线性特性的单声子偏振设计的双有源区域[15]、Čerenkov相位匹配方案、集成双周期分布式反馈(DFB)光栅[17,18]和外延层下安装及封装[19]。下面将详细讨论影响仪器最终性能的因素。4.2节、4.3节及4.4节分别讨论双核有源单元设计优化、双周期分布式反馈光栅设计和Čerenkov相位匹配设计及其实验结构,最后在4.5节给出结论。

4.2 双核有源区设计

量子阱结构中超非线性来自于耦合量子状态强烈的互相作用。其中,非线性DFG[20,21]因其产生太赫兹辐射强,并不受传统太赫兹QCL载波传输和增益的温度相关问题的影响而受到特别关注。由于中红外QCL在有源区和双波长操作中具有超二级非线性磁化系数($|\chi^{(2)}|$),可在室温下从极其紧凑的仪器中产生太赫兹辐射。太赫兹功率强烈地依赖于中红外源产生的高功率(W_1,W_2)和很大的$|\chi^{(2)}|$。在第一次QCL中的太赫兹DFG延伸到后续的工作中,采用了双核方案,即双声子谐振(DPR)和束缚态向连续态(BTC)减少粒子数配置的双核。在双核方案设计中,只有BTC核设计采用超非线性磁化系数,DPR核仅作为产生少量太赫兹辐射的中红外源。同时,由于改进了材料质量、波导尤其是精细量子设计[22-24],中红外QCL技术在功率和功效上取得巨大的进步。除此之外,已经证实基于单声子偏振(SPR)设计的QCL在较短中红外波段4~6μm可实现最高的功率和功效[11]。低激射级和高注入级的深度耦合表明,长中红外波段的SPR设计可采用不影响高功率特征的显著非线性特性。这是因为与基于张力平衡材料系统的长波QCL相比,基于网格匹配材料系统的长波QCL结构一般具有更大的双极子力和更小的子带跃迁扩展。

图4.1(a)所示为波长λ_1为9.0μm的长中红外SPR设计方案。该设计在中红外功率最大的高电磁场时完成。0状态是从1状态的一个光声子能量中分

离出来的,从而通过超快光声子散射降低1状态的粒子数。DFG非线性(图4.1(b))是所有可能的跃迁之和。主要贡献来自于10~20meV低激射状态1的临近状态。采用相同的仿真参数,通过与Belkin等[14]接近反转电压的BTC结构对比,声子散射产生高激射状态2的寿命由BTC设计的0.39ps增长至SPR设计的0.46ps,同时低激射状态1的寿命保持在0.1ps。4THz时的非线性磁化系数计算为 $|\chi^{(2)}| \approx 4 \times 10^4 \text{pm/V}$。另一个波长 $\lambda_2 = 10.2 \mu m$ 设计的激光头采用相同SPR方案(层厚增加约3%)其 $|\chi^{(2)}| \approx 3.8 \times 10^4 \text{pm/V}$。对角设计用来确保每一个激光头(约250cm^{-1})的增益带宽显著大于两个波长(约130cm^{-1})的能量分离,因此,双核结构的所有增益光谱都有一个单峰。通过双周期DFB光栅进行宽波段无间隙太赫兹波长调整。图4.1(b)给出了两种SPR结构在0.5~5THz范围内计算的非线性磁化系数 $|\chi^{(2)}| \approx (1.5 \sim 4) \times 10^4 \text{pm/V}$,为宽频可调谐太赫兹发射提供了基础。

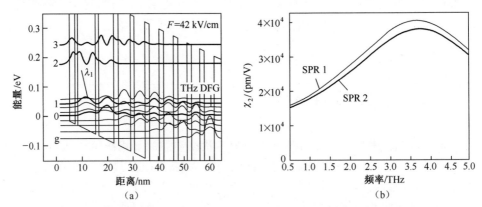

图4.1 (a)具有超非线性磁化系数 $|\chi^{(2)}|$ 的SPR设计的传导带及波形图以及
(b)随太赫兹频率变化的SPR1和SPR2两种情况下计算得到的 $|\chi^{(2)}|$

4.3 集成双周期光栅设计的3.3~4.6THz太赫兹源

在典型的多模法珀(FP)腔中,光强度向不同的中红外频率发散,总能量为所有方向能量分量 W_i 之和。由此可知,$W_i W_j$ 之积很小,太赫兹光谱会更宽($\Delta \nu \approx 0.5 \sim 1$THz)。为了窄带滤波和调谐太赫兹光谱,所有的中红外功率需要集中到两个单模操作的中红外频率上,并且其频率位置可控和可调谐。实现这个目的最直接的方式是采用集成双周期DFB光栅窄带滤波和调谐中红外光谱。双周期DFB光栅设计方法与单周期DFB具有相似之处,如单模操作有足够的耦合力、耦合力的平衡以及对两个光栅部件特别重要的模式增益等。

双重曝光全息平版印刷(HL)或电子束(e-beam)平版印刷用于定义中红外和

太赫兹光谱窄带滤波的双周期DFB光栅。图4.2(a)所示为等剂量双重曝光情况下的重叠全息平版印刷干涉模拟结果。如图4.2(b)所示,由于精确复现带有各向异性干蚀刻处理的光致抗蚀剂外形曲线比较困难,当转变为SiO_2掩模时,模式简化为二元等效正方形结构。图4.2(c)所示为同等曝光强度下计算的耦合系数(κ_1对应λ_1,κ_2对应λ_2)。很明显,κ_1远小于κ_2。这是因为波长较长的λ_2具有更加扩展的模式外形,且比波长较短的λ_1具有更强的表面光栅作用。为了获得相近的耦合系数,采用如Lu等[25]相似的方法改变两种曝光剂量率从而重构光栅形状。全息平版印刷干涉图的比例为1.5∶1,截光栅外形如图4.2(c)所示。当光栅深度为20nm(如图4.2(c)的阴影区)时,两种波长的耦合系数相近(6~10cm^{-1})。这种设计为带有高反(HR)涂层的2~3mm腔体提供了足够的耦合力。对于电子束平版印刷的情况,如图4.2(d)所示,光栅外形与两个矩形波的重叠干涉图相似。带有相同曝光量的双重电子束曝光用于具有不同周期分量的两个光栅,可很自然地平衡两个波长的耦合力与光栅不同占空比的关系。图4.2(d)给出了来自扫描电子

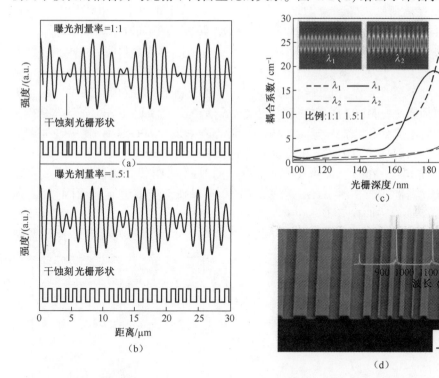

图4.2 曝光剂量率为1∶1(a)和1.5∶1(b)及干刻蚀后的截方形光栅条件下的重叠全息平版印刷干涉图;(c)为(a)和(b)截顶光栅情况下不同光栅深度的耦合系数,阴影区为目标光栅深度,插图是双周期光栅的两种本征模式;(d)为干蚀刻后双周期光栅的SEM图像,插图是相应光栅的傅里叶分析

显微镜(SEM)图像上的光栅形状的傅里叶分析,得到了能量间隔在4THz左右的两个明显的峰值。另外,两个次峰与主峰具有相同的能量间隔,对应光栅形状的高阶傅里叶序列分量。

QCL结构通过n-InP基底($1.5\times10^{17}cm^{-3}$)上的气源分子束外延生长。生长开始于5μm InP缓冲层($2\times10^{16}cm^{-3}$)。激光头包括波长λ_1为9.0μm条件下设计的30个单声子共振(SPR)结构,其他30个SPR结构是在波长λ_2为10.2μm条件下设计的。生长在3.5μm InP覆盖层($2\times10^{16}cm^{-3}$)和200nm InP接触层($5\times10^{18}cm^{-3}$)时结束。该晶片被制作成双通道几何形状,带有宽度为16μm的隆起,向尾部减缩至60μm角度为1°的锥体。一排10个带有双周期DFB光栅的器件产生3.3~4.6THz的DFG频率,通过电子束石版印刷实现。按照Lu等[26]介绍的处理之后,光栅转移至厚度为200nm的覆盖层。表面光栅限定在非锥形区域。基底经过研磨并抛光至约150μm,然后在背面涂覆金属。器件腔长为3mm,分别具有Si_3N_4/Au (400/1000nm)和Y_2O_3(1000nm)的高反和减反射涂层。

图4.3(a)所示为频率为4THz时两个波长下的功率-电流-电压(P-I-V)特征。与Belkin等[14]的结果进行对比,总的输出功率增强了两倍,输入电功率减小了约40%。总的中红外功率远场图(图4.3(a)插图)单峰且接近衍射极限,这表明所有波长工作于基准横模。如图4.3(b)所示,该器件在4THz($\lambda\approx75.4$μm)附近可稳定地单模工作。光谱线宽约5GHz,主要受制于FTIR($0.125cm^{-1}$)的分辨力。单模抑制比(SMSR)在高电流(大于6.0A)情况下可高达40dB,而且太赫兹光谱位置随着电流变化非常稳定。太赫兹电流调谐率是0.60GHz/A,比中红外调谐率(λ_1和λ_2分别是5.4GHz/A和6.0GHz/A)低一个数量级。

对一排10个、在多个太赫兹频率下设计的双周期DFB光栅器件测试和提取特征。上述器件在3.3~4.6THz光谱范围的单模操作性能被验证,如图4.3(c)所示,调谐范围为1.3THz,平均SMSR大于30dB。图4.3(d)给出了每一个频率下的最大太赫兹功率和中红外功率测试结果。在4THz时,太赫兹功率和转换效率峰

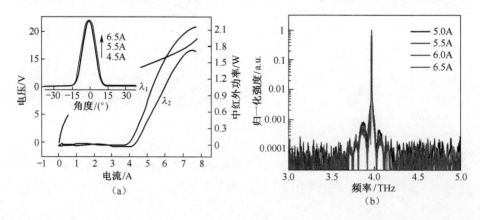

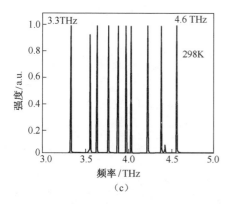
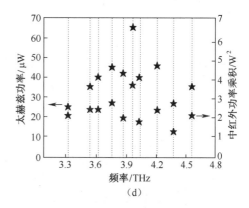

图 4.3 （见彩图）(a)器件工作于 4THz 时两个波长下的 P-I-V 特征,插图为不同电流下的远场图；
(b)不同电流下的归一化太赫兹光谱；(c)器件在 3.3~4.6THz 波段发射的太赫兹光谱；
(d)不同太赫兹频率下的太赫兹功率和中红外功率乘积,虚线作为引导线

值分别为 65μW 和 23μW/W², 在 3.3THz 时降低至 25μW 和 11μW/W²。功率转换效率的改变主要与波长相关的相位失配和波导损耗有关。当中红外和太赫兹模式在 4THz 左右,接近模态相位匹配时,随着太赫兹频率偏离匹配条件,模态相位会更加失配。此外,当太赫兹频率从 5THz 下降到 3THz 时,太赫兹损耗迅速降低。这些效应的总体贡献使得在这个范围内的太赫兹功率转换效率变化非常明显。因为窄带模态相位匹配方式,该范围之外产生的太赫兹效率很低。

4.4 采用 Čerenkov 相位匹配方式的 1~4.6THz 太赫兹源

上述 QCL 的 THz DFG 发生在带有模态相位匹配方式的高损耗波导状态。由于太赫兹频率范围的相关有效系数大于中红外系数(n_{mid-HR}),模态相位匹配只能满足某个波导下相对较窄的频率范围。与窄带模态相位匹配设计相比,Čerenkov 方式[27]已经作为外部泵浦光学整流或 DFG 结构[28]产生太赫兹的一种有效的宽带相位匹配方法。最近,Čerenkov 相位匹配方式已经证明了 QCL 结构中的中红外二次谐波产生(SHG)[29]和太赫兹 DFG[16]。在 Čerenkov 结构中,QCL 有源区的 THz 系数 n_{THz} 大于中红外系数,中红外基波传播速度快于 DFG 太赫兹二阶波。对中红外来说,当太赫兹波以角度 $\theta_C = \arccos(n_{mid-IR}/n_{THz})$ 传播时,需满足相位匹配条件,θ_C 为 Čerenkov 角。

该宽带 Čerenkov 相位匹配方式充分利用基于 SPR 设计的太赫兹非线性媒介的宽带特性。QCL 外延层及 1μm 厚的 InP 底部接触层和 100nm 厚的 InGaAs 蚀刻

截止层是通过半绝缘体 InP 基底上的气源分子束外延生长得到的。当 DFG 处于高频电磁场时,两个有源部分具有超大的非线性磁化系数 $|\chi^{(2)}|=(3.8\sim4.0)\times10^4\mathrm{pm/V}$,此时中红外功率为最大值。

样品通过诱导耦合等离子体(ICP)蚀刻制作成为脊波导。器件几何结构与模态相位匹配器件相似。由于采用半绝缘基底,顶部与底部接触于晶片的同一面,二者之间的距离为 $25\sim30\mathrm{\mu m}$,电阻为 $0.2\sim0.4\Omega$。背面抛光并保持基底厚度约为 $340\mathrm{\mu m}$。图 4.4(a) 插图为 Čerenkov 方案描述的接近前表面的器件 SEM 图。考虑到基底的 Čerenkov 角 $\theta_C=22°$,计算得到 $n_{THz}=3.67$、$n_{mid-IR}=3.25$ 和 $n_{sub}=3.5$,其中 n_{sub} 为基底系数,前表面抛光为 $30°$,以提高太赫兹波输出能力。一排 10 个带有双周期 DFB 光栅的器件,覆盖的频率范围为 $1.0\sim4.6\mathrm{THz}$,步长为 $0.4\mathrm{THz}$,可通过电子束石版印刷技术得到。

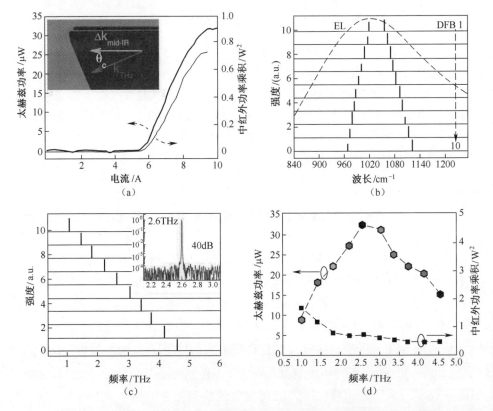

图 4.4 (见彩图)(a) 器件工作在 2.6THz 的太赫兹功率和中红外功率的乘积特性曲线,插图为 Čerenkov 方案描述的器件接近激光器前表面的 SEM 图;(b) 根据 λ_1 和 λ_2 之间不同的频率差设计的不同 DFB 的中红外光谱和 EL 光谱;(c) $1.0\sim4.6\mathrm{THz}$ 太赫兹器件发射的太赫兹光谱;(d) 在不同太赫兹频率下,发射的太赫兹功率和中红外功率乘积。

如图 4.4(a)所示,器件在频率为 2.6THz 时,输出的太赫兹功率最大。在电流值最大时,太赫兹峰值功率为 32μW,太赫兹功率转换效率($\eta = W/W_1W_2$)约为 45μW/W^2。与上述模态相位匹配结果相比较,转换效率的提高归功于有源设计的改进和Čerenkov 相位匹配方式的有效太赫兹提取,而功率降低与较低的中红外泵浦功率(约 50%)和较小的太赫兹光子能量有关。

对一排 10 个带有不同双周期 DFB 光栅设计的器件进行测试和表征。图 4.4(b)是来自于不同 DFB 光栅设计的中红外光谱和参考台式结构的 EL 光谱。为了更好地平衡两个波长之间的增益/损耗,具有不同频率差的中红外光谱蓝移了 25~35cm^{-1}。图 4.4(c)给出了 1.0~4.6THz 的单模式操作,分段调谐频率范围($\Delta \nu$)为 3.6THz,SMSR 平均值大于 30dB。这个频率范围是中心频率的 1.28 倍。图 4.4(c)插图为高电流条件下,2.6THz 时的 SMSR 约为 40dB。由于一些器件的中红外频率间隔接近或大于 3.78THz,从图 4.4(b)和图 4.4(c)对应的太赫兹光谱可以看到两个 DFB 模式之间出现 FP 模式。这些附加的强度显著低于 DFB 模式的 FP 模式,可通过增加 DFB 耦合力来去除。

图 4.4(d)给出了在每个频率下器件的太赫兹功率和中红外功率乘积。在 2.6THz 的太赫兹峰值功率为 32μW,在 3.1THz 的转换效率峰值为 50μW/W^2。在 1.0THz,功率和转换效率分别为 8μW 和 32μW/W^2。如前文所述,在亚太赫兹范围内,设计的单峰 EL 光谱使无间缝隙产生的太赫兹降至 1THz。尽管由于 $|\chi^{(2)}|$ 减小,低频转换效率也随之下降(图 4.1(b)),但是当两个中红外波长向增益峰值靠拢时,太赫兹功率输出仍可从较高的中红外功率受益。另一种非线性设计使得 $|\chi^{(2)}|$ 最大值转移至更低的频率(如 1THz),使亚太赫兹发射具有较高的功率和效率。在高频情况下,有源区域至基底的波导内多层传输下降大于 4.5THz,致使该范围内的功率转换效率降低,进一步降低底部接触层和缓冲层的掺杂厚度将显著提高太赫兹功率和转换效率。

4.5 采用外延层下安装的高功率太赫兹源

尽管提高了转换效率,Čerenkov 相位匹配的器件太赫兹功率仍低于模式相位匹配器件,原因是由外延层上安装和基底 340μm 层厚带来较低的热移除效应,以及该配置由穿过底部薄接触层的单边电流注入带来的低效电流注入。图 4.5(a),(b)给出了带有近上表面不对称接触模式(单边电流注入)的外延层上安装 QCL 的温度和电位分布。x、y 和 z 方向分别是横向、纵向和生长方向。表面抛光角设置为 30°。材料的热传导率数据来自于 Lops 等[30],当平均输入功率占空比为 1% 时,热源密度设置为 2.5×10^6 W/cm^3。体材料的电导率数据来自于 Becker 和 Sirtori[31],生长方向有源区的电导率由参考器件的 $I-V$ 曲线拟合。很明显,

Čerenkov 器件受到热和电的强烈影响,其原因一是近表面热量没有得到有效消散;二是当电场在 2~4kV/cm 变化时,有源区上的非均匀电流分布产生非均匀电流注入。为了解决这两个问题,我们设计和论证了双边电流注入和外延层下安装。图 4.5(c),(d)给出了器件采用外延层下安装到菱形基板的温度和电位分布。散热得到了显著改进,电场分布更加均匀,有源区 x-z 面的电场变化小于 0.5kV/cm。

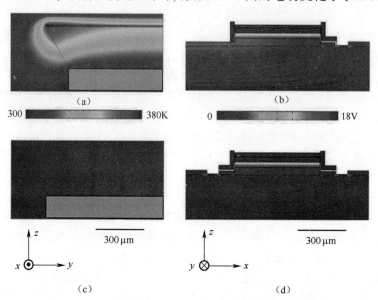

图 4.5 (见彩图)采用(a)、(b)外延层上安装和(c)、(d)外延层下安装器件的温度和电位分布;
(b)、(d)的虚线和箭头表示电位等高线和电流流向;
(b)为单边电流注入;(d)为双边电流注入。

在实验中,波导结构与 Lu 等[15]类似,除了 InP 基底接触层厚度从 1μm 减小至 0.25μm,InP 缓冲层从 5μm 减小至 3μm,InP 顶部覆盖层从 3.5μm 减小至 3.2μm。减小顶部覆盖层有利于增加双周期 DFB 耦合力,这对宽太赫兹频率间隔稳定双波导操作非常重要。样品制作成脊宽 20μm 的双通道形状。1.5mm 长 DFB 由带有 3mm 以内激光腔长的双周期光栅组成。光栅目标的频率间隔为 3.5THz。制备具有与顶部和底部接触相对应图形的基板用于外延层下安装。为了进行对比,将部分取样处理成具有外延层上安装的接触层进行测试。基底不需研磨进行抛光以保持最大厚度为 340μm 左右。

对器件在室温下进行外延层上安装和外延层下安装的特征比较。为了收集满足 Čerenkov 相位匹配条件的太赫兹信号,在 25℃ 时对接近前表面的基底层抛光,且不损伤中波红外表面。图 4.6(a)所示为器件在两种不同安装模式下的 P-I-V 特征。与器件外延层上安装相比,外延层下安装表现出阈电流密度减小,中波红外电压增大约 35%。图 4.6(a)插图为器件外延下安装的中波红外光谱,在工作电流

范围 $\lambda_1=9.26\mu m$ 和 $\lambda_2=10.4\mu m$ 处具有稳定的双波长发射率。还观察到相同的器件外延层上安装光谱特性。图 4.6(b) 所示为器件在高电流条件下,外延层上安装和外延层下安装功率转换效率分别为 $\eta=160\mu W/W^2$ 和 $148\mu W/W^2$ 时,THz 功率达到 $160\mu W$ 和 $70\mu W$。器件外延层下安装太赫兹功率提高和转换效率改善归结于底部接触层厚度减小带来的热和电性能改进、太赫兹操作频率提升以及太赫兹传输率增加。图 4.6(b) 插图为工作电流为 10A 时,外延层下安装器件的水平和垂直方向太赫兹远场。在半高宽度分别为 15.2°和 38°时,分别给出了器件在两个方向的单峰光束分布,两个方向的太赫兹峰值在 0°。如图 4.6(c) 所示,外延层下安装器件具有在 3.51THz 左右($\lambda=85.5\mu m$)稳定的单模式操作。高电流下获得的 SMSR 归一化光谱高达 30dB。将该结果与文献[15,18]中用液氦制冷硅测辐射热计得到高达 40dB 的 SMSR 结果进行对比。此处 SMSR 较低是因为太赫兹光谱测量中非制冷远红外 DTGS 探测器的灵敏度低。

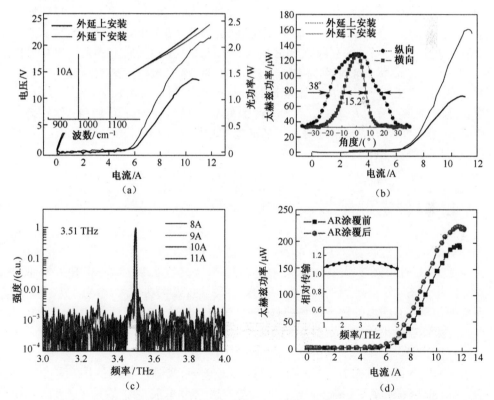

图 4.6 (见彩图)(a) 器件采用外延层上安装和外延层下安装的中波红外 P-I-V,插图为 10A 时的中波红外光谱;(b) 器件在两种安装模式下太赫兹功率与电流的关系,插图为器件在 10A 时,垂直和水平方向外延层下安装的太赫兹远场;(c) 器件外延层下安装的太赫兹光谱;(d) 器件带有抛光中波红外面(◇点线)和采用 SU-8 涂层后(●点线)的外延层下安装的太赫兹功率特性,插图为高电阻率硅片上 15μm 厚的 SU-8 涂层的相对传输

以前所有的Čerenkov方法具有一种共同特征，即当构成斜面时保留中波红外面。对于分布式反馈结构的太赫兹器件，因为光栅反馈（带有1.5mm长光栅的HR涂层腔κL为4.5~6）远大于镜面反馈，所以中波红外阈值主要由光栅反馈而不是镜面反馈决定。我们试图通过中波红外镜面扩展抛光面积。因此，阈电流增大约0.5A时，中波红外输出功率很快减小至0.5W。此外，如图4.6(d)(◇曲线)所示，太赫兹功率增大至183μW，标称THz转换效率大于$2mW/W^2$。这种现象产生的原因如下：太赫兹信号产生于腔内，非线性生成的中波红外泵浦功率是腔内的功率通量而不是输出功率。在这种情况下，即使因为表面抛光使得中波红外输出功率减小，平面反射率的减少实际上也可以引起腔内前向传输功率通量增大。

在外延层下安装方式中，InP基底是暴露的。因此，通过涂覆太赫兹减反射（AR）涂层可进一步增加太赫兹功率。用作太赫兹减反射涂层有几种材料，如SiO_2、聚对二甲苯和低密度聚乙烯[32,33]。此处为简单起见，采用SU-8光致抗蚀剂。图4.6(d)中的插图为高电阻率硅片上15μm SU-8层的相对辐射传输。假设折射率为1.7，3.5THz的吸收损耗估计约为$100cm^{-1}$，InP基底上的最佳涂层厚度为11μm左右，最大传输率约为87%。然后，将SU-8光致抗蚀剂旋转涂覆在安装的器件上并烘干和凝固。涂层厚度通过旋转速率控制。图4.6(d)为涂覆SU-8涂层(红色曲线)后的太赫兹功率。达到215μW时的功率增强了17.5%。在理想情况下，带有如SiO_2或低密度聚乙烯的低损耗涂层时，功率增长在40%以上，这是我们未来的研究工作。

4.6 结论

本章介绍了近年基于DFG的室温太赫兹量子级联激光器源的若干重要突破，覆盖了1~4.6THz宽频太赫兹范围达到215μW太赫兹功率的高SMSR和窄带单模式操作。图4.7所示为近些年发表论文的太赫兹最大功率对比结果，从中可看到输出功率具有明显的稳定提高趋势。我们相信，该方向的持续稳定进步最终会引领高太赫兹输出功率的室温连续波工作方式。该类型太赫兹源将会在天文和医学领域得到很多应用。

该研究的部分工作由ECCS-1231289和ECCS-1306397授权的国家科学基金会（National Science Foundation）完成。作者感谢海军航空作战中心（Naval Air Warfare Center）K. K. Law博士、海军水下作战中心（Naval Undersea Warfare Center）T. Manzur博士和美国国防部高级研究计划局（Defense Advanced Research Projects Agency）N. Dhar博士的鼓励和支持。

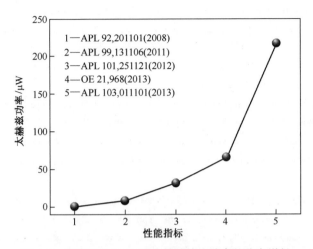

图 4.7 室温 THz QCL 源太赫兹输出功率的稳定增长

参考文献

1. Tonouchi M (2007) Cutting edge terahertz technology. Nat Photonic 1:97-105
2. Woolard D L, Brown E R, Pepper M, Kemp M(2005) Terahertz frequency sensing and imaging: a time of reckoning future applications? Proc IEEE 93:1722
3. Eisele H, Haddad GI (1998) Two terminal millimeter-wave sources. IEEE Trans Microw Theory Tech 46:739-746
4. Maestrini A, Ward J, Gill J et al (2004) A 1.7-1.9 THz local oscillator source. IEEE Microw Wirel Compon Lett 14:253-255
5. Momeni O, Afshari E (2011) High power terahertz and sub-millimeter-wave oscillator design: a systematic approach. IEEE J Solid State Circ 46:583-597
6. Köhler R, Tredicucci A, Beltram F et al (2002) Terahertz semiconductor-heterostructure laser. Nature 417:156
7. Williams B S (2007) Terahertz quantum cascade lasers. Nat Photon 1:517
8. Fathololoumi S, Dupont E, Chan CWI et al (2012) Terahertz quantum cascade lasers operating up to 200 K with optimized oscillator strength and improved injection tunnelling. Opt Express 20:3866
9. Razeghi M (2009) High-performance InP-based mid-IR quantum cascade lasers. IEEE J Quantum Electron 15:941
10. Dey D, Wu W, Memis O G, Mohseni H (2009) Injectorless quantum cascade laser with low voltage defect and improved thermal performance grown by metal-organic chemical-vapor deposition. Appl Phys Lett 94:081109
11. Bai Y, Bandyopadhyay N, Tsao S, Slivken S, Razeghi M (2011) Room temperature quantum cascade lasers with 27% wall plug efficiency. Appl Phys Lett 98:181102

12. Lyakh A, Maulini R, Tsekoun A, Go R, Patel CKN (2012) Multiwatt long wavelength quantum cascade lasers based on high strain composition with 70% injection efficiency. Opt Express 22:24272
13. Belkin MA et al (2007) Terahertz quantum cascade laser source based on intracavity difference-frequency generation. Nat Photonic 1:288-292
14. Belkin MA et al (2008) Room temperature terahertz quantum cascade laser source based on intracavity difference-frequency generation. Appl Phys Lett 92:201101
15. Lu QY, Bandyopadhyay N, Slivken S, Bai Y, Razeghi M (2012) Widely tuned room temperature terahertz quantum cascade laser sources based on difference-frequency generation. Appl Phys Lett 101:251121
16. Vijayraghavan K, Adams RW et al (2012) Terahertz sources based on Čerenkov difference frequency generation in quantum cascade lasers. Appl Phys Lett 100:251104
17. Lu QY, Bandyopadhyay N, Slivken S, Bai Y, Razeghi M (2011) Room temperature single mode terahertz sources based on intracavity difference- frequency generation in quantum cascade lasers. Appl Phys Lett 99:131106
18. Lu QY, Bandyopadhyay N, Slivken S, Bai Y, Razeghi M (2013) High performance terahertz quantum cascade laser sources based on intracavity difference frequency generation. Opt Express 21:968
19. Lu QY, Bandyopadhyay N, Slivken S, Bai Y, and Razeghi M (2013) Room temperature terahertz quantum cascade laser sources with 215μW output power through epilayer-down mounting. Appl Phys Lett 103:011101
20. Sirtori C, Capasso F et al (1994) Far-infrared generation by doubly resonant difference frequency mixing in a coupled quantum well two-dimensional electron gas system. Appl Phys Lett 65:445-447
21. Dupont E, Wasilewski ZR, Liu HC (2006) Terahertz emission in asymmetric quantum wells by frequency mixing of midinfrared waves. IEEE J Quantum Electron 42:1157-1174
22. Lyakh A, Maulini R et al (2009) 3 W continuous-wave room temperature single-facet emission from quantum cascade lasers based on nonresonant extraction design approach. Appl Phys Lett 95:141113
23. Liu PQ, Hoffman AJ et al (2010) Highly power-efficient quantum cascade lasers. Nat Photonic 4:95
24. Bai Y, Bandyopadhyay N et al (2010) Highly temperature insensitive quantum cascade lasers. Appl Phys Lett 97:251104
25. Lu QY, Zhang W et al (2009) Holographic fabricated photonic-crystal distributed-feedback quantum cascade laser with near-diffraction-limited beam quality. Opt Express 17:18900
26. Lu QY, Bai Y, Bandyopadhyay N, Slivken S, Razeghi M (2011) 2.4 W room temperature continuous wave operation of distributed feedback quantum cascade lasers. Appl Phys Lett 98:181106
27. Tien PK, Ulrich R, Martin RJ (1970) Optical second harmonic generation in form of coherent Cerenkov radiation from a thin-film waveguide. Appl Phys Lett 17:447

28. Auston DH, Cheung KP, Valdmanis JA, Kleinman DA (1984) Cherenkov radiation from femtosecond optical pulses in electro-optic media. Phys Rev Lett 53:1555-1558
29. Austerer M, Detz H et al (2008) Čerenkov-type phase-matched second-harmonic emission from GaAs/AlGaAs quantum-cascade lasers. Appl Phys Lett 92:111114
30. Lops A, Spagnolo V, Scamarcio G (2006) Thermal modelling of GaInAs/AlInAs quantum cascade lasers. J Appl Phys 100:043109
31. Becker C, Sirtori C (2001) Lateral current spreading in unipolar semiconductor lasers. J Appl Phys 90:1688
32. Xu J, Hensley JM et al (2007) Tunable terahertz quantum cascade lasers with an external cavity. Appl Phys Lett 91:121104
33. Lee AWM, Qin Q et al (2010) Tunable terahertz quantum cascade lasers with external gratings. Opt Lett 35:910

第5章
太赫兹光子器件

Miriam S. Vitiello

摘 要：概述太赫兹光子器件的近期发展，尤其是计量级量子级联激光器组件、新型室温纳米探测器和低损耗波导的发展，为远红外波段侦察感知和安全应用铺平道路。

5.1 引言

太赫兹辐射位于电磁波段，常常称为"太赫兹间隙"。广义定义为 $30\sim300\mu m$ 波段，称之为"间隙"是因为缺少紧凑、固态、连续的太赫兹辐射源。然而，这个问题随着太赫兹波段量子级联（QC）激光器的发展而得到解决[1]。虽然这些基于半导体的太赫兹源的操作温度存在局限性，但仍然是实用太赫兹系统的核心部件，广泛用于光谱学、传感和最新成像等很多领域（医学诊断、安全、文化遗产、质量和过程控制等），其优点是因为很多可见光波段的不透明材料（如纸、塑料和陶瓷），在太赫兹和微波波段有很高的透过率[2]。此外，"太赫兹间隙"用于成像需要克服的问题也与探测器相关。商用太赫兹探测器基于热传感器，这种方式的缺点是响应速度慢且需要制冷，而那些快速非线性电子学器件的良好性能通常出现在亚太赫兹波段。紧凑型高效太赫兹源和探测器取得了显著的进步，但实现光学元件控制太赫兹波依然面临挑战。需要说明的是，为了推动太赫兹技术向集成化方向发展，

M.S.Vitiello (✉)
NEST, CNR-Istituto Nanoscienze and Scuola Normale Superiore, Piazza San Silvestro 12, 56127 Pisa, Italy
CNR-Istituto Nazionale di Ottica and LENS (European Laboratory for Non-linear Spectroscopy), Via Carrara 1, 50019 Sesto Fiorentino (FI), Italy
e-mail: miriam.vitiello@sns.it

必须在机械结构上花费更大精力,将光限制在特定区域(谐振腔),并使用特定频率(光学斩波器),尤其是太赫兹波导传播指向的结构方案设计。

5.2 太赫兹 QCL

量子级联激光器(QCL)是利用光子能量的子带间光学跃迁制作的单极器件。子带来自于多半导体量子阱的空间限制,并带有纳米量级的波函数。至于材料肉眼可见的特征取决于其电子结构,QC 激光器基于人造纳米材料制造。材料的生长极限精度是器件设计中所需特征的必要条件,再加上多层和复杂结构,使得这种激光器成为最佳的能带隙工程化腔体。

在 QCL 发明约 20 年后,其在中红外波段工作性能达到了很好的水平。在最近的报道中[4],QCL 达到几瓦级输出功率,输出连续波,室温工作于整个中红外波段,电光转换效率达 50%,使得 QCL 技术成为 4.3~24μm 光谱范围的最高效器件。然而,尽管 QCL 技术得到广泛应用,但其在 $\lambda > 100\mu m$ 的波段(通常所说的远红外或太赫兹波段)尚未完全成熟。

最近公开了第一篇关于工作在低于太赫兹波段中光声子能量频率 QCL 的报道[1]。设计和制作波长如此长的 QCL 一直以来是个挑战:能量低于光学声子的辐射使得能量弛豫通道的 e-e 散射不容忽视;大量的自由载流子吸收(约 λ^2)是波导损耗的决定性因素;半导体绝缘常数不规律使得激光器运行复杂,且必须将该常数用于光波导设计,以克服禁止层厚度造成的高损耗和应用局限;子带间跃迁的非辐射生命周期(0.5ps)变得非常短,载流子任意散射增加漏极通道。需要强调的是,与非辐射生命周期(在 ps 量级)相比,在太赫兹频率的自发辐射生命周期(在 μs 量级)更长,所以辐射弛豫与阈值以下的传输无关。

太赫兹 QCL 在过去几年取得了很大的进步,尽管工作在低温(≤199.5K)[5],但因其输出功率高(>100mW)[6],频率范围宽(1.2~4.7THz),可调谐(发射频率的 10%)[7],结构紧凑以及具有稳定的频率、相位和幅值,仍对现今的科技应用有重大影响。频率和相位稳定的高功率和可靠固态太赫兹源[8]在很多领域得到应用,从红外天文学和高精度气体分子光谱学[10,11]到高分辨率相干成像和无线通信[2,12]。为了满足这些应用需求,研发高频稳定的太赫兹源势在必行。

5.2.1 计量级太赫兹(QCL)

众所周知,在 QCL 中,环境因素(如温度)、偏置电流波动或机械振动对发射谱线宽(LW)有显著影响,这意味着任何实验性的谱线线宽测量主要受外部噪声的影响。迄今为止,由于瞬时线宽上限为 30kHz、20kHz 和 6.3kHz[13-15],仅极少数的报道涉及 THz QCL 光谱纯度实验性研究。本章通过稳频或相位锁定技术将环境影响降低到最小,从而获得较窄的谱线线宽,且只受限于特定实验系统的环路带宽[16]。

物理效应对 QCL 固有谱线线宽值的影响显而易见,但是增益媒介结构或波导几何形状对 THz QCL 的影响尚不明确。

为了研究上述问题,我们研制了一种通过测量频率噪声功率谱密度(FNPSD)来分析 THz QCL 光谱纯度的实验装置。最近的研究表明,在每一个频率点,通过分析激光辐射光谱与任何可用时间刻度的关系[18],得出噪声总量对激光辐射光谱线宽度有影响。还采用频率锁定环路计算了可能的线宽损耗,一旦已知了增益或带宽特性,可分离出伪噪声源。通过将激光频率波动转换为可探测强度(幅值)变化进行频域信息重获,从而可得强度测量值[17]。我们采用单侧多普勒加宽甲醇分子跃迁作为鉴频器,具体地说,采用 CH_3OH 转振分子作为鉴频器,其跃迁中心在 $\nu_0 = 2.5227816THz$。该线是 QCL 在 4GHz 调谐范围可用的最强吸收跃迁。

采用两种不同的太赫兹探测器覆盖从直流(DC)到 100Hz 的频率范围:①液氮制冷硅测辐射热计探测器(红外实验室公司提供),在 $0\sim10kHz$ 带宽范围内额定噪声等效功率值 $NEP = 30fW/Hz^{1/2}$;②热电测辐射热计探测器(Scontel 公司提供),工作在 4K,在 $10kHz\sim100MHz$ 带宽范围内 $NEP = 70fW/Hz^{1/2}$。鉴频器再现激光频率波动引起的强度光谱跃迁被吸收曲线斜率"放大"。图 5.1 所示为在 CH_3OH 气体 2Pa 压力时,直接吸收光谱仪在 20cm 长单元内的探测吸收信号的情况。图 5.1(a) 是 CH_3OH 气体压力的函数,图 5.1(b) 是 CH_3OH 气体压力为 2 Pa 时的函数。

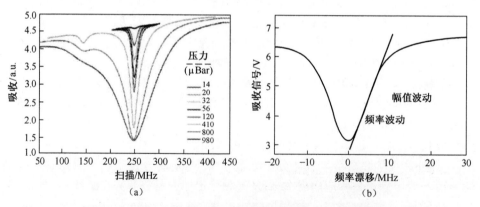

图 5.1 (见彩图)(a) CH_3OH 吸收线与气体压力的函数关系;(b) 鉴频器与吸收分子线的函数关系,显示频率波动与可探测强度波动的转换关系

由于测量的固有低噪声特性,假设转换器(或鉴频器)引入一个可忽略的噪声,同时,引入一个可实现良好探测的增益因子。通过研究选择线的压力展宽,我们测量了电流调谐系数,其值约为 $(8.4\pm0.5)MHz/mA$,用来校准鉴频器斜率。鉴

频器的全部传递函数来自实验吸收曲线[17],用来校正频率噪声。实验装置如图5.2所示。

在光谱实验中,经校准的 THz QCL 光线激光束传输至气体室。然后被线栅偏振器分束:反射光束斩波后传输至焦热电探测器提供线形和稳定频率;透射光被两个探测器接收(与带宽有关)用于频率域-噪声测量。值得注意的是,气体室的窗口适当倾斜,是为了避免测量频率噪声的光学反馈效应[18]。

在频率域噪声测量中,为了保持转换因子常数处于最小值,QCL 频率需锁定在吸收线的半高度位置。接下来的工作可通过 QCL 电流上的比例积分(PI)环软件及锁定点附近的线(用作反馈信号)完成。气室后的反射光束,通过线栅偏振器用于如下目的:热释电探测器(Gentec SPH-62 THz)探测斩波,其信号通过锁相放大器读出,由数据采集电路获取并用 Labview 编写的 PI 软件处理。输出驱动一个控制 QCL 电流驱动器的模拟电压信号以获得稳定性。斩波频率设置为 130Hz,因而解调信号带宽约为 10Hz。结果使得 QCL 平均频率在合适点保持充分稳定,对 10Hz 以上的 QCL 频率噪声没有影响。

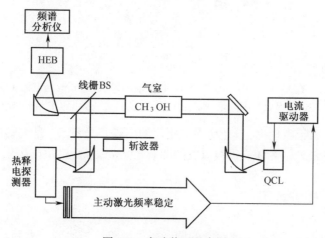

图 5.2 实验装置示意图

当 QCL 频率在鉴频器斜率中心点处稳定时,按照上面描述的程序,采用如图5.2所示的实验装置测量其频率噪声。将快速探测和低噪声快速傅里叶变换采集结合起来,这种技术可使光谱测量扫描范围大于 7 个频率量级(10Hz~100MHz)和 10 个幅值量级。残留幅值噪声测量通过改变鉴频器范围之外的 QCL 频率完成。为了重获校正频率噪声功率谱密度(FNPSD),用之前的值减去最近的值。为了保证全波段高分辨率,通过拟合较小光谱窗口的几个测量点得到 QCL 全光谱。图5.3所示为获得的 FNPSD 光谱曲线及电流驱动的电流噪声功率谱密度(CNPSD),可通过电流调谐系数将其转换为同样的单位。曲线尖峰处是残余外部噪声。可以看到 3 个截然不同的区域:①在频率 f = 10Hz~10kHz 范围内,FNPSD 由 QCL 本身而不是电流驱动器产生的噪声影响[19]。值得注意的是,在 QCL 中,电场波动为增益 Stark 漂移和腔体牵引效应带来不可忽视的频率噪声[20]。CNPSD 相关的主要频率噪声在较大频率处消失,可以归结为由结构引起,在幅值噪声中证实了相似的关系。此外,低频背景辐射信号的附加虚假分量和电子噪声或机械振动对其有贡献。②在 10kHz~5MHz 频率范围内,FNPSD 完全受到电流驱动器的影响,已经从两个噪声曲线的充分交叠得到证实。③大于 8MHz,可以看到 FNPSD 中的渐近线压扁,明显偏离 CNPSD,因此建议压扁至白噪声水平 N_ω。

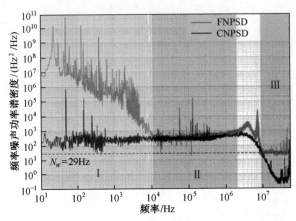

图 5.3 （见彩图）THz QCL 的 FNPSD 实验结果（橙色),其与电流驱动的
CNPSD 频率域噪声分量的对比结果（蓝色),虚线标记了白噪声水平

根据频率域噪声理论,激光功率谱相应的白噪声分量 N_ω 是纯粹的洛伦兹量。其 FWHM$\delta\nu = \pi N_\omega$,来自于我们提取的固有 LW$\delta\nu = 90 \pm 30$Hz[17]。

5.2.2 相位锁定

在 THz QCL 中,亚兆赫兹频段的调谐频率与波长的比例关系与较低的测量内在带宽[17]和较窄的自由运行带宽有部分关系。

最近,通过光频梳合成器（OFCS）方式的相位锁定相干太赫兹源获得成功[16],其方式是将 2.5THz QCL 锁定在锁模掺铒光纤激光器的第 n 个特定重频谐波上,锁模激光器产生光梳,然后与连续波 THz QCL 在非线性晶体中混频,因此产生近红外载波附近的太赫兹边带。初始光梳与其替代品之间的振动作为相位锁定环的闭环信号。另外,还提出了一种光电导天线的方法[21]。

尽管室温拍音检波具有明显优势,但最新采用的低功率、上变频的处理方式,要求连续波太赫兹功率在毫瓦量级。一种解决方法是太赫兹探测方式采用高功率方波探测器,经由一个空气传播太赫兹频率梳而获得振动。尽管用于时域光谱学的脉冲太赫兹源的内在光频梳特性最近已经得到证明,至今还没有这种源直接用于太赫兹 QCL 频率梳"标尺"的报道[22]。今后,推动太赫兹频率梳研发的真正强大动力是其可作为直接用于探测、成像或超光谱成像的源。

解决上述问题的第一步是每一个频率梳齿都产生足够大的功率,从而实现太赫兹相干源相位锁定。我们最近论证了 2.5THz QCL 相位锁定至自由空间光梳,其产生自 $LiNbO_3$ 晶体并覆盖了 0.1kHz~6THz 频段。实验系统如图 5.4(a)所示。

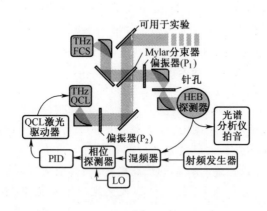

(a)

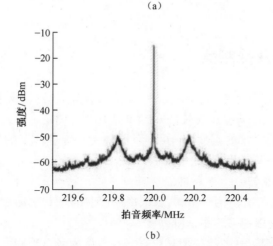

(b)

图 5.4 (a)振动探测和相位锁定装置。QCL 和 OFCS 之间的振动通过 HEB 探测。两束光通过严重不对称的分束器分为两个层级,因此超过 99.5%的 QCL 辐射可用作实验光束。偏振器 P_1 保证了光束间的偏振匹配,而偏振器 P_2 收集 QCL 功率并传送至 HEB。振动与合成射频信号混合,可将频率锁定电子本征振荡器(LO)下转换至 21.4MHz。相位探测器输出由标准比例积分微分(PID)单元实现,并传输至 QCL 电流驱动实现锁相环关闭。(b)1MHz 扫描和 100Hz RBW 产生频率锁定振动信号。两个边带显示大约 200kHz 的相位锁定电子带宽。

在切伦科夫结构[23]中,太赫兹频率梳产生的原理是光整流,来自于 MgO 掺杂 $LiNbO_3$ 晶体基底上的单模波导结构飞秒锁模 Ti:Sa 激光器[24]。产生的辐射是太赫兹脉冲序列,每个序列都由单电场循环携带一个非常大的光谱(从100GHz到6THz,中心频率为1.6THz)组成。由于脉冲是一致的,无限序列的梳状光谱有完美的零偏,泵浦激光器77.47MHz重复率相应的间距已经相对于铷(Rb)钟GPS的10MHz石英振荡器处于稳定状态。兆赫频段的稳定性提供了重复率,因此保证了太赫兹频率梳在100Hz时每个梳齿的稳定性(图5.4(b))。产生效率足够高,因此可使用非常简单的装置和250MHz带宽的商用测辐射热计探测器,从THz QCL直接观察光梳齿之间的振动和小的功率分数(100nW)。

由此可知,大多数QCL输出功率都由任何特定的实验中获得。将此类系统用于太赫兹光梳辅助光谱学已经为旋转分子跃迁提供了新的精确结果。在QCL源中,光频梳合成器的光谱组合可覆盖更宽的光谱(达5~6THz),因此可实现点对点、超大功率水平下相同频段的大范围覆盖,在太赫兹领域的计量级应用中有非常广阔的前景。在这些潜在应用中,基于频率梳的太赫兹亚多普勒分光光谱仪和绝对参考本机振荡器的外差太赫兹光谱仪值得关注。尤其是后者,不仅具有本机振荡器的窄带宽,而且具有绝对频率的长期稳定性,有望实现真正的突破。将会提供大量新的应用,如冷分子分光询问[25]或天文观测中对基本物理常量长期变化的精确测量[26]。

5.3 太赫兹探测器

商用太赫兹探测器基于热传感元件,或者反应速度慢(高莱盒的调制频率为10~400Hz,热释电元件的噪声等效功率NEP为10^{-10}W/Hz$^{1/2}$),或者需要低温制冷(超导热电子测辐射热计的温度为4K),而那些具有优良性能的快速响应非线性电子学探测器(肖特基二极管)通常局限于亚太赫兹频段[3,27]。最近,基于入射辐射电导通道栅极调制的电子学器件已经在高电子迁移率晶体管(HEMT)、场效应管(FET)和Si-MOSFET结构中实现,表现出响应时间快和响应度(R_v)[28]高的特点,而且有可能实现多像素焦平面阵列[29]。

FET的工作机制较复杂[30],但是可以直观地认为来自于栅极电压附近紧缩点(pinch-off)的FET通道电流的非线性依赖。这些器件的优势是通过得到栅极偏压V_G,而在无漏源偏压情况下测量漏极输出,因此显著提高了信噪比。FET太赫兹探测是晶体管通道等离子体波激发引起的。另外,预测在等离子体衰减率低于入射辐射频率ν和通道中波转移时间τ倒数的材料中有强谐振光响应。因此,要求迁移率在频率大于1THz时至少为几千cm^2/(V·s)。在这些条件下,在栅极宽度上的等离子体波量子化产生的定态被激发,此时,V_g即$n\pi s/(2L_g) = 2\pi\nu$,式中n为奇数,s为等离子体波速率,L_g为栅极长度。另外,当等离子体振荡过阻尼时,即距离衰减小于通道长度衰减,可预测宽带太赫兹探测。在这种情况下,源极-栅极之间的入射辐射振荡电场产生电荷密度和载流子迁移速率调制。载流子向漏极迁移产生了连续波源极-漏极电压 Δu，该电压可通过通道中的载流子迁移密度控制，变换 V_g 得到最大值。因此，室温高迁移率对于利用谐振探测作用重大。

上述方法已经扩展至半导体纳米线(NW)和石墨烯场效应晶体管，这展示出室温高灵敏度太赫兹技术的良好应用前景[31,32]。

5.3.1 纳米线 FET

尽管大规模平行安装、掺杂控制、表面效应和工业硅兼容等方面仍存在问题，但是一维纳米线已经处于未来电子学研究的前沿。此外，近年来在材料形态、尺寸和组成(包括轴向、辐射和分支纳米线基异质结构)的原子到纳米级比例控制方面取得了显著进步[33]。

常规的半导体纳米线由金属籽晶生长，这就是说其掺杂机制不同于其他的生长技术。在生长过程中，最大区别在于纳米线在生长期间，其长成部分的表面暴露于杂质，这会影响该部分的物理和化学性能。在"自下而上"设计中，半导体纳米线可被认为是特殊的"模块"，很容易集成为高性能电子器件的有效单元，其特征高度依赖于纳米线的物理性能。因此，InAs 可看作是纳米级集成最有希望成功的选择物。InAs 纳米线确实有非常小的有效电子质量和较高的电子迁移率，可以不采用金(Au)籽晶在硅上外延生长，可用于低成本硅技术集成。但是，必须避免硅带隙的深金能级。

此外，纳米线可轻易地远离主基底，并在其上放置一个新的功能线用于单独接触，甚至可大量采用适用于低电容电路的简单平面技术。因此，鉴于其典型的 POT 级电容，纳米线在原理上为太赫兹二极管整流或等离子体波探测器提供了一种理想的模块结构。令人感到吃惊的是，尽管在纳米线研发用于新一代互补金属氧化物半导体(CMOS)投入了很大力度，但是目前还没有被充分发掘存储器或光子器件作为太赫兹辐射探测器的潜力。

最近，我们将 InAs 纳米线场效应晶体管(NW-FET)开发太赫兹探测器。当电磁辐射注入源极并且栅极终端穿过共振或宽带天线时，基于 InAs 纳米线的场效应晶体管可作为有效的整流二极管元件。在 QCL 源中，当探测器尺寸减小时，探测器频率达到 1.5~3THz，在太赫兹波段表现出了很好的探测性能，证明窄带隙、退化费米能级钉扎 InAs 纳米线是太赫兹探测器的最佳选择[34]。

研究选样的电特征通过 SR830 锁相放大器的 DAC 单独驱动源极-漏极电压 V_{sd} 及栅极电压 V_g 来实现[34]。漏极层与电流放大器连接，电流放大器放大因子为 10^4V/A，可将电流转换为电压信号。该信号由 Agilent 34401A 电压表测量读取。每一个探测器的电压阈值 V_{th} 由最大跨导区线性拟合 I_{sd}-V_g 特征横轴截取决定。实验结果表明，V_{th} 逐渐减小与前驱压力有关，即载流子密度增大。然而，对斜率开方的分析表明,当前驱压力为 0.1torr① 时,栅极长度归一化的峰值跨导从 10mS/m 变化为 100mS/m 时达到最大值。在同样的实验条件下最小反转阈值斜率约为 11V/(°)[35]。

在不同增长条件下 5 个原型 FET 器件的跨导系统特征和电阻值测量表明,为了实现 FET 传输特性的最优化,需要找到一个高跨导/低阈值电压和足够低纳米线电阻之间的折中方法。采用跨导测量值,利用 Wunnicke 测量法,我们可得到纳米线载流子迁移率(μ),与载流子迁移率栅极电容 C 的关系可通过 $\mu = gml^2/(CV_{ds})$ 计算。通过采用静电势 3D 有限元仿真,在 $V_g = 0$ 时估算出栅极电容值 $C = 2.8aF$,同时保持 $V_{ds} = 0.025V$ 状态。$(10^3 \sim 10^4) cm^2/(V \cdot s)$ 迁移率值范围在 NW FET 增加二特丁基硒化物(DtBSe)线压力时得到。该值低于大体积值,表明纳米线表面的散射过程不可忽视。当 $V_g = 0$ 时,由关系式 $n = (\rho e \mu)^{-1}$,由迁移率和电阻值得到了载流子浓度 n。这使得在掺杂硒(Se)期间,前驱线压力与纳米线有效载流子密度相关联。

通过保持二特丁基硒化物(DtBSe)前驱线压力始终大于 0.1torr,然后改变接触印痕的几何形状和安装结构,我们制作一套不同的 NW FET(图 5.5(a),(b))。特别是,为了增加不对称性以提高响应度,我们设计了源极和栅极低分流电容天线结构,使辐射进入到强亚波长探测单元。一套采用不同天线结构的设备实现了:①宽带蝶形天线(图 5.5(c)),波长为 100~205μm;②宽带对数周期圆梳齿结构,外径 650μm;③天线控制结构位于源极和漏极之间。

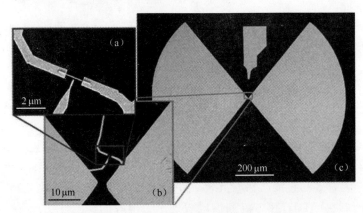

图 5.5 NW FET 宽带太赫兹单像素探测器的扫描电子显微镜图
(a)源极和漏极电阻层放置在 InAs 纳米线反面底部标称距离为 1.2m 的位置上,一个 100nm 宽的侧面栅极电安装在距纳米线 85nm 处,与两层的距离相等(550nm);(b)漏极端连接结合区图,源极和栅极电极直接与蝶形天线突出处相连(c)。

---

① 1torr = 133.322Pa。

利用由化学束外延(CBE)自上而下生长的纳米线与 $1\times10^{16}\sim5\times10^{18}\,cm^{-3}$ 范围的 n 型硒(Se)掺杂,制作宽带蝶形偶极天线或对数周期圆齿天线(在源极和栅极接点之间印模)。

在所有情况下,栅电极经过平版印刷设计,与 InAs 纳米线的距离为 $80\sim100\,nm$,通道长度为 $100\sim150\,nm$。每一个样品被最终粘在双内线组件上并进行引线键合。在少数设备中,硅超半球透镜直径为 6mm,安装在硅基底的后部,因此频率为吉赫光束可在穿过 Si/SiO_2 层后完全聚焦至纳米线。这使得蝶形天线与 292GHz 辐射源更好地产生共振供测量使用。随后将设备插入小型组件并进行引线键合,注意蝶形天线的源接触接地在金属组件上[34]。

光响应实验采用 0.3THz 电子学太赫兹源[6]或者一套制冷温度为 $T=10K$、调制频率为 $33Hz\sim300kHz$ 的 THz QCL(工作波段为 $1.5^{[34]}\sim2.8THz$)完成。通过两个 $f/1$ 离轴抛物面镜和不带有前放的锁相放大器测量光致源极-漏极电压实现辐射的校准及聚焦。探测器随着电动二维 $X-Y$ 平移台移动,自由空间垂直偏振入射辐射撞击作用于纳米线设备。

通过下面公式,响应度 R_V 可由测得的光致电流 Δu 直接计算:

$$R_V = (\Delta u S_t)/(P_t S_a)$$

式中:S_t 为辐射光斑面积;S_a 为有源面积[31-34]。

由于纳米线晶体管总面积包含天线和接触层,且小于衍射极限面积 $S_\lambda = \lambda^2/4$,所以选取的有源面积等于 S_λ。感应的漏极电流 Δu 由采用锁相放大器测量的信号 LIA 得出,在不考虑载波效应的情况下,可采用下式:

$$\Delta u(V_g) = \frac{2\sqrt{2}\,\frac{\pi}{4}\,LIA}{G}$$

式中:2 为峰峰值;$\sqrt{2}$ 为锁相放大器幅值的均方根值;$\pi/4$ 为斩波器产生的方波中基频正弦波傅里叶变换;G 为前放增益。

响应度值与以下因素有关:

① 纳米线直径:纳米线越厚,响应度值越大。

② 纳米线掺杂浓度:在 $n=5\times10^{17}\,cm^{-3}$ 时达到折中。

③ 偏振条件:当入射光束偏振平行于天线轴时,响应值最大。

④ 天线设计:普通生长的对数周期天线性能优于蝶形天线,设备安装在硅基底透镜上,收集效率高出一个量级。

⑤ 纳米线电阻:经过几小时真空状态,可实现较低的电阻值,响应度也可升至预期状态。

⑥ 阻抗匹配:栅极偏压的响应度与晶体管负载阻抗匹配有很大关系。

通过对上面各参数的分析[35-36],当 NEP 达到约 $6\times10^{-11}\,W/Hz^{1/2[34]}$、调制带

宽大于 300kHz 时,响应度值可达到 10V/W。由于响应度与电跨导直接有关,当场效应晶体管通道关闭时,光响应峰值接近栅极电压峰值。基于上述原因,鉴于通道关闭比较容易实现,我们观测到了器件在低掺杂浓度时的最好性能。

通过将罂粟花作为测试目标[36],实现了探测器的大面积快速成像应用。图 5.6 所示为太赫兹传输图像,包含 200×550 个扫描点,在聚焦光束中光栅扫描采集图像,积分时间为 20ms/点。从而证明我们的器件不再限于理论设计,而是已应用于实际肉眼可见样品的大面积快速成像装置中。

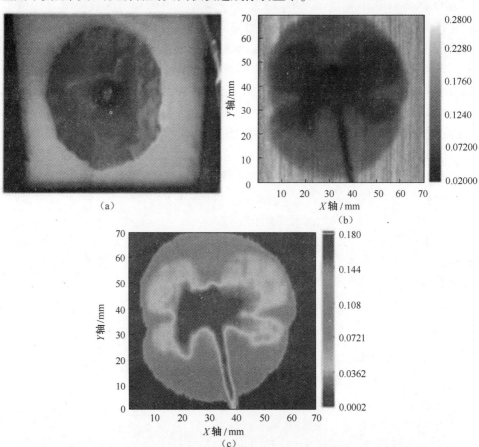

图 5.6　罂粟花太赫兹传输图像;图中的线性强度坐标为相对单位值。4 个花瓣对应的每一对叠重叠的辐射吸收增加。花中心雄蕊的轮生体和茎吸收了大量的太赫兹辐射,可能是它们结构较厚和含水量较多引起

5.3.2　石墨烯 FET

掺杂石墨烯中自然产生的 2DEG 在 RT 中具有非常高的迁移率[37]。此外,还

支持高质量样品低阻尼下的等离子体波[38-39]。因此,单层(SL)和双层(BL)石墨烯场效应晶体管(GFET)等离子体光电探测器的性能很容易超越其他原理的太赫兹探测技术。

为了激发 FET 通道的过阻尼等离子体波,最近提出一种将石墨烯应用于简单顶栅天线耦合结构的新技术[32]。从 Si/SiO_2 基底剥离的单层(SL)和双层(BL)石墨烯片用于制作顶栅 FET。源极和栅极的对数周期圆梳齿天线用于耦合电子源的 0.3THz 辐射。一个 35nm 厚的 HfO_2 层作为栅极介质。整个通道长度为 $7\sim10\mu m$,栅极长度为 $200\sim300nm$。

图 5.7 所示为当 V_G 从 -1V 变化至 +3.5V 且太赫兹源调制频率在 500Hz 时,在 RT 单层和双层石墨烯 FET 中 R_V 的测量曲线。单体 SL 响应度曲线对应于源电场偏振和天线轴之间的不同相对位置。对于单层器件,当输入偏振与天线轴正交时,光电灵敏度随着角度迅速下降直至约等于零,确认了偶极子天线的效率。$\sigma^{-1}\partial\sigma/\partial V_g$($\sigma$ 为提取传导率)的 Δu 与理论散射模型一致[30],因此证明了探测器运行在宽带过阻尼区。与狄拉克点附近预期的光电压变化一起。观测各种情况下栅极电压 $V_G = 0$ 附近的一个标记开关,可以看到热电噪声源的贡献。这来自于无栅极 p 掺杂石墨烯区域和 p-p-p 结或 p-n-p 结的并发模式,并与 V_G 有关。

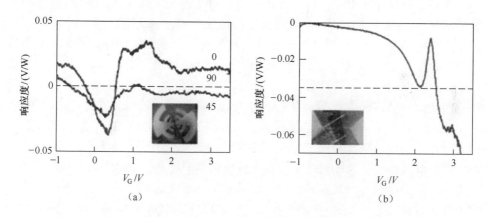

图 5.7 对基于(a)SL-FET 和(b)BL-FET 探测器,室温响应度与 V_G 的函数关系
(光束偏振轴和天线轴之间不同角度的数据)
(狄拉克点上和点下用不同背景颜色区分区域。插图:扫描电子显微镜照片。探测器包括源和 GFET 栅极之间的对数周期圆梳齿天线组件。漏极是连接至结合区的金属线[32]。)

双层 BL 器件的响应度曲线与狄拉克点(2.5V)的散射等离子体波探测模型完美吻合。然而,与预期相比,没有可见的标记变化,在狄拉克点之上带有很强的增强响应。这表明常数标记情况下,对光电压有附加贡献。其幅值随着 V_G 快速增长,最终成为 p-n-p 结区域中的控制因素。带间跃迁可能被 p-n 结的太赫兹场驱动,产生的再结合噪声不可忽视。实现了最大响应度值为150mV/W,最小噪声等效功率 NEP = 30nW/Hz$^{1/2}$[32]。共振探测区域技术的不断发展,以及理解和采用 BL 样品出现的新的物理现象(可产生更好的器件概念),未来会有更大的发展空间。

在 3.11THz 的高频点处,得到了背栅极石墨烯晶体管的同样结果[40],最大光电压信号达到几微伏。

5.4 太赫兹空心波导

由于近红外波段金属的高欧姆损耗和大多数绝缘材料的高吸收系数,在该波段选择优良模式的低损耗波导非常困难。目前,太赫兹波导实现方式包括单或双金属线[41,42]、金属管、固态核[43]或多孔聚合体[44]光纤、光子晶体光纤[45]和内置金属的空心核波导[46]或金属/绝缘体薄膜[47]。

在空心波导中,电磁波能量主要分布于空气内,且仅在吸收介质内小部分传播。由于太赫兹波被严格限制在核中,空心波导可插入线缆,这将会是一个优势,尤其是在医学内窥镜的应用具有独特优势。

空心金属波导的损耗来自于穿透并被波导壁吸收的金属表面非消没电场分量。结果是,在太赫兹波段,纯金属波导的传输损耗一般局限于 $8 \sim 10dB/m$[48]。在空心圆柱体金属波导,两个模式有低损耗特征,即线性偏振 TE_{11} 模式和最低损耗方位角偏振 TE_{01} 模式,然而很难通过线性偏振太赫兹源激发。通过用流体涂覆工艺给内核增加一个薄的介质膜(约 $\lambda/10$)可减少线性偏振模式的损耗。主导介质连接波导的结构模式从 TE_{11} 变为混合 HE_{11},得到穿透吸收金属壁的最小值,保证了传输损耗小于 $1dB/m$[4]。然而,对于纯金属波导,相比于 TE_{11} 模式,TE_{01} 模式中的传播更有效地降低损耗,尤其是在高频($\nu>2THz$)情况下。

最佳波导模式的选择对完全损耗和波导色散分析至关重要。太赫兹波导传统应用是基于太赫兹时域光谱仪(TDS)测量波导传输光谱。但是,太赫兹时域光谱仪不能实现模式选择,从而导致实验光谱结果经常包含波导模式干涉引起的周期性模式。

最近我们验证了一种有很好前景的新实验方法,即采用发射微环共振器表面或带有太赫兹空心波导的标准边缘发射几何结构制作,以获得高效的 QCL 源耦合。通过用 5cm 焦距 Picarin 透镜聚焦激光束为 $a \approx 1mm$ 的光斑进入波导,或通过发射非聚焦 QCL 光束穿过针孔进入距 QCL(背靠背结构)距离为 4mm 的波导,将工作在 3.2THz 的微环 QCL(样品 a)[49]的方位偏振光束耦合至空心铝波导。在这两种情况下,校准的热释电探测器安装于二维 XY 平台上,通过空间分辨力为 $0.2\mu m$ 的步进电动机驱动,在输出端(距边缘约 2cm)对模式曲线成像,并记录波导端发射的总功率。图5.8所示为样品 a 在远场空间强度分布下的测量结果,使用的空心波导孔径 d 是 QCL 环直径的2倍,可通过背靠背结构(图5.8(a))或 Picarin 透镜将入射太赫兹光束聚焦在波导入口上来实现(图5.8(b))。

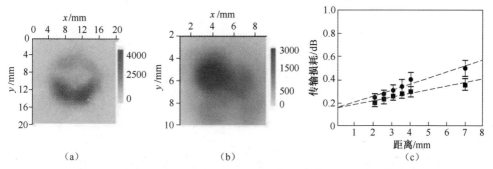

图5.8 (a)长2cm、孔径2mm 的背靠背结构铝波导样品远场空间强度分布和
(b)通过 Picarin 透镜聚焦 QCL 光束至波导入口和(c)当耦合微环 QCL
光束在孔径2mm、带有最佳 TE_{11}(●)模式或多数 TE_{01}(■)模式的
铝波导时,根据输出输入功率比值测量的总损耗

图5.8(a)中的环状强度分布图表明,激光模式与波导 TE_{01} 模式达到完好地匹配。相反,在图5.8(b)中,TE_{11} 模式中的波导大部分耦合,但显示出可能由 TE_{01} 模式引起的弱"环"。

尽管存在这种低强度环,但模式曲线保证了出入自由空间良好的耦合效率。已经测量了通过利用透镜或背靠背结构(图5.8(c))将样品 a 的太赫兹光束聚焦到波导时的传输损耗,其值分别为 5.1dB/m 和 2.7dB/m。从数据的线性拟合可以得出,耦合效率值高达98%。

图5.9(a)为将工作在 3.28THz 的线性偏振表面等离子体边缘点发射 QCL(样品 b)聚焦在聚碳酸酯软管中心时,获得的总传输损耗测量结果。软管镀了一层薄的银膜,内径为 1.8mm,也可以将输入针孔向波导壁移动来实现。

在后一种情形中,当监测模式曲线时,输入端位置已得到调整。通过使输入光束居于 TE_{11} 激光模式波导轴的中心,光束经过波导传输后完全显现在输出端。相反,当输入光束与波导壁紧密耦合时,QCL 在大多数情况下激发出 TE_{01} 模式,没有明显的 TE_{11} 模式耦合。测量了 TE_{01} 模式和 TE_{02} 模式总的传输损耗分别为 3.0dB/m 和 4.2dB/m,耦合效率分别高达81%和89%。

中波红外区域表明存在弯曲空心波导随 $1/R$ 变化的附加损耗现象,其中 R 为曲率半径。损耗原因已经在很多不同金属和厚度为 $2\sim12\mu m$ 的单层介质膜空心波导中得到证实,但是目前没有太赫兹领域柔性金属波导数据的报道。为了测量波导的弯曲损耗,我们将一根长 12cm 空心波导的中心部分以均匀曲率弯曲。图5.9(b)为当弯曲波导保持弯曲常数不变时,作为 $1/R$ 函数的弯曲损耗的测量结

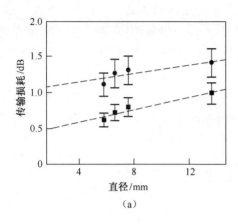 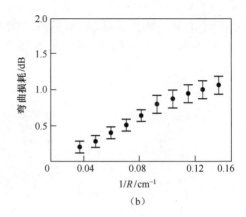

图5.9 (a)在样品最佳TE_{01}模式(●)或大多数TE_{11}模式耦合量QCL光束时,通过输出输入功率比测量的总损耗以及(b)测量的弯曲损耗与弯曲半径倒数的函数关系

果。在实验中,样品 b 输入光束的偏振保证保持垂直于弯曲面,该情形下产生的弯曲损耗在总体上应低于平行于弯曲面的情况。然而,通过对 TE 模式的波导应用复杂弯曲形状时,实验数据表明其理论值差距较小。图5.9(b)的数据表明,当曲率增大时损耗随之增大,甚至在50°弯曲时损耗小于1.2dB。值得注意的是,通过对直波导和弯波导输出功率得到的弯曲损耗进行比较,可看到耦合效率并不影响弯曲损耗计算。

5.5 结论

由于具有固有的高光谱纯度、宽工作频率范围、高光功率、紧凑性和可靠性,THz QCL是远红外波段功效最高的太赫兹源,可作为太赫兹计量级光子学器件。尤其是一旦与室温、低噪声、快速、高探测灵敏度和基于高迁移率材料(如半导体纳米线或石墨烯)的超小型纳米探测器集成后,QCL将深刻影响多个领域,如探测、安全、过程和质量控制、文化遗产、医药学、生物学和空间科学的技术应用,可获得卓越的灵敏度和探测分辨率。

参考文献

1. Köhler R, Tredicucci A, Beltram F, Beere HE, Linfield E H, Davies AG, Ritchie DA, Iotti RC, Rossi F (2002) Terahertz semiconductor-heterostructure laser. Nature 417:156-159
2. Tonouchi M (2007) Cutting-edge terahertz technology. Nat Photonic 1:97-105

3. Sizov F, Rogalski A (2010) THz detectors. Prog Quantum Electron 34:278–347
4. Bai Y, Slivken S, Kuboya S, Darvish SR, Razeghi M (2010) Quantum cascade lasers that emit more light than heat. Nat Photonic 4:99–102
5. Fathololoumi S, Dupont E, Chan CWI, Wasilewski ZR, Laframboise SR, Ban D, Mátyás A, Jirauschek C, Hu Q, Liu HC (2012) Terahertz quantum cascade lasers operating up to ~200 K with optimized oscillator strength and improved injection tunneling. Opt Express 20:3886
6. Williams BS, Kumar S, Hu Q, Reno JL (2006) High-power terahertz quantum-cascade lasers. Electron Lett 42:89–90
7. Vitiello MS, Tredicucci A (2011) Tunable emission in a THz quantum cascade lasers. IEEE Trans Terahertz Sci Tech 1:76–84
8. Williams BS (2007) Terahertz quantum-cascade lasers. Nat Photonic 1:517–525
9. Reix J-M et al (2009) The Hershel/Planck programme, technical challenges for two science missions, successfully launched. Acta Astron 34:130–148
10. Mittleman DM (2003) Sensing with THz radiation. Springer, New York
11. De Natale P, Lorini L, Inguscio M, Nolt IG, Park JH, Di Lonardo G, Fusina L, Ade PAR, Murray AG (1997) Accurate frequency measurements for H_2O and $^{16}O_3$ in the 119-cm^{-1}OH. atmospheric window. Appl Optics 36:8526–8532
12. Capasso F et al (2002) Quantum cascade lasers: ultrahigh-speed operation, optical wireless communication, narrow linewidth and far-infrared emission. IEEE J Quantum Electron 38:511–532
13. Barkan A et al (2004) Linewidth and tuning characteristics of terahertz quantum cascade lasers. Opt Lett 29:575–577
14. Hubers H et al (2005) Terahertz quantum cascade laser as local oscillator in a heterodyne receiver. Opt Express 13:5890–5896
15. Baryshev A et al (2006) Phase locking and spectral linewidth of a two-mode terahertz quantum cascade laser. Appl Phys Lett 89:031115
16. Barbieri S, Gellie P, Santarelli G, Ding L, Maineult W, Sirtori C, Colombelli R, Beere H, Ritchie D (2010) Phase-locking of a 2.7-THz quantum cascade laser to a mode-locked erbium-doped. fibre laser. Nat Photonic 4:636–640
17. Vitiello MS et al (2012) Quantum–limited frequency fluctuations in a terahertz laser. Nat Photonic 6:525–528
18. Ravaro M, Barbieri S, Santarelli G, Jagtap V, Manquest C, Sirtori C, Khanna SP, Linfield EH (2012) Measurement of the intrinsic linewidth of terahertz quantum cascade lasers using a nearinfrared frequency comb. Opt Express 20:25654
19. Bartalini S et al (2010) Observing the intrinsic linewidth of a quantum-cascade laser: beyond the Schawlow–Townes limit. Phys Rev Lett 104:083904
20. Walther C, Scalari G, Beck M, Faist J (2011) Purcell effect in the inductor-capacitor laser. Opt Lett 36:2623–2625
21. Ravaro M, Manquest C, Sirtori C, Barbieri S, Santarelli G, Blary K, Lampin J-F, Khanna SP, Linfield EH (2011) Phase-locking of a 2.5 THz quantum cascade laser to a frequency comb using a GaAs photomixer. Opt Lett 36:3969–3971

22. Yasui T, Yokoyama S, Inaba H, Minoshima K, Nagatsuma T, Araki T (2011) Terahertz frequency metrology based on frequency comb. IEEE J Sel Top Quantum Electron 17:191–201
23. Askaryan GA (1962) Cherenkov and transition radiation from electromagnetic waves. ZhETF 42:1360
24. Bodrov SB, Stepanov AN, Bakunov MI, Shishkin BV, Ilyakov IE, Akhmedzhanov RA (2009) Highly efficient optical-to-terahertz conversion in a sandwich structure with $LiNbO_3$ core. Opt Express 17:1871
25. Carr LD, De Mille D, Krems RV, Ye J (2009) Cold and ultracold molecules: science, technology and applications. New J Phys 11:055049
26. Steinmetz T, Wilken T, Araujo-Hauck C, Holzwarth R, Hänsch TW, Pasquini L, Manescau A, D'Odorico S, Murphy MT, Kentischer T, Schmidt W, Udem T (2008) Laser frequency combs for astronomical observations. Science 321:1335–1337
27. Siegel PH (2002) Terahertz technology. IEEE Trans Microw Theory Tech 50:910
28. Knap W, Dyakonov M, Coquillat D, Teppe F, Dyakonova N, Lausakowski J, Karpierz K, Sakowicz M, Valusis G, Seliuta D, Kasalynas I, El Fatimy A, Meziani YM, Otsuji T (2009) Field effect transistors for terahertz detection: physics and first imaging applications. J Infrared Millim Terahertz Waves 30:1319–1337
29. Öjefors E, Pfeiffer U R, Lisauskas A, Roskos HG (2009) A 0.65 THz focal-plane array in a quarter-micron CMOS process technology. IEEE J Solid State Circ 44:1968–1976
30. Dyakonov M, Shur M (1993) Shallow water analogy for a ballistic field effect transistor: new mechanism of plasma wave generation by dc current. Phys Rev Lett 71:2465–2468
31. Vitiello MS, Coquillat D, Viti L, Ercolani D, Teppe F, Pitanti A, Beltram F, Sorba L, Knap W, Tredicucci A (2012) Room-temperature terahertz detectors based on semiconductor nanowire field-effect transistors. Nano Lett 12:96–101
32. Vicarelli L, Vitiello MS, Coquillat D, Lombardo A, Ferrari AC, Knap W, Polini M, Pellegrini V, Tredicucci A (2012) Graphene field–effect transistors as room–temperature terahertz detectors. Nat Mater 11:865–871
33. Li Y, Qian F, Xiang J, Lieber CM (2006) Nanowire electronic and optoelectronic devices. Mater Today 9:18
34. Vitiello MS, Viti L, Romeo L, Ercolani D, Scalari G, Faist J, Beltram F, Sorba L, Tredicucci A (2012) Semiconductor nanowires for highly sensitive, room–temperature detection of terahertz quantum cascade laser emission. Appl Phys Lett 100:241101
35. Viti L, Vitiello MS, Ercolani D, Sorba L, Tredicucci A (2012) Se-doping dependence of the transport properties in CBE–grown InAs nanowire field effect transistors. Nanoscale Res Lett 7:159
36. Romeo L, Coquillat D, Pea M, Ercolani D, Beltram F, Sorba L, Knap W, Tredicucci A, Vitiello MS (2013) Nanowire-based field effect transistors for terahertz detection and imaging systems. Nanotechnology 24:214005
37. Geim AK, Novoselov KS (2007) The rise of graphene. Nat Mater 6:183–191
38. Grigorenko AN, Polini M, Novoselov KS (2012) Graphene plasmonics. Nat Photonic 6:749–758

39. Jablan M, Buljan H, Soljac M (2009) Plasmonics in graphene at infrared frequencies. Phys Rev B 80:245435
40. Knap W, Rumyantsev S, Vitiello MS, Coquillat D, Blin S, Dyakonova N, Shur M, Teppe F, Tredicucci A, Nagatsuma T (2013) Nanometer size field effect transistors for THz detectors. Nanotechnology 24:2104002
41. Wang K, Mittleman DM (2004) Metal wires for terahertz waveguiding. Nature 432:376-379
42. Mbonye M, Mendis R, Mittleman DM (2009) A terahertz two-wire waveguide with low bending loss. Appl Phys Lett 95:233506
43. Chen LJ, Chen HW, Kao TF, Lu HY, Sun CK (2006) Low-loss subwavelength plastic fiber for terahertz waveguiding. Opt Lett 31:308-310
44. Atakaramians S, Afshar S, Fischer BM, Abbott D, Monro TM (2008) Porous fibers: a novel approach to low loss THz waveguides. Opt Express 16:845-8854
45. Lu J-K, Yu C-P, Chang H-C, Chen H-W, Li Y-T (2008) Terahertz air-core microstructure fiber. Appl Phys Lett 92:064105
46. Harrington JA, George R, Pedersen P, Mueller E (2004) Hollow polycarbonate waveguides with inner Cu coatings for delivery of terahertz radiation. Opt Express 12:5263-5268
47. Bowden B, Harrington JA, Mitrofanov O (2008) Low-loss modes in hollow metallic terahertz waveguides with dielectric coatings. Appl Phys Lett 93:181104
48. Ito T, Matsuura Y, Miyagi M, Minamide H, Ito H (2007) Flexible terahertz fiber optics with low bending-induced losses. J Opt Soc Am B 24:1230-1235
49. Vitiello MS, Xu J-H, Kumar M, Beltram F, Tredicucci A, Mitrofanov O, Beere HE, Ritchie DA (2011) High efficiency coupling of terahertz micro-ring quantum cascade lasers to the low-loss optical modes of hollow metallic waveguides. Opt Express 19:1122-1130
50. Vitiello MS, Xu J-H, Beltram F, Tredicucci A, Mitrofanov O, Harrington JA, Beere HE, Ritchie DA (2011) Guiding a terahertz quantum cascade laser into a flexible silver-coated waveguide. J Appl Phys 110:063112

第6章
基于超导外差集成接收机的太赫兹成像系统

R. V. Ozhegov, K. N. Gorshkov, Yu B. Vachtomin, K. V. Smirnov, M. I. Finkel, G. N. Goltsman, O. S. Kiselev, N. V. Kinev, L. V. Filippenko, V. P. Koshelets

摘　要：安全领域应用的太赫兹成像系统采用了当前最先进的太赫兹技术。研制了基于超导集成接收机（SIR）技术的太赫兹成像系统。超导集成接收机是一种基于超导-绝缘-超导（SIS）混频器的新型外差接收器，并集成了磁通流振荡器（FFO）和谐波混频器（用于FFO锁相）。在成像系统中应用超导集成接收机可制作出完全优于传统系统的新型装置。

提出一种采用单像素SIR和二维扫描器的太赫兹成像系统原型样机。在局部谐振频率为500GHz，积分时间为1s，探测宽度为4GHz时，SIR的最佳噪声等效温差（NETD）为10mK。扫描器由两个置于天线前的旋转平面镜构成，天线包含球面主镜和非球面次镜。主镜直径为0.3m。成像系统的工作频率为600GHz，帧频为0.1帧/s，扫描面积为0.5m×0.5m，图像分辨力为50×50像素，物体与扫描器的距离为3m。得到太赫兹图像的空间分辨力为8mm，NETD小于2K。

R.V.Ozhegov · Y.B. Vachtomin · K.V. Smirnov
Moscow State Pedagogical University, 1 Malaya Pirogovskaya str., Moscow, Russia
CJSC "Superconducting nanotechnology", 5/22 Rossolimo str., Moscow, Russia
K.N.Gorshkov · M.I. Finkel
Moscow State Pedagogical University, 1 Malaya Pirogovskaya str., Moscow, Russia
G.N.Goltsman (✉)
Moscow State Pedagogical University, 1 Malaya Pirogovskaya str., Moscow, Russia
CJSC "Superconducting nanotechnology", 5/22 Rossolimo str., Moscow, Russia
National Research University Higher School of Economics, 20 Myasnitskaya Ulitsa, Moscow 101000, Russia
e-mail: goltsman@mspu-phys.ru
O.S.Kiselev · N.V. Kinev · L.V. Filippenko · V.P. Koshelets
Kotel'nikov Institute of Radio Engineering and Electronics, 125009 Moscow, Russia

6.1 引言

作为国际大型天文计划的组成部分,我们研制了具有当前最高灵敏度的太赫兹外差接收机。因此,研制的仪器用于 TELIS(太赫兹临近空间探测仪)气球运载望远镜、SOFIA(平流层红外天文观察项目)机载望远镜、HERSHEL("赫歇尔"太空望远镜项目)星载望远镜和未来的星载 Millimetron 计划。目前,在研制接收机和太赫兹波段辐射源以及降低最初成本方面取得了重大进展,使这些仪器可更广泛地用于各种任务中。

对物体进行成像是太赫兹波段最重要的应用之一,此类成像系统可用于医学、安全及低能见度下导航等多种领域。然而,太赫兹波段由于存在太赫兹间隙[1]而非常难以操作——采用该区域中任何一个波段(射频或红外)的方法,辐射源能级都会下降。但与此同时,太赫兹成像系统又具有在其他波段工作的同类型系统不具备的优势。X 射线系统对隐藏物体具有极好的空间分辨率,但不能分析物体成分,且 X 射线对人体有害。红外系统可提供较好的空间分辨率,但日常生活中使用的大多数材料在红外区域并不能透过。无线电波穿透力强,但其低频不具备良好的空间分辨率。位于无线电波段与红外波段中间的太赫兹辐射有着优良的穿透力及高空间分辨率,非常适合于安全系统应用。

太赫兹成像系统同时也可进行物质构成的光谱分析[2](图 6.1),并且通过数学处理可得到物体的切层图像[3],如图 6.2 所示。

被动系统接收物体的热辐射,因而可对其成像。这种系统称为热成像系统,它需要极高灵敏度的接收机,通常可采用直接探测接收机。在热成像系统中使用外差接收机,可通过物体的热辐射频谱信息来获得物体的化学成分。这使得外差系统对制药和安全系统具有很大吸引力。被动直接探测图像系统的一个例子是基于天线耦合的超导微测辐射热计[4]。

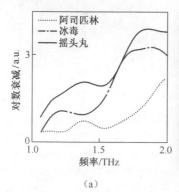

(a)

(b)

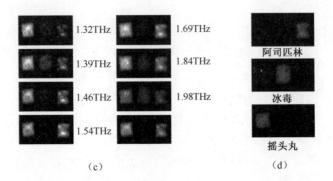

图 6.1 （见彩图）太赫兹成像系统检测物体化学成分的演示
(a)一些违法药物(摇头丸、冰毒)和阿司匹林的光谱透过率谱线；(b)所观测的物体，从左至右分布为摇头丸、阿司匹林、冰毒；(c)物体在不同频率下的太赫兹图像，带颜色的图像表示太赫兹成像可能探测到物体；(d)图像处理的结果[2]。

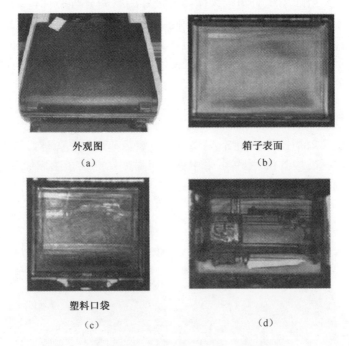

图 6.2 可接收物体反射的主动脉冲太赫兹成像系统的例子[3]，通过补偿信号光路中的延迟，获得物体内部不同层的图像
(a)手提箱图片；(b)手提箱表面的太赫兹图像；(c)手提箱里塑料袋的太赫兹图像；(d)塑料袋内的太赫兹图像。可清楚地观察到塑料袋里的刀和枪。

外差系统可采用肖特基二极管,或者超导-绝缘-超导(SIS)混频器,或者热电子测辐射热计(HEB)混频器。SIS 混频器的热噪声温度低,且在理论上无中频(IF)带宽限制,但在射频区域受到超导特性的限制。HEB 混频器的热噪声温度也较低,但是频率在 1.3THz,SIS 的噪声性能要优于 HEB。肖特基二极管混频器的热噪声性能低于 SIS 和 HEB,不需要致冷到液氦温度。这 3 种混频器的噪声性能比较如图 6.3 所示。

目前,在 0.1~1.3THz 波段,SIS 混频器是最灵敏的外差接收机(图 6.3)。除约瑟夫森效应[8]之外,看到 SIS 结的电流-电压响应曲线具有很强的非线性效应,可用于具有变换增益及量子限噪声温度的外差接收机。超导结还可以作为高频电流源,此类电源的一个例子是磁通流振荡器(FFO)。

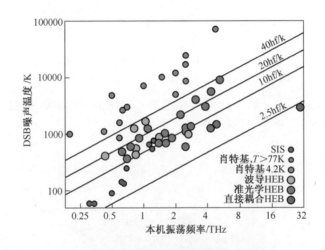

图 6.3　(见彩图)广泛使用的太赫兹外差接收机的噪声性能比较,给出了波导和准光学两种类型 HEB 混频器的接收机数据

在太赫兹临近空间探测仪(TELIS)项目中,俄罗斯科学院无线电工程电子研究所(IREE)和荷兰空间研究机构(SRON)的研究团队制作了尺寸为 4m×4m×0.5m① 的超导集成接收机(SIR)。该 SIR 包括与平面准光学天线耦合的 SIS 混频器、FFO 本征振荡器(LO)和 LO 锁相谐波混频器。谐波混频器技术同 SIS。图 6.4 所示为 SIR 示意图,图 6.5 所示为 SIR 芯片图。为 TELIS 研制的 SIR 在恶劣的气温、压强和海拔条件下具有良好的性能,可采集有关地球大气的大量有价值信息。尽管 SIR 的噪声性能略低于 SIS 混频器,但它们作为备选的紧凑型光谱仪和成像系统得到越来越多的关注。

因此,为了获得经济适用的安全系统方案,必须满足以下要求:

---

① 原文有误。

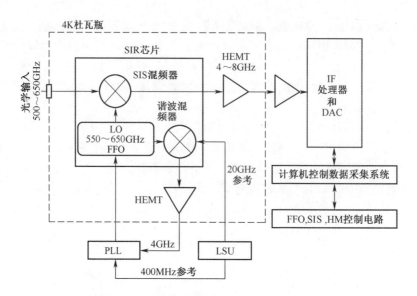

图 6.4 超导集成接收机示意图,为了最佳利用超导集成接收机,
还需要频率合成器(LSU)和 PLL

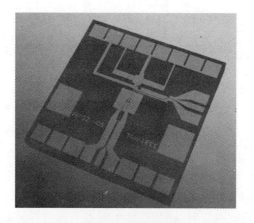

图 6.5 SIR 照片

(1) 能够获取 10m 外距离的物体图像。
(2) 系统必须是被动的(此项要求非常重要,即观测者不能被看到,而使用主动系统存在潜在危害)。
(3) 可以"看到"隐藏在衣服和行李中的物体。
(4) 可以确定物体的材料。
(5) 系统成本低且可随时使用。

6.2 基于 600GHz 超导集成接收机的太赫兹安全系统

研制了当前性能独特的太赫兹外差热成像系统,可用于安全领域中检测塑料、金属武器或隐藏在衣物中的爆炸物、邮寄品中的非法毒品或早期癌症确诊。该系统具有的一些优点,使其成为太赫兹技术应用的首选。系统的核心是 IREE RAS 公司开发的超导集成接收机。完成了一系列有关超导集成接收机性能的测试,制作了基于超导集成接收机但没有锁相环路(PLL)的成像系统模型。

6.2.1 接收机性能

当成像系统用于获得 300K 左右温度物体图像的时候,系统噪声温度等同或略低于物体温度。此时,系统灵敏度主要由物体温度决定,在低噪声接收机的条件下,系统的温度分辨率为[13]

$$\Delta T = 0.612\alpha \frac{T_s}{\sqrt{B_\tau}} \tag{6.1}$$

为获得最低温度分辨率,我们采用具有较大中频带宽度的接收机及 PLL。在本机振荡器频率为 507GHz 时,采用 SIR T4m-093#6m 测量的噪声温度大约为 90K。图 6.6 给出该接收机的主要特性。

通过测量锁相放大器的均方根电压来测定接收机的温度分辨率。图 6.7 所示为用温度单位表示的锁相读出的时间响应关系。随着输入信号幅值的降低,温度分辨率得到提升。对于接收机 T4m-093#6m,当温差约为 173.5K 时,温度分辨率为 140 ± 15mK;当温差降至 2.95K 时,温度分辨率达到 10 ± 1mK。该误差是由积分时间确定的,并且正比于 $\left(\frac{\tau}{T}\right)^{0.5}$,其中 τ 为锁相放大器的时间常数,T 为积分时间。

除了温度分辨率,接收机成像系统的另一个重要参数为时间稳定性。对于具有机械扫描仪的系统,一次扫描(帧时间)所用的时间为几秒,这意味着系统的稳定时间必须要大于帧时间,否则系统的温度分辨率将会很低,造成图像模糊。

为了表征接收机的稳定性,给出了随积分时间函数变化的阿伦(Allan)方差曲线[14]。曲线主要分为 3 个区域:①方差随时间递减;②系统达到稳定;③最后随积分时间延长而递增。阿伦时间是指在阿伦方差曲线开始背离 $\sigma^2 \sim 1/\tau$ 响应曲线的积分时间。

为了提高阿伦时间,通常可通过获得放大器及偏压源更好的温度稳定性,或者

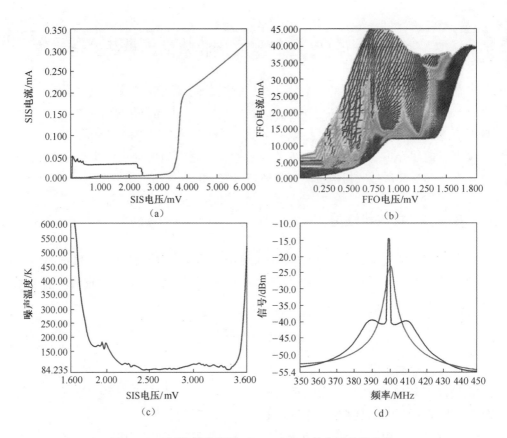

图 6.6　(见彩图)接收机 T4m-093#6m 的主要特性曲线

(a) SIS 混频器的电流-电压特性曲线(CVC),蓝色电流-电压特性曲线表示未抑制的直流约瑟夫森效应,红色曲线表示抑制隧道结临界电流的最佳电流控制线;(b)穿透隧道结不同量级磁场的 FFO 电流-电压特性曲线,颜色表示 SIS 混频器的本机振荡器驱动量级;(c)接收机噪声温度与偏压的函数关系;(d)有 PLL(蓝色)和没有 PLL(红色)的 LO 线,在大约为 400MHz 中频上,由集成在相同 SIS 混频器芯片上的谐振混频器输出端获得的 LO 线。

降低接收机输入带宽来实现[11]。

这种实现热稳定性的方法对于大规模生产接收机有极大挑战性,而且成本高。而另一种备用方法导致接收机灵敏度下降。因此,必须寻找提高接收机稳定性的其他方法。下面讨论这个问题。

许多接收机存在固有的不稳定性,表现出总体变换增益的波动(包括中频增益),或者是接收机噪声温度的波动。使用 SIR HEB 接收机的经验表明,增益波动对系统稳定性的影响更加强烈。因此,可首先用物体的亮温和瞬时增益来近似表示接收机的输出,即

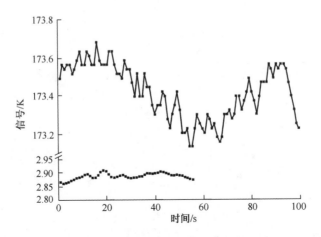

图 6.7 接收机 T4m-093#6m 在不同输入信号电平的锁相输出与时间响应曲线
（输入信号为斩波器叶片和负载之间的温差。较大温差（上）的 NETD = 143±14mK、
较小温差（下）的 NETD = 10±1mK。两种情况下的锁相放大器积分时间是 1s。）

$$P_{\text{OUT}} = k_{\text{B}}(T_{\text{R}} + T_{\text{S}})GB_{\text{H}} \tag{6.2}$$

式中：k_{B} 为玻耳兹曼常数；B_{H} 为工作频率范围；G 为总的接收机中频增益，包括混频器变频损耗；T_{R} 为接收机温度噪声；T_{S} 为物体的亮温。

为了修正增益波动，使用一个摆动反射镜，它可以在两个位置切换：一个是接收机对着参考负载（77K）的方向；另一个是接收机对着信号负载（300K）的方向。切换时间为 1.8ms。

将中频输出输入到数据采集系统，同时控制并记录反射镜的位置。数据采集系统计算参考及源负载的探测信号幅值，并通过下式对其进行校正：

$$S'_{\text{OUT}_i} = \frac{S_{\text{OUT}_i}}{S_{\text{REF}_i}} S_{\text{REF}_o} \tag{6.3}$$

式中：S_{REF_o} 为接收机对着参考负载的输出信号初始值；S_{OUT_i}，S_{REF_i} 分别为接收机对着参考源负载和参考负载的瞬时值；S'_{OUT_i} 为输出信号的校正值。

图 6.8 所示为参考信号、源信号和按照 1.3 系数校正信号的阿伦曲线。根据表达式 $\sqrt{\sigma_{\text{REF}}^2 + \sigma_{\text{OUT}}^2}$，在较短积分时间上获得校正的信号波动要小于每个测量的信号波动。从图中可以看出，在 4GHz 的中频带宽内，信号校正后可以将 $1/f$ 噪声和漂移的影响降低一个数量级以上，同时将阿伦时间从零点几秒增至 5s。从图 6.8 的小插图中可以看出，校正的输出信号具有较窄的中频带宽。此时，在 40MHz 中频带宽，获得的阿伦时间为 20s。太赫兹外差接收机的温度分辨率和阿伦时间数据是至今获得的最佳结果，可与直接探测接收机相比拟。

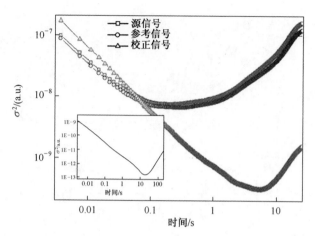

图 6.8　参考、源和校正信号的阿伦曲线,中频带宽为 4GHz,小插图为用 40MHz 带宽获得的信号

6.2.2　太赫兹成像系统模型

太赫兹成像系统包括两个主要部件,即超导集成接收机和前端光学装置。

SIR 芯片粘在具有减反射膜的硅椭圆透镜上,透镜装在混频器上,然后再一起装到带有磁致冷防护罩的氦低温保持器冷板上。

图 6.9 所示为太赫兹成像系统的模型图片,其前端光学装置包括直径为 0.3m 的球面圆盘主镜、40mm 直径的辅镜和位于主镜前面的机械扫描器。

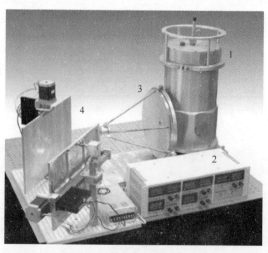

图 6.9　太赫兹系统模型图
1—带有 SIR 的氦低温保持器;2—SIR 的偏压电源;3—主镜;4—机械扫描装置。

扫描器由两个在垂直方向相互摆动的平面反射镜构成。一个反射镜用于帧扫描,另一个反射镜用于纵向列扫描。反射镜面积分别为 0.405m×0.275m 和 0.28m×0.38m。所有反射镜都是由铣床加工的铝块制成。反射镜由步进电动机定位。扫描系统可实现在较大空间范围的观测。然而,系统空间分辨率的实现可能降低了有效孔径。获得的系统性能如下:图像采集时间为 10s,扫描面积为 0.5m×0.5m,系统与物体距离为 3m,空间分辨率优于 10mm。

图 6.10 所示为用成像系统模型采集的图像。隐藏在衣服下的物品有:一块 1cm 厚的硬纸板,尺寸为 10cm×3cm(上),一盒装在胸袋的烟(下)。温度分辨率低于 2K。

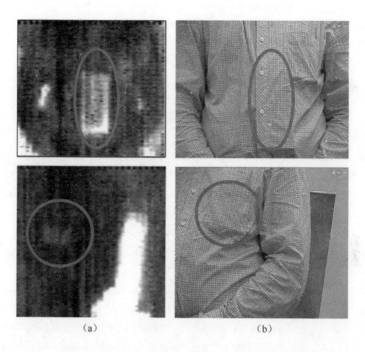

图 6.10 太赫兹成像系统模型图像,(a)热像;(b)光学图像

6.3 总结和展望

建立了安全领域商业仪器的太赫兹成像系统实验室模型。为了研制这种仪器,需要提高扫描器性能,使其帧时间最多不超过 1s。可通过用大功率交流伺服电动机代替步进电动机以及优化反射镜形状来减少其惯性动量来实现。用闭环制冷机替代氦低温保持器,可将系统工作时间提高几个数量级。此外,还需要增加在

物体和参考载荷之间切换的部件,进而提高系统前端系统的光学性能。该配置显著提升了温度分辨率和系统稳定性。

与同类主动外差和直接探测系统相比,被动外差安全成像系统具有的优势对用户具有非常大的吸引力。该项研究得到了俄罗斯教育科学部(合同号#14.B25.31.0007)的部分支持。

参考文献

1. Sisov F (2010) THz radiation sensors. Opto Electron Rev 18:10-36
2. Kodo Kawase, Yuichi Ogawa, Hiroaki Minamide, Hiromasa Ito (2005) Terahertz parametric. sources and imaging applications. Semicond Sci Technol 20:258-265
3. Zimdars D, White J, Stuck G et al (2007) Time domain terahertz imaging of threats in luggage and personnel. Int J High Speed Electron Syst 17(2):271-281
4. Luukanen A, Gronberg L, Helisto P, Penttil JS, Seppa H, Sipola H, Dietlein CR, Grossman EN (2006) An array of antenna-coupled superconducting microbolometers for passive indoors real-time THz imaging. Proc SPIE 6212:270-276
5. Crowe TW, Mattauch RJ, Roser HP, Bishop WL, Peatman WCB, Liu X (1992) GaAs Schottky diodes for THz mixing applications. Proc IEEE 80:1827-1841
6. Richards P L et al (1979) Quasiparticle heterodyne mixing in SIS tunnel junctions. Appl Phys Lett 34:345-347
7. Gershenzon EM, Gol'tsman GN, Gogidze IG, Gousev YP, Elant'ev AI, Karasik BS, Semenov AD (1990) Millimeter and submillimeter range mixer based on electronic heating of superconducting films in the resistive state. Sov Phys Supercond 3:1582-1597
8. Josephson BD (1962) Possible new effects in superconducting tunneling. Phys Rev B 1:251
9. Nagatsuma T, Enpuku K, Irie F, Yoshida K (1983) Flux-flow type Josephson oscillator for millimeter and submillimeter wave region. J Appl Phys 54:3302. doi:10.1063/1.332443
10. Qin J, Enpuku K, Yoshida K (1988) Flux-flow-type Josephson oscillator for millimeter and submillimeter wave region. IV. Thin-film coupling. J Appl Phys 63:1130. doi:10.1063/1.340019
11. de Lange G, Boersma D, Dercksen J, Dmitriev P, Ermakov AB, Filippenko LV, Golstein H, Hoogeveen RWM, de Jong L, Khudchenko AV, Kinev NV, Kiselev OS, van Kuik B, de Lange A, Rantwijk J, Sobolev AS, Mikhail Y, Torgashin EV, Yagoubov PA, Koshelets VP(2010) Development and characterization of the superconducting integrated receiver channel of the TELIS atmospheric sounder. Supercond Sci Technol 23:45-61
12. Koshelets VP, Dmitriev PN, Ermakov AB, Filippenko LV, Khudchenko AV, Kinev NV, Kiselev OS, Sobolev AS, Torgashin MY (2009) On-board Integrated submm spectrometer for atmosphere monitoring and radio astronomy. ISTC thematic workshop on perspective materials, devices and structures for space applications, Yerevan, Armenia, 26-28 May

13. Esepkina NA, Korolkov DV, Pariyskiy YN (1973) Radiotelescopes and radiometers (in Russian)
14. Allan D (1966) Statistics of atomic frequency standards. Proc IEEE 54:221–230
15. Ozhegov RV, Gorshkov KN, Gol'tsman GN, Kinev NV, Koshelets VP (2011) Stability of terahertz receiver based on superconducting integrated receiver. Supercond Sci Technol 24:035–038

第7章
表面波在太赫兹光谱学中的应用

Oleg Mitrofanov

摘　要：太赫兹波在亚波长尺寸物体上存在弱耦合现象，这使得在太赫兹频率下的微量违禁品探测和光谱学分析面临挑战。利用太赫兹表面波可增强太赫兹波与小尺寸物体的相互作用并减轻弱耦合，讨论在金属边缘激发太赫兹表面波，以及基于集成亚波长孔径太赫兹近场显微术的太赫兹表面波探测和成像。这种近场探测技术可提高太赫兹光谱分析的灵敏度，从而降低对太赫兹源以及探测器的功率和灵敏度要求。

7.1　引言

太赫兹(THz)光谱分析可为工业应用、安全和科学研究提供许多独特的能力。太赫兹技术在安全和传感应用方面面临一些挑战，其中之一是为探测微量违禁品提供足够的灵敏度。此外，由于太赫兹光谱的灵敏度目前还不足以分析单个纳米级系统，如纳米线和量子点，因而在此领域的科学研究与应用也遭遇瓶颈。其主要原因是太赫兹波在小尺寸(亚波长)物体上存在弱耦合现象。

亚波长尺寸物体的金属表面与太赫兹波相互作用时存在场强增强效应，可提高太赫兹波在亚波长量级作用时的光谱灵敏度。表面波为非辐射波，因此迫切需要研究独特的太赫兹表面波激发和探测技术。

近年来证实了当太赫兹平面波入射到基底上时，可在电介质基底沉积的金属样品边缘上激发产生太赫兹表面波[1]。采用太赫兹近场探头可有效探测太赫兹

O.Mitrofanov(✉)
Electronic and Electrical Engineering, University College London, London, UK
e-mail: o.mitrofanov@ucl.ac.uk

表面波,探头的孔径尺寸为亚波长量级[2-4]。由表面波支撑结构和近场探头组成的系统能够实现高空间分辨率成像,从而可以为太赫兹时域光谱学在金属表面上的亚波长尺寸物体的应用提供一个灵敏的实现手段。本章讨论将蝶形天线作为表面波支撑结构的系统应用实例。

本章还将讨论利用表面波将太赫兹波成像限定到超小体积($<\lambda^3/10^4$),从而使太赫兹成像光斑尺寸小于太赫兹波的衍射极限。使用两枚金属探针结构将太赫兹光束耦合成表面波,在探针的圆柱形表面上传播,使辐射能量导向探针顶部。此时,能量被汇聚限定在两个金属表面之间小于 $10\mu m$ 的区域上[5]。这种双探针探头结构能够对只有几微米大小的单个粒子进行太赫兹波光谱分析。

太赫兹表面波和近场探针技术推进了太赫兹光谱学在单个微米级尺寸物体方面的应用。通过提高太赫兹波与单个亚波长尺寸物体之间的相互作用效应,使太赫兹光谱分析的灵敏度得以显著提升,从而降低了对高效太赫兹源和探测器的苛刻要求。本章重点讨论近年来研究的近场探头探测方法,它有助于减轻弱耦合,使太赫兹光谱应用到大范围的亚波长级系统。

7.2 太赫兹光谱学在亚波长级系统的应用

扫描探头近场显微术取得了较大发展,使纳米级物体的光谱分析可覆盖到整个电磁波段。然而,太赫兹光谱学仍然主要局限于大尺寸物体,其原因是缺乏高灵敏度和高空间分辨率的太赫兹近场探头。当太赫兹光谱分析应用于单独的100nm大小的物体时,采取具有100nm孔径的亚波长探头的经典近场显微方法明显存在着困难。依照贝特(Bethe)电磁波传播定律,通过亚波长孔径的透过率随着孔径尺寸 α 的六次方($T\sim\alpha^6$)迅速递减[6]。因此,空间分辨率的提高是以较大的灵敏度损失为代价的[7]。出于这个原因,小于 $\lambda/50$ 的孔径无法使用近场光学显微探测方法。100nm孔径在1THz时小于 $\lambda/1000$,透射系数 $T\sim 10^{-12}$,这在实际应用中是不可行的。因此,将太赫兹光谱学用于100nm~1μm量级时需要采用另一种实验装置。

首先,考虑太赫兹光束和物体之间的相互作用效应。为了使整个太赫兹光束与物体相互作用,在一个典型太赫兹光谱实验中,需要物体的尺寸大于太赫兹波。基于衍射极限考虑,太赫兹光束尺寸要与波长匹配。对于纳米级物体,仅有少量的强聚焦光束与亚波长级物体相互作用(图7.1(a)),但大部分光束未与物体相互作用。如果将探测器置于物体的远场区,它就无法区别未相互作用区和相互作用区。可以估算出物体产生的相对太赫兹光束吸收的信号强度,其表达式为(忽略几何共振):

$$S_f = \frac{l_{ob}}{l_0} = \frac{d^2 \mathrm{e}^{-(\alpha d)}}{\lambda^2} \tag{7.1}$$

式中：α，d 分别为吸收系数和物体尺寸。

对于一个微米级物体，由于物体几何横截面的影响，信号大幅减弱。因此，提高灵敏度的方法之一是通过将入射场集中到一个亚波长尺寸的区域，以增强与亚波长级物体相互作用的效果。

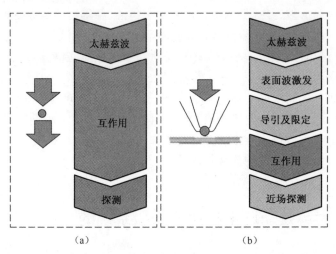

图 7.1　(a)传统(远场)太赫兹光谱学和(b)含有太赫兹表面波的近场光谱学示意图

用表面波可以超过衍射极限实现聚焦电磁波。太赫兹光谱系统的结构如图 7.1(b)所示[5]。入射波必须耦合在物体表面，并形成表面波，在物体内传输，增强与物体的相互作用，可有效增强太赫兹波强度。目前，电磁波与粒子相互作用的区域比波长小得多，因而与自由空间传播波的耦合微弱，仅有一小部分能量到达远场探测器。如果将探测器放置在物体的近场区域，就可以进一步提高灵敏度。此时，通过采用厚度为 d 的大面积均匀薄膜可最大程度地增强相对吸收信号强度：

$$S_n = \mathrm{e}^{-(\alpha d)} \tag{7.2}$$

由这些简单的公式推导可以看出，通过使用太赫兹表面波和近场探测，可以将应用于亚波长物体的太赫兹光谱灵敏度提升若干个量级。

7.3　亚波长孔径太赫兹近场探头

单独的亚波长孔径传输能力很弱，使得标准近场显微技术中采用的孔径被限制到 $\lambda/20$。然而，通过使用集成近场探头的概念可以实现小至 $\lambda/100$ 的孔径[8]。在集成探头中，太赫兹探测器(通常用光电导天线)用于孔径的近场区域[9]。将探测器集成在太赫兹近场探头上的优势是通过探测透过孔径的倏逝波来提高灵敏度。

透射到孔径另一端的场波包含传输波和倏逝波。对于亚波长孔径,倏逝波分量最大。然而,这个场限于孔径的近场区域,未及远场区域的探测器。因此,可以通过将孔径与探测器集成到一个器件中,可提升近场探头的灵敏度。本章首次演示了可提升灵敏度的集成探头,将孔径尺寸减少到 5μm,且具备足够宽频率范围 (0.2~2.5THz) 的太赫兹脉冲波灵敏度[8]。

集成亚波长孔径探头的示意图如图 7.2 所示。光电导天线用于太赫兹探测,可组成太赫兹探头。该探头的灵敏度取决于孔径和太赫兹天线之间的距离,理想情况下,这个距离应该小于孔径尺寸,以便探测透射场的倏逝波[8]。在该器件中,天线与金属屏内的孔径距离在几微米以内。

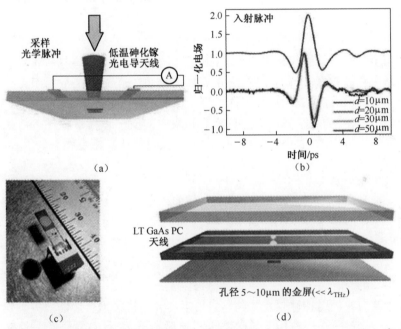

图 7.2 (a)集成亚波长孔径探头示意图;(b)探头孔径尺寸为 10μm、20μm、30μm 和 50μm 探测的太赫兹脉冲归一化波形;(c)探头安装图和(d)探头结构示意图

这种探头用于太赫兹光谱学的典型特性是光谱响应。在实验中发现,在孔径比波长小得多的条件下,亚波长孔径尺寸无法影响探测的脉冲波形[10]。分析了频域和时域的光谱响应。对于在孔径平面处于偏振状态的入射波,探测天线输出光电流与入射太赫兹场 $E_{inc}(t)$ 的时间导数成正比:

$$i_t(t) = g_t \frac{dE_{inc}(t)}{dt} \tag{7.3}$$

式中：g_t为孔径对于横向入射场透射特性和光电导天线响应的常数。

在频域，振幅响应与$\omega E(\omega)$成正比。$\omega E(\omega)$为入射场频谱强度与太赫兹频率的乘积。入射场和探测场之间的相位是$\pi/2$，与频率无关。入射场与感应光电流之间的解析关系可用于直接重建太赫兹电场的时间变化。

从集成孔径探头用于金属结构的近场成像中可以看出，探头对金属表面上传播的太赫兹表面波敏感[1,10-12]。从表面波的响应分析也可清晰地看到这一点。探测光电流与探头表面$E_z(x,y,t)$正交的场梯度成正比，即

$$i_n(t) = g_n \nabla E_z(x,y,z) \cdot A \tag{7.4}$$

式中：g_n为常数，代表孔径的表面波传输特性以及光电导天线响应；矢量A为探测器中的偶极天线方向。

7.4 太赫兹表面波

在两个分离的金属表面上分析它们之间的电磁波特性。在这种情形下的电磁波传播是由金属表面支持，其特性可用表面波描述。表面波是常用于无线电波和毫米波的术语，在金属表面作为表面等离子体的情形下，与波动方程同解。在无限平面情形中，波传播用平面内k矢量复数和成像的横向k矢量描述。与光学频率的表面等离子体不同，太赫兹频率的平面k矢量仅仅比自由空间k矢量大一点，使得太赫兹平面波被微弱地限定在一个单独的平面上。因此，在太赫兹波段，用两个平面更易于实现对太赫兹波的限定。

与电磁波的自由空间传播不同，表面波不受聚焦衍射限的影响，可将它们的电磁能限定在比波长小得多的区域上。例如，用平行波导板可实现在一个平面上的亚波长限定，电磁波传播（TEM模式）可通过两个平行波导板完成，实现了平板间距仅为$50\mu m$的太赫兹光谱应用[13]。使用锥形平板波导[14]、两个金属探针[5]、传输线[15]和天线[16]实现了二维太赫兹波限定。

表面波的非辐射特性阻止了其与自由空间波的直接耦合传输效应。为了将太赫兹波段的太赫兹表面波用于显微镜学和局部光谱学，有必要研发一种激活表面波的有效方法。尽管非辐射表面波与自由空间波的耦合较弱，仍可以在金属边缘激活表面波。如果利用平面波照射介质基底上的金属样品，且电场与金属边缘垂直，入射波会在金属边缘产生振荡密度的变化。对应的电场强度分布很集中，其中包含一个垂直于表面的分量，即E_z。由于E_z仅靠近金属边缘，其角光谱波矢量分布较宽，并包含与表面波矢量k相匹配的分量。因此，照射金属样品时，在其边缘激发出表面波，并由此沿金属表面传播（图7.3）。

Mueckstein等研究了太赫兹表面波在蝶形天线样品边缘的形成和传播[1]。图7.3(b)表示在两个金属三角形角连接点的边缘激发过程。

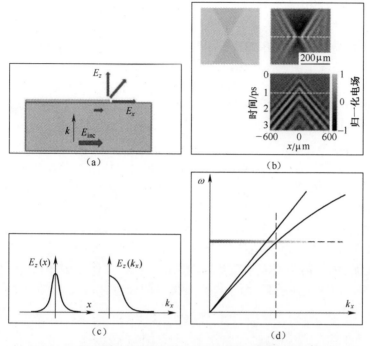

图7.3 (见彩图)太赫兹表面波在金属样品边缘的激发和增强
(a)激发过程示意图;(b)太赫兹表面波的实验观察(瞬态场分布的空间分布以及显示波离开金属边缘传播的时空分布图)[1];(c)边缘感应场强 E_z 及其角光谱示意图;(d)表面波分布图,显示出感应场光谱(红色)与表面波散射曲线(蓝色)重合.

太赫兹脉冲直接入射到三角形的角连接处,经过水平偏振,在垂直于三角形的边缘上产生太赫兹电场分量。通过扫描距离表面为几微米的样品,太赫兹近场探头探测到图形表面波。瞬时电场图像显示沿着三角形的边缘形成干涉条纹。如时空分布图所示,当沿着三角形的边缘线性水平扫描时,图形随时间产生变化,干涉条纹远离边缘移动。

7.5 太赫兹表面波近场成像

太赫兹波照射在任何金属边缘上都会产生一个局部分布的 E_z 分量。如果样品具有金属特征,例如,一个天线贴片或传输线,会在每一条边上激发表面波,天线贴片上的太赫兹场分布是所有受激波的叠加[1]。探测表面波需要将探头放置在表面近场区。如图7.3所示,表面波由集成的亚波长孔径近场探头探测。同样类型的探头还可用于研究在金属天线上产生的太赫兹表面波,研究方法和探头采用方法相同。用这种探头观察到由密集聚焦的太赫兹光束在金属表面形成的表面波,这种现象在以前从未发现[10]。

将集成亚波长孔径探头靠近样品表面,与使用一个与样品平行的金属面是等效的。尽管样品平面和探头表面之间的距离仅有几微米,比波长要小得多,仍然可以在金属样品边缘上激发出表面波。对蝶形天线上的表面波进行数值分析表明,天线上的电场分布(场图)没有因探头的金属表面而引起显著变化。然而,可以观察到场振幅强度有较大提高。因此,天线和近场探头组成的太赫兹系统成为探测亚波长级物体的一个可行方案。

图7.4所示为在蝶形天线表面探测到的两个时间点(太赫兹脉冲的起始和结束)的表面电场分布图。这些场分布显示出表面波的特性。当入射波均匀照射天线时,在蝶形天线边缘激发出表面波,形成干涉条纹。干涉条纹随时间变化而稳定对应一个驻波(蝶形天线的其中一种基模)。第二行图像显示出天线右侧放置了亚波长微粒的同一天线的场分布。在太赫兹脉冲照射的起始,因为表面波没有接触到物体(距离最近边缘50μm),场图几乎没有受到物体的干扰。而在脉冲照射结束时,表面波受到了物体的较强影响:首先,天线模式图被破坏;其次,物体扰乱了邻近电场。值得关注的是,由于电介质微粒的介电常数较大,在其内部有一个驻波。

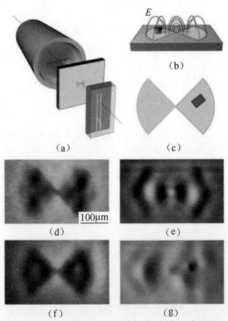

图7.4 (a)蝶形天线上的表面波激发和探测实验系统示意图;(b)表面波场示意图;(c)蝶形天线样品示意图,天线表面有一个长方形微粒;(d~g)蝶形天线的太赫兹近场图像;(d,e)没有微粒和(f,g)有微粒[1,17]

利用图7.4(a),(b)所示的实验结构,可以探测到太赫兹频率的亚波长尺寸的单个介电微粒。曾经采用类似的实验结构,探测到直径仅有 30μm 的介质球。

还会使用不同的金属样品进一步完成定量分析或是提高灵敏度,这些样品可以具有高 Q 因子,或者相反没有共振特性,如锥形金属带。

7.6 采用太赫兹表面波的亚波长限定

为了使太赫兹波与小尺寸物体有效相互作用,必须将太赫兹波限定在近似于物体尺寸的区域内。图 7.5 所示为一个双探针探头结构,可将表面波从探针引导到针尖,使入射的太赫兹波脉冲与表面波耦合在一起。如果将一个亚波长尺寸物体放置在探针间电场最强的区域,电场波与物体的相互作用增强,其信号强度可以用式(7.2)来表示。由于电场分布在小于波长的区域内,限制波是倏逝波,且始终靠近针尖。为了探测到电场,必须将集成近场太赫兹探头放置在针尖附近,如图 7.5(a)所示。

图 7.5 (见彩图)用双探针探头将太赫兹脉冲光斑限定在 5~10μm 的范围内[5]
(a)探测装置示意图;(b)探测装置结构图,可看到双探针和亚波长孔径近场探测器
(绿色圆圈表示微粒,可以置于针尖间进行太赫兹分析);(c)探针正下方平面内的电场分布
实验图,针尖发射出表面波;(d)针尖间的电场集中。

图 7.5 中的实验结果表明,采用表面等离子体波,可将太赫兹波限定在间距比波长小很多的两个分离的金属面之间[5]。双探针法避免了频率截止效应,同时达到单个微米级和纳米级物体所需要的高度限定。不同于共振结构增加了窄频带内波和物体的相互作用,这种方法具有非频率选择性,可探测物体的所有光谱特征。

7.7 结论

太赫兹频率范围的单个亚波长级物体的光谱分析受到自由空间传播太赫兹波与物体的弱耦合影响,然而,这种相互作用可利用金属表面上的太赫兹表面波效应得以大幅度增强。利用自由空间太赫兹波照射金属表面,可激发出太赫兹表面波。由于金属边缘激发为宽带,因而非常适合于采用宽带太赫兹脉冲的太赫兹时域光谱学领域。演示了使用集成孔径探头探测表面波,所提供的光谱范围 0.2~3THz 太赫兹光谱分析可用于探测微量物质或高空间分辨率成像。本章介绍了两种实验装置,可用于违禁品痕量分析(安全、法医应用)和小型系统的科学研究。太赫兹表面波和近场探测技术(包括其他近场探头方式)促进了太赫兹光谱学在亚波长级测量上的应用。

参考文献

1. Mueckstein R, Graham C, Renaud CC, Seeds AJ, Harrington JA, Mitrofanov O (2011) Imaging and analysis of THz surface plasmon polariton waves with the integrated sub-wavelength aperture probe. J Infrared Millim Terahertz Waves 32:1031
2. Natrella M, Mitrofanov O, Mueckstein R, Graham C, Renaud CC, Seeds AJ (2012) Modelling of surface waves on a THz antenna detected by a near-field probe. Opt Express 20:16023
3. Mueckstein R, Mitrofanov O (2011) Imaging of terahertz surface plasmon waves excited on a gold surface by a focused beam. Opt Express 19:3212-3217
4. Misra M, Andrews SR, Maier SA (2012) Waveguide artefacts in THz near field imaging. Appl Phys Lett 100:191109
5. Mitrofanov O, Renaud CC, Seeds AJ (2012) Terahertz probe for spectroscopy of subwavelength objects. Opt Express 20:6197
6. Bethe HA (1944) Theory of diffraction by small holes. Phys Rev 66:163; Bouwkamp CJ (1950) On Bethe's theory of diffraction by small holes. Philips Res Rep 5:321
7. Mitrofanov O, Lee M, Hsu JWP, Pfeiffer LN, West KW, Wynn JD, Federici JF (2001) Terahertz pulse propagation through small apertures. Appl Phys Lett 79:907
8. Mitrofanov O, Lee M, Hsu JWP, Brener I, Harel R, Federici JF, Wynn JD, Pfeiffer LN, West KW (2001) Collection-mode near-field imaging with 0.5-THz pulses. IEEE J Sel Top Quantum

Electron 7:600

9. Mitrofanov O, Harel R, Lee M, Pfeiffer LN, West KW, Wynn JD, Federici J (2001) Study of single-cycle pulse propagation inside a terahertz near-field probe. Appl Phys Lett 78:252
10. Mitrofanov O, Pfeiffer LN, West KW (2002) Generation of low-frequency components due to phase-amplitude modulation of subcycle far-infrared pulses in near-field diffraction. Appl Phys Lett 81:1579
11. Misra M, Pan Y, Williams CR, Maier SA, Andrews SR (2013) Characterization of a hollow core fibre-coupled near field terahertz probe. J Appl Phys 113:193104
12. Mitrofanov O, Mueckstein R (2011) Near-field imaging of terahertz plasmon waves with a subwavelength aperture probe. Proc SPIE 8096:809605
13. Laman N, SreeHarsha S, Grischkowsky D, Melinger JS (2008) 7 GHz resolution waveguide THz spectroscopy of explosives related solids showing new features. Opt Express 16:4094
14. Zhan H, Mendis R, Mittleman DM (2010) Superfocusing terahertz waves below $\lambda/250$ using plasmonic parallel-plate waveguides. Opt Express 18:9643
15. Schnell M, Alonso-González P, Arzubiaga L, Casanova F, Hueso LE, Chuvilin A, Hillenbrand R (2011) Nanofocusing of mid-infrared energy with tapered transmission lines. Nat Photonics 5:283
16. Grober RD, Schoelkopf RJ, Prober DE (1997) Optical antenna: towards a unity efficiency nearfield optical probe. Appl Phys Lett 70:1354–1356
17. Navarro-Cía M, Natrella M, Dominec F, Delagnes J-C, Kužel P, Mounaix P, Graham C, Renaud C C, Seeds AJ, Mitrofanov O (2013) Terahertz imaging of sub-wavelength particles with Zenneck surface waves. Appl Phys Lett 103:221103

第8章
探测红外和太赫兹波段痕量气体的石英增强光声传感器

Pietro Patimisco, Simone Borri, Angelo Sampaolo, Miriam S. Vitiello,
Gaetano Scamarcio, Vincenzo Spagnolo

摘 要:石英增强光声传感器(QEPAS)是中红外光谱范围内最稳定和最灵敏的痕量气体探测装置之一,具备高灵敏度和紧凑性以及时间响应快等优点。光声技术的一个主要特点是无需光学探测。因此,在太赫兹波段内运用 QEPAS 技术可以避免使用低噪声但却昂贵、笨重的低温测辐射热计。本章回顾了采用中红外和太赫兹激光器,将 QEPAS 用于探测痕量气体几种化学物质的研发成果。归一化噪声等效吸收系数(NNEA)可降至 $10^{-10}\,\mathrm{cm^{-1}\,W/Hz^{1/2}}$,浓度检测范围达到万亿分之一。

P.Patimisco · G. Scamarcio · V. Spagnolo(✉)
Dipartimento Interateneo di Fisica, Università e Politecnico di Bari, Via Amendola 173,
I-70126 Bari, Italy
IFN-CNR UOS Bari, via Amendola 173, 70126 Bari, Italy
e-mail: v.spagnolo@poliba.it

S.Borri
IFN-CNR UOS Bari, via Amendola 173, 70126 Bari, Italy

A.Sampaolo
Dipartimento Interateneo di Fisica, Università e Politecnico di Bari, Via Amendola 173,
70126 Bari, Italy
IFN-CNR UOS Bari, via Amendola 173, 70126 Bari, Italy

M.S.Vitiello
NEST, CNR-Istituto Nanoscienze and Scuola Normale Superiore, Piazza San Silvestro 12,
I-56127 Pisa, Italy

8.1 引言

用于痕量气体探测的紧凑型光学传感器的发展令人关注,其应用领域包括大气化学、火山活动、工业过程和医疗诊断[20]。传统的光声光谱学(PAS)是一种成熟的基于光声效应的痕量气体探测方法[6]。在这种方法中,气体所吸收的光能转化为热能,这种情况的发生通常是由于分子碰撞诱导的激发态非辐射弛豫。这种吸收导致气体膨胀。如果对光进行斩波或调制,使用传声器可以探测到膨胀产生的压力。常用的探测声信号的方法是使用气体填充的声学谐振器。这样,吸收的激光能量以谐振器的声学模式累积。为了得到最佳的声信号,通常选择的激光调制频率与谐振器的第一个声共振波匹配,由 $f=v/2L$ 给出,其中 v 为声速,L 为谐振器的长度。品质因数 Q 值通常为 40~200,频率 f 为 1000~4000Hz。PAS 是一种理想的无背景技术,这是因为只有吸收调制激光辐射才能产生声信号。对于气室窗口非选择性吸收以及外部噪声有可能生成的背景信号可以通过隔离气室免受任何机械振动来减弱背景信号。QEPAS 是基于近年来采用的光声探测方法。该方法使用了石英音叉作为声学换能器[6,8]。这样与常见方法正好相反,吸收的能量不会积聚在气体中,而是积聚在气敏元件,即音叉中。这些石英音叉近来被广泛用于原子力和光学近场显微镜,已经仔细分析过其属性。计时应用中的电子手表的标准石英音叉(S-QTF)谐振频率 f_0 接近 32768(2^{15})Hz。此频率对应于对称振动模式,音叉朝相反方向移动。当将标准石英音叉封装在真空中时,通常 $Q \approx 100000$ 或更高,大气压下达到 $Q \approx 8000$。在此谐振频率,QEPAS 器件几乎不受背景噪声影响,其与环境噪声密度的关系基本遵循 $1/f$ 相关性,因此仅仅略高于 10kHz。此外,远距离声波倾向于在两个音叉齿上施以同方向的力,没有激活压电主动模式,此时的两个叉齿沿相反的方向移动。

8.2 中红外石英增强光声传感器

为探测痕量气体,将调制激光辐射指向音叉的齿尖之间,音叉吸收气体后产生声压。压力波激发音叉产生谐振,在音叉覆有金质或银质薄膜的石英表面上,通过压电效应产生电信号。根据所使用的电路可以测量出这个电信号的电压或是电流。大多数 QEPAS 包括光谱测声器(用于探测激光致声的模块),光谱测声器包含了标准石英音叉和微谐振器(由一对薄壁金属管构成)[4-5,9-12,14]。结果表明,微谐振器产生至少一个数量级的信号增益。内置光路的传感器非常小(长度为几毫米),可放置在一个较大的样品中。

声波的生成引起分子内部平移自由度的能量转移。如果一个振转态被激活,随后会出现由碰撞引起的振动-平移(V-T)或旋转-平移(R-T)弛豫。特定分子的 V-T 或 R-T 能量转移次数取决于存在的其他分子和分子间的互作用。与传统的光声探测器(通常在 4kHz 以下频率工作)相比,QEPAS 通常在 32kHz 的探测频率上测量,对能量弛豫速率更加敏感。在相对于调制频率的慢 V-T 或 R-T 弛豫情况下,平动气体温度跟不上激光致分子振动激发的快速变化,因此生成的光声波较弱。另外,在快速的能量弛豫过程中,光声信号不受弛豫时间的影响。因此,对于快速弛豫的激发能级,光声信号由下式给出:

$$S_0 \propto \frac{F\alpha PQ}{f_0} \tag{8.1}$$

式中: α 为吸收系数;P 为激发辐射能;F 为等式里考虑到特殊 QEPAS 传感器设计的微谐振器增强因子。

此外,品质因数 Q 取决于压力 P,即

$$Q = \frac{Q_{\text{vac}}}{1 + Q_{\text{vac}} a \sqrt{P}} \tag{8.2}$$

式中:Q_{vac} 为真空状态的质量因数,a 为一个与特定石英音叉设计有关的参数。

从式(8.2)中看出,品质因数 Q 在高压时减小,但在另一方面,高压下能量弛豫过程中的能量转移更快,从而产生更有效的声激励。此外,在高压和大线宽下应采取大于所要求的密集吸收线合并措施,可以限制气体的光谱选择性,因而操作压力是一个重要的可选参数。

由于应变和电荷位移存在的固有耦合,可以进行音叉的电气和机械模拟。因此用具有电容 C、电阻 R 和电感 L 的电路表示音叉。

通常,观察音叉电响应的方式是利用具有反馈电阻 R_F 的互阻抗放大器。在音叉电极之间的反馈保持为零电压。谐振频率与电气参数有关,即

$$f_0 = \frac{1}{2\pi \sqrt{\frac{1}{LC}}} \tag{8.3}$$

以及品质因数 Q:

$$Q = \frac{1}{R} \sqrt{\frac{L}{C}} \tag{8.4}$$

而共振阻抗与其电阻值相等。

许多实验验证了 QEPAS 分光镜噪声主要是由 QTF 的热噪声决定。在谐振频率 f_0 上的跨阻放大器输出测量的 QTF 噪声等于等效电阻 R 的热噪声,即

$$\frac{\sqrt{\langle v_N^2 \rangle}}{\sqrt{\Delta f}} = R_F \sqrt{\frac{4KT}{R}} \tag{8.5}$$

式中:$\sqrt{\langle v_N^2 \rangle}$ 为在跨阻抗放大器输出的均方根(rms)电压噪声;Δf 为探测带宽;K

为玻耳兹曼常数；T 为音叉温度。

演示了不同的 QEPAS 结构。其中两种结构在风琴管式微谐振器(mR)中使用纵向声学共振：第一种结构最初是由 Kosterev 等[9]提出的。在这个结构中，光穿过 QTF 和两个同轴相邻谐振管，这种结构在目前已知的大多数 QEPAS 传感器中使用；第二种结构由 K. Liu 等设计，称为"离轴(OB)QEPAS"。在该结构中，mR 是中部开有小口的单管，通过将 QTF 放在 mR 单管外面靠近开口处而与 mR 耦合。最近，Y. Cao 等[2]演示了消散波 PAS，利用锥形微米/纳米光纤(OMNF)生成光声信号。OMNF 穿过 QTF 两齿尖间的间隙，光以极小的光束尺寸沿着 OMNF 传输，无需精确的光学准直。独立纵向模式激光器的调制光传输到 OMNF，目标气体吸收消散场，产生可被 QTF 探测的声压波。最后，使用一项创新的光谱技术，即基于两个 QEPAS 传感器的调制互抵消法(MOCAM)。经验证，这种方法适用于同位素、气体温度和浓度的测量[22-24]。

使用 1~10μm 光谱范围的发射激光[3-5,10-12,14,18-19,21,23-26]，利用 QEPAS 传感器检测了几种化学物质，如 NH_3、NO、CO_2、N_2O、CO、CH_2O 等，迄今为止的生成结果如表 8.1 所列。

表 8.1 痕量气体的 QEPAS 探测

分子(基质)	频率/cm^{-1}	压力/Torr	NNEA/($cm^{-1}\cdot W/Hz^{1/2}$)	功率/mW	NEC/10^{-6} V
$H_2O(N_2)$[①]	7306.75	60	1.9×10^{-9}	9.5	0.09
HCN(空气:50%RH)[②]	6539.11	60	4.6×10^{-9}	50	0.16
$C_2H_2(N_2)$[②]	6523.88	720	4.1×10^{-9}	57	0.03
$NH_3(N_2)$[②]	6528.76	575	3.1×10^{-9}	60	0.06
$C_2H_4(N_2)$[②]	6177.07	715	5.4×10^{-9}	15	1.7
$CH_4(N_2+1.2\%H_2O)$[②]	6057.09	760	3.7×10^{-9}	16	0.24
N_2H_4	6470.00	700	4.1×10^{-9}	16	1
$H_2S(N_2)$[②]	6357.63	780	5.6×10^{-9}	45	5
HCl(N_2干燥)	5739.26	760	5.2×10^{-9}	15	0.7
$CO_2(N_2+1.5\%H_2O)$[②]	4991.26	50	1.4×10^{-8}	4.4	18
$CH_2O(N_2:75\%RH)$[②]	2804.90	75	8.7×10^{-9}	7.2	0.12
$CO(N_2+2.2\%H_2O)$	2176.28	100	1.4×10^{-7}	71	0.002
CO(丙烯)	2196.66	50	7.4×10^{-8}	6.5	0.14
N_2O(空气+5%SF_6)	2195.63	50	1.5×10^{-8}	19	0.007
$NO(N_2+H_2O)$	1900.07	250	7.5×10^{-9}	100	0.003

(续)

分子(基质)	频率/cm^{-1}	压力/Torr	NNEA /(cm^{-1}·W/Hz$^{1/2}$)	功率/mW	NEC/10^{-6}V
C$_2$H$_5$OH(N$_2$)①	1934.20	770	2.2×10^{-7}	10	90
C$_2$HF$_5$(N$_2$)③	1208.62	770	7.8×10^{-9}	6.6	0.009
NH$_3$(N$_2$)②	1046.39	110	1.6×10^{-8}	20	0.006
SF$_6$	948.62	75	2.7×10^{-10}	18	5×10^{-5}

NNEA 为归一化噪声等效吸收系数,NEC 为在 1s 恒定时间、18 dB/oct 滤波器斜率下的可用激光功率噪声等效浓度。
①改进的微共振器和双通 ADM;
②改进的微共振器;
③带有调幅和金属微共振器

使用 QEPAS 测量获得的最新归一化噪声等效吸收系数优于传统光声传感器的最佳测量结果。有关石英增强光声传感器的长期稳定性的实验研究结果显示,传感器呈现出低漂移,这样可以获得长期的平均数据,使浓度测量中的信噪比得到显著改进。在中红外 4~12μm 范围内,连续波量子级联激光器是性能最好的商用光源,可以热电冷却、室温操作,无跳模频率调谐单模发射,具有高功率(几十到几百毫瓦)和固有窄发射线宽。QEPAS 与这些激光源结合,可具有灵敏度高(探测极限达十亿分之几(ppb))、动态范围大、装置紧凑、响应时间快、光学准直简单易行等优势。最近,采用外腔 QCL 和单模中红外空芯波导[15,16,24-26](内芯直径 300μm)导引激光束,报道的 SF$_6$ 探测极限记录为万亿分(ppt)之 50,其对应的 NNEA 值为 2.7×10^{-10} W·cm^{-1}·Hz$^{-1/2}$。

8.3 太赫兹石英增强光声传感器

QEPAS 技术是太赫兹波段高性能气体光谱学的理想技术,其主要原因:①不需要光电探测方法,从而无需使用昂贵而笨重的低温测辐射热计;②QEPAS 信号强弱在很大程度上取决于吸收气体种类的能量弛豫速率。在太赫兹范围的气体吸收过程中包含了 R-T 弛豫速率,它比中红外吸收过程中通常包含的 V-T 弛豫速率[7]快 3 个数量级。这样便能够在低压下使用快速弛豫转换级,可以发挥具有超高品质因数 Q 级的 QTF 优势(见式(8.2))的优势,增强 QEPAS 传感器系统的选择性。在过去的几年中,太赫兹 QCL 的快速增长刺激了太赫兹光谱应用的复苏。事实上,太赫兹 QCL 可以提供频率可调的单模发射,在连续波低温操作下输出功率高达 100mW。此外,最近演示了太赫兹 QCL 在高分辨率分子光谱学上一些令人关注的性能,这主要归因于其频率稳定性。尽管如此,将 QEPAS 技术向太赫兹光谱区域拓展还未能完全实现,主要是由于太赫兹激光束在音叉齿间正确聚焦存在困难(标准音叉的齿间隙为 300μm)。事实上,QEPAS 实验中的主要苛求之一体现在音叉齿尖间的激光束腰。激光束不能照射到叉齿上,否则由于激光作用产生不需要的背景信息。这个背景通常比 QEPAS 传感器的热噪声水平大数倍,会限制探测灵敏度[5,21]。为此,我们采用了一个比商用音叉大 6 倍的特制石英音叉(C-QTF)[17]。图 8.1 所示为 S-QTF 和 C-QTF 的示意图。

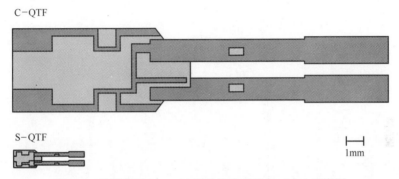

图 8.1 特制音叉(C-QTF)以及标准音叉(S-QTF)示意图

音叉叉齿的间距约为 800μm,单叉齿长 17.7cm,宽 1.4cm,厚 0.8mm。为了在 QEPAS 传感系统中使用特制石英音叉,必须验证其共振频率和品质因数是否符合标准石英音叉的要求。音叉的平面共振频率可以通过将音叉的一个齿作为悬臂梁进行分析并找到。在基模振荡中,叉齿反向移动,音叉的重心保持不变。通过求解经典欧拉-伯努利方程(包括可移夹紧边界条件),得到音叉单臂的振模频率,谐振频率为

$$f_n = \frac{\pi G}{8L^2}\sqrt{\frac{E}{\rho}n^2} \quad (8.6)$$

式中:G 为悬臂横截面的回转半径,对具有矩形横截面杆,相当于厚度的 $1/\sqrt{12}$;E 为弹性模量;ρ 为石英密度。

表 8.2 给出式(8.6)对应于 C-QTF 和 S-QTF(长 3.2mm,宽 0.33mm)的前 4 个解($E = 0.72 \times 10^{11} \text{N/m}^2$,$\rho = 2650 \text{kg/m}^3$)。

电路控制单元(CEU)用于确定石英音叉的等效电气参数并估算 C-QTF 的品质因数 Q、共振频率 f_n 和电阻。在 $f_{n=1} = 4.25 \text{kHz}$ 和 $f_{n=3} = 25.4 \text{kHz}$,在大气压下的纯氮中观测到两个共振频率,如图 8.2 所示。可以很容易地将这两个共振频率归于第一和第三平面共振(表 8.1)。该数值与真空条件下计算的理论值之间存在差异,其原因是周围气体的阻尼效应、电极涂金层的额外重量、石英弹性模量与晶轴方向的相关性及所建模型与 C-QTF 实际几何结构之间存在的几何偏差。

表 8.2　所使用的 S-QTF 和 C-QTF 音叉的
n 值及共振频率,由式(8.6)计算得出

n	f_n/Hz - S-QTF	f_n/Hz - C-QTF
1.194	31978	4118
2.988	200263	25786
5	560764	72204
7	1099097	141520

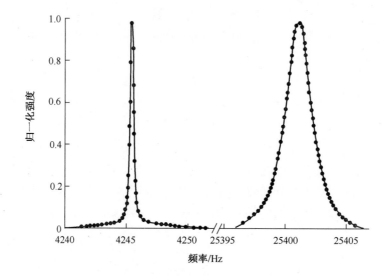

图 8.2　在大气压下纯氮气中测量的频率分布图

为了研究环境气体对质量因数产生的阻尼效应,测量了作为氮气压力函数的共振频率 f_1 和 f_3 以及它们各自的质量因数 Q_1 和 Q_3。在图 8.3 中可看到,在研究的整个 10~700 Torr 压力范围上,$f_1(f_3)$ 与气体压力的实验结果是线性的,和理论预测一致[17],斜率为 -1.19×10^{-3} Hz / Torr(-4.49×10^{-3} Hz / Torr),截距值为 4246.3Hz(25404.5Hz),给出了真空中的共振频率。如在式(8.2)中预测,品质因数 $Q_1(Q_3)$ 与压力的相关性显示为指数特性,并随着气压迅速降低。用式(8.2)所得到的最佳拟合参数分别为:对于 Q_1,$a=1.98\times 10^{-6}$ Torr^{-1},$Q_0=146350$;对于 Q_3,$a=8.73\times 10^{-7}$ Torr^{-1},$Q_0=13180$。

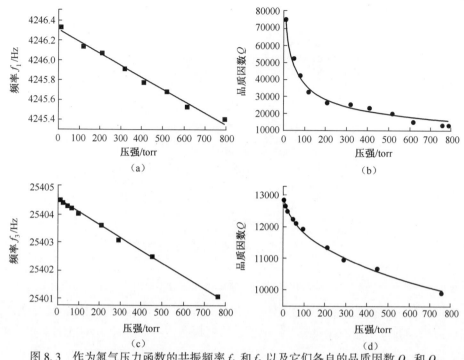

图 8.3 作为氮气压力函数的共振频率 f_1 和 f_3 以及它们各自的品质因数 Q_1 和 Q_3

8.4 基于 QCL 的太赫兹石英增强光声传感器

图 8.4 所示为基于 QCL 的太赫兹 QEPAS 传感器。THz QCL 激光器用作 QEPAS 信号的激励源。这是一个在 3.93THz(76.3μm)发射的单模束缚态到连续态 QCL,以 CW 模式驱动,安装在带有聚 4-甲基戊烯(TPX)窗口的连续流动低温恒温器的冷指上。使用 90°离轴抛物面镀金反射镜准直聚焦太赫兹波束。在 6K 时,通过向 QCL 电源调制从外部施加斜率达 1V 的低频(10mHz)电压,激光器的光频扫描可以超过 $0.025cm^{-1}$,激光输出功率高达 180μW。同时在低频电压斜率上添加频率为 f_1 或 f_3 的正弦抖动,以获得 $0.01cm^{-1}$ 的光频调制。石英音叉调谐产生的信号由一个特制的互阻放大器(R_f = 10MΩ)放大,随后信号由锁相放大器解调(品牌 Stanford Research,型号 SR830),并通过连接到计算机的 USB 数据采集卡(品牌 National Instruments,型号 DAQ-Card USB6008)进行数字化。通过一台焦热电相机(型号 Spiricon Pyrocam Ⅲ-C),我们测量了第二个抛物面反射镜后的约 430μm 的聚焦束腰(图 8.4),正好小于 QTF 的叉齿间隙(约 800μm)。因此,在太赫兹 QEPAS 实验中,几乎所有的激光光束都通过 C-QTF 传输且没有触碰到它。

我们选择甲醇作为目标气体分子。甲醇被广泛用作溶剂、洗涤剂或工业乙醇的

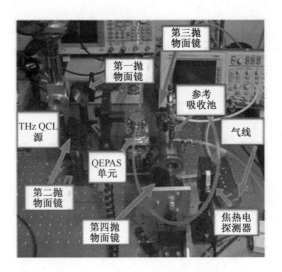

图 8.4　THz 量子级联激光器传感器

变性添加剂。所选甲醇的吸收线是 $(v=1, K=6, J=11)$ 到 $(1,5,10)$ 的旋转平移跃迁，在 $\nu_{line}=3.9289\text{THz}(131.054\text{cm}^{-1})$ 处衰减，以高频谱分辨率传输（HITRAN）为单位的谱线强度 $S=4.28\times10^{-21}\text{ cm/mol}$。通过稀释甲醇蒸气可获得纯氮气中的不同甲醇浓度的气体混合物，在带有加压氮气的水蒸气压（300K 下 $P=120\text{Torr}$）容器中采集。而对于低浓度测量，我们使用了经检定的 100×10^{-6} 甲醇/氮气的气体混合物。

为了找到 QEPAS 最佳信噪比的工作条件，我们研究了气体压力和调制振幅的影响。发现最佳的传感器工作条件为使用 C-QTF 的第一谐振频率 f_1（图 8.2），气压为 10Torr 及调制幅度为 600mV[17]。在这种工作条件下，通过测量甲醇通道对纯氮气中不同甲醇浓度变化的响应，评估了它的线性度和探测灵敏度。图 8.5 所示为检定的 100×10^{-6} 甲醇样品（最低测试浓度）在气压为 10Torr 氮气中光谱扫描曲线。

图 8.5 中为通过将锁相放大器时间常数为 3s 时收集的数据，滤波器斜率设定为 12dB/oct，对应的等效噪声相关带宽 $\Delta f_{lock-in}=0.05558\text{Hz}$。已经证实，通过这种综合参数观察到谱线没有因锁相探测器而失真。总的基础噪声还包括在整个锁相探测器带宽内积分的反馈电阻噪声和运算放大器噪声。但是，这些噪声源的功率密度通常很低，因此将探测带宽扩展超过音叉响应带宽不会大幅度增加噪声水平。使用式 (8.5) 提取的音叉热噪声约为 $0.12\mu V$（对应 f_1 处的 R 为 $6.5M\Omega$）。对于 100×10^{-6} 甲醇浓度，实验测得的噪声水平（短期点到点散射的均方根值）在 $\pm25\mu V$ 的范围内，比热噪声大几倍。这主要归因于 QCL 功率波动。因此，100×10^{-6} 甲醇浓度的 QEPAS 峰值信号约为 $170\mu V$，对应的噪声等效浓度（NEC）约为 15×10^{-6}。

图 8.6 所示为在锁相放大器积分时间为 500ms，不同甲醇浓度的甲醇/氮气校准混合物的高分辨率 QEPAS 扫描。

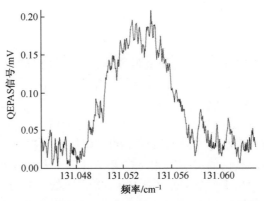

图 8.5　QEPAS 采集的甲醇/氮气样品,检定浓度为 $100×10^{-6}$,锁相积分时间为 3s

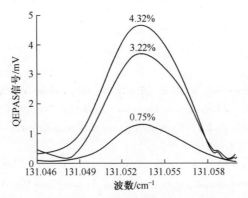

图 8.6　在气压为 10Torr 的 3 个代表性甲醇浓度(0.75%、3.22%和 4.32%)的光谱扫描图形,使用氮气作为稀释气体,由 f_1 电流调制获得,峰-峰值电压幅度为 600mV,锁相积分时间为 0.5s,背景信号已去除

我们发现了一个清晰的非零背景信号:证实它至少可以稳定 1h,这样就可以通过光谱后处理进行有效的背景去除,从而提高分辨率,但同时也增加了整体测量时间。

为了验证作为甲醇浓度函数的 THz QEPAS 信号线性度,传感器以锁相模式操作,即 THz QCL 频率设置在吸收线的中心。实验数据很容易线性拟合,证实了系统对浓度响应的线性度[1,17]。为了表征长期漂移并建立信号平均极限,我们对零甲醇浓度(纯氮气)的 QEPAS 信号进行了阿伦分析[1]。在这个分析中,激光频率锁定在 $131.054cm^{-1}$,在放置了 C-QTF 的容器中充入纯氮气。对于 4s 的平均时间(带宽 0.04169Hz),我们得到 $7×10^{-6}$ 的检测灵敏度,对应于归一化的噪声等效吸收系数(NNEA)为 $2.7×10^{-10}cm^{-1}W/\sqrt{Hz}$。

8.5 结论

本章概述了将 QEPAS 技术用于痕量气体探测所获得的成果。凭借出色的光谱技术特性,即窄线宽、可调谐性、可靠性以及室温操作性,中红外量子级联激光器成为 QEPAS 气体探测的理想辐射源。还介绍了第一个采用太赫兹量子级联激光器、工作在连续波和特制石英音叉环境下的太赫兹 QEPAS 传感器,得到的归一化噪声等效吸收系数可以与中红外波段获得的最好结果相提并论,并且与最高性能的低温辐射热测量仪获得的灵敏度相比也毫不逊色。太赫兹 QEPAS 探测极限可以通过采用更高发射功率(已验证大于 100 mW[27])的 THz QCL 进一步改善。如果选择分子的吸收强度在 10^{-19} cm/mol 以上,如 HF、H_2S、OH、NH_3 和 HCN 等,QEPAS 的探测能力可能会达到万亿级浓度范围。

参考文献

1. Borri S, Patimisco P, Sampaolo A, Beere HE, Ritchie DA, Vitiello MS, Scamarcio G, Spagnolo V (2013) THz quartz enhanced photo-acoustic sensor. Appl Phys Lett 103:021105
2. Cao Y, Jin W, Ho LH, Liu Z (2012) Evanescent-wave photoacoustic spectroscopy with optical micro/nano fibers. Opt Lett 37:214-216
3. Curl RF, Capasso F, Gmachl C, Kosterev AA, McManus B, Lewicki R, Pusharsky M, Wysocki G, Tittel FK (2010) Quantum cascade lasers in chemical physics. Chem Phys Lett 487:1-18
4. Dong L, Lewicki R, Liu K, Buerki PR, Weida MJ, Tittel FK (2012) Ultra-sensitive carbon monoxide detection by using ECQCL based quartz-enhanced photoacoustic spectroscopy. Appl Phys B 107:275-283
5. Dong L, Spagnolo V, Lewicki R, Tittel FK (2011) Ppb-level detection of nitric oxide using an external cavity quantum cascade laser based QEPAS sensor. Opt Express 19:24037-24045
6. Elia A, Lugarà PM, Di Franco C, Spagnolo V (2009) Photoacoustic techniques for trace gas sensing based on semiconductor laser sources. Sensors 9:9616-9628
7. Flygare WH (1968) Molecular relaxation. Acc Chem Res 1:121-127
8. Kosterev AA, Bakhirkin YA, Curl RF, Tittel FK (2002) Quartz-enhanced photoacoustic spectroscopy. Opt Lett 27:1902-1904
9. Kosterev AA, Tittel FK, Serebryakov DV, Malinovsky AL, Morozov IV (2005) Applications of quartz tuning forks in spectroscopic gas sensing. Rev Sci Instrum 76:043105
10. Kosterev AA, Bakhirkin YA, Tittel FK (2005) Ultrasensitive gas detection by quartz-enhanced photoacoustic spectroscopy in the fundamental molecular absorption bands region. Appl Phys B 80:133-138
11. Kosterev AA, Buerki PR, Dong L, Reed M, Day T, Tittel FK (2010) QEPAS detector for rapid spec-

tral measurements. Appl Phys B 100:173-180
12. Lewicki R,Wysocki G,Kosterev AA,Tittel FK(2007)QEPAS based detection of broadband absorbing molecules using a widely tunable,cw quantum cascade laser at 8.4 m. Opt Express 15:7357-7366
13. Liu K,Guo XY,Yi HM,Chen WD,Zhang WJ,Gao XM(2009)Off-beam quartz-enhanced photoacoustic spectroscopy. Opt Lett 34:1594-1596
14. Liu K,Yi H,Kosterev AA,Chen WD,Dong L,Wang L,Tan T,Zhang WJ,Tittel FK,Gao XM (2010)Trace gas detection based on off-beam quartz enhanced photoacoustic spectroscopy: optimization and performance evaluation. Rev Sci Instrum 81:103103
15. Patimisco P,Spagnolo V,Vitiello MS,Tredicucci A,Scamarcio G,Bledt CM,Harrington JA(2012) Coupling external mid – IR quantum cascade lasers with low loss metallic/dielectric waveguides. Appl Phys B 108:255-260
16. Patimisco P,Spagnolo V, Vitiello MS, Scamarcio G, Bledt CM, Harrington JA (2013) Low–loss hollow waveguide fibers for mid-infrared quantum cascade lased sensing applications. Sensors 13: 1329-1340
17. Patimisco P,Borri S,Sampaolo A,Beere HE,Ritchie DA,Vitiello MS,Scamarcio G,Spagnolo V (2013)Quartz enhanced photo-acoustic gas sensor based on custom tuning fork and terahertz quantum cascade laser. Analyst. First published online 04 Oct 2013. doi: 10.1039/c3an01219k
18. Phillips MC,Myers TL,Wojcik MD,Cannon BD(2007)External cavity quantum cascade laser for quartz tuning fork photoacoustic spectroscopy of broad absorption features. Opt Lett 32:1177-1179
19. Schilt S,Kosterev AA,Tittel FK(2009)Performance evaluation of a near infrared QEPAS based ethylene sensor. Appl Phys B 95:813-824
20. Sigrist W(2003)Trace gas monitoring by laser photoacoustic spectroscopy and related techniques (plenary). Rev Sci Instrum 71:486-490
21. Spagnolo V,Kosterev AA,Dong L,Lewicki R,Tittel FK(2010)NO trace gas sensor based on quartz-enhanced photoacoustic spectroscopy and external cavity quantum cascade laser. Appl Phys B 100: 125-130
22. Spagnolo V,Dong L,Kosterev AA,Thomazy D,Doty JH,Tittel FK(2011)Modulation cancellation method for measurements of small temperature differences in a gas. Opt Lett 36:460-462
23. Spagnolo V,Dong L,Kosterev AA,Thomazy D,Doty JH,Tittel FK(2011)Modulation cancellation method in laser spectroscopy. Appl Phys B 103:735-742
24. Spagnolo V,Dong L, Kosterev AA,Tittel FK (2012) Modulation cancellation method for isotope $^{18}O/^{16}O$ ratio measurements in water. Opt Express 20:3401-3407
25. Spagnolo V,Patimisco P,Borri S,Scamarcio G,Bernacki BE,Kriesel J(2013)Part-per-trillion level SF6 detection using a quartz enhanced photo acoustic spectroscopy-based sensor with single-mode fiber-coupled quantum cascade laser excitation. Opt Lett 37:4461-4463
26. Spagnolo V,Patimisco P,Borri S,Scamarcio G,Bernacki BE,Kriesel J(2013)Mid-infrared fiber-coupled QCL-QEPAS sensor. Appl Phys B 112:25-33. doi:10.1007/s00340-013-5388-3
27. Williams BS, Kumar S, Hu Q, Reno JL (2006) High – power terahertz quantum – cascade lasers. Electron Lett 42:89-90

第9章
太赫兹主动实时成像系统

Fabian Friederich, Wolff von Spiegel, Maris Bauer, Fanzhen Meng, Mark D. Thomson, Sebastian Boppel, Alvydas Lisauskas, Bernd Hils, Viktor Krozer, Andreas Keil, Torsten Loffler, Ralf Henneberger, Anna Katharina Huhn, Gunnar Spickermann, Peter Haring Bolívar, Hartmut G. Roskos

摘　要:本章概述了近几年具备潜在实时成像能力的5种主动太赫兹成像系统的现状:第一种是工作频率为812GHz的新型波导全电子成像系统。该系统采用八次谐波外差方式的32像元线阵列探测器。由探测器阵列与望远光学系统组成的装置可采集2~6m远的目标数据并实时成像。第二种系统同样采用了全电子扫描方式,工作频率达到300GHz,目标探测距离大于8m。系统采用垂直方向机械扫描、水平方向合成孔径的方式生成图像,深度方向采用频率调制连续波扫描的方式成像,综合成三维像。第三种和第四种系统使用面阵像元的电光成像方式。一种成像仪基于光子参量振荡器(OPO)产生太赫兹脉冲,使用CCD相机零平衡方式探测太赫兹波。另一种成像仪基于连续波电子太赫兹源或飞秒激光泵浦的太赫兹

F.Friederich · W. von Spiegel · M. Bauer · F. Meng · M.D. Thomson · S. Boppel · A. Lisauskas
B.Hils · V. Krozer · H.G. Roskos(✉)
Physikalische Institut, Johann Wolfgang Goethe-Universität, 60438 Frankfurt am Main, Germany
e-mail：roskos@physik.uni-frankfurt.de

A.Keil · T. Loffler
SynView GmbH, 61348 Bad Homburg, Germany

R.Henneberger
Radiometer Physics GmbH, 53340 Meckenheim, Germany

A.K.Huhn · G. Spickermann · P. Haring Bolívar
Institut für Höchstfrequenztechnik und Quantenelektronik, Universität Siegen,
57068 Siegen, Germany

源和光混频(PMD)相机。最后,总结了当前基于 CMOS 场效应晶体管的焦平面阵列成像现状。

9.1 引言

近几年,大于 300GHz 的太赫兹(THz)辐射成像研究取得了较大进展。太赫兹成像和传感技术有望在科学和其他众多领域取得广泛的应用,诸如安检、工业生产过程监控、无损材料测试、生物和医药分析等[1-11]。

在许多应用领域,高帧频成像是必不可少的。工业在线过程监控等多项任务需要接近于视频速率的快速成像。在医学或安检领域,人体扫描的帧频量级须达到至少每秒一帧。因此,主动实时成像的发展方向是使用多元探测太赫兹辐射。围绕阵列成像做了许多研究工作,在提高发射器功率和探测器灵敏度方面取得了重大进展,系统集成技术以及对发射器、发射源和光学系统间相互影响的优化研究也发挥了重要作用。

本章介绍太赫兹高帧频成像研究工作的突出案例,涵盖用于远程威胁探测的全电子扫描成像装置[12-13],以及太赫兹光电技术领域取得的重大进展,如光电导天线阵列成像和适用于并行读出的光电探测器阵列[14-15]。希望能够将远程成像与远距离目标的光谱分析相结合[1,16-18]。

本章总结了近年来几种实时太赫兹成像方法,包括全固态电子成像、采用微电子发射源和激光电光探测的光混频成像以及全光学成像。重点介绍主动照射式成像系统。本章不考虑采用低温致冷探测器(尤其是超导探测器类型)和发射源(如太赫兹量子级联激光器)的方法,因为这些致冷器件在室外环境应用有很多缺点。

9.2 太赫兹主动电子成像系统

9.2.1 太赫兹机械扫描成像系统

该章节着重介绍基于帧频速率操作高性能波导部件的全电子太赫兹成像系统。如图 9.1 所示,第一种太赫兹全电子成像系统采用单点发射源和单点探测器,工作频率为 620GHz,通过线性平移方式进行 x、y 方向二维扫描。由于机械扫描较慢,整个数据采集时间需要几分钟。将平移扫描切换为两轴旋转扫描,可使数据采集时间降低到 9s[19-21]。采用频率可调谐发射源和接收器[12]的连续波调频技术(FMCW),该系统还可提高距离向目标的分辨能力[22-23],在本章节最后将继续讨论这个问题。

图 9.1 为采用旋转扫描成像系统的 620GHz 手枪图像(无距离分辨率)[12]。枪筒看不清,这是因为其反射波不在光学系统接收孔径内,不能被探测器接收。由于对软件算法进行了一些优化,图像生成时间可减少到 1.25s,但受到旋转平台最大角速度(8°/s)的限制,通过采用快速旋转平台可进一步提高速度。但是当接近于视频速率时,这种方法会达到机械极限。除了较高的角速度,单像元信号的积分时间也是改善系统性能的限制因素之一。

使用多个探测器或多个发射源可减少机械扫描系统的速度限制影响及与信号平均有关的问题。因为波导组件昂贵,特别是在高频区(大于 0.3THz),成本成为许多元件的限制因素,而目前的技术并不能为每个像素选择二维探测器阵列。因此,对成像系统来说的一个较好选择是采用线扫描方式,二维成像可通过移动物体或主动扫描物体产生图像。

图 9.1 620GHz 手枪图像

(采用 0.5m 远的单像元扫描,测试时间为 9s。经过锁相放大器探测的中频功率水平由灰度图显示(单位为 dBm)。手柄到枪口的距离为 15cm。通常,在视场中可采集 50000 个数据点,经过二进制处理大约为 10000 个数据点,可作为三角形网格的节点,绘制带有普通像素间距的图像)

采用单发射源和 32 个探测器组成了辐射频率为 812GHz 的太赫兹成像系统,探测器排列成一条线,再由单个旋转镜获得太赫兹图像。图 9.2 所示为系统的 CAD 结构图,图(c)显示了整个系统,其显著特点是采用了望远光学系统和照射光束。系统包括两个电动机驱动单元(图(a)、(b))(电动机旋转帧频为 10Hz)、楔形板(照射聚束光学系统的一部分)和望远镜系统辅镜。所有的移动都保持同步。

第一个太赫兹发射源在距离主镜 4m 远的物平面上产生线性照射图案,照射线保持水平方向,其上每一个点沿着物平面上的环形轨道移动。在 4m 远处的圆

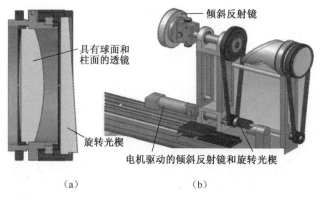

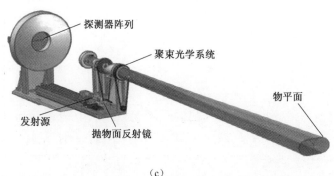

图9.2 （见彩图）812GHz实时反射成像线扫描
(a)聚束光学系统的横截面；(b)系统正面部分，可看到后端的电机驱动倾斜镜，以及前端带有电机驱动光楔的照射聚束光学系统，发射器位于系统底部，在中间部位显示（黄铜色物体）；(c)总视图，太赫兹光束聚焦为一行，通过移动来照射物平面的轨道形区域。

形半径为7.5cm，轨道形照射面积约为13cm×26cm。辅镜同步移动，保证了照射的物平面区域成像在线形32通道接收阵列上。该阵列位于望远镜系统最大主镜中心孔上。

望远镜准光学系统包括两个对称旋转的反射镜，可以在2～6m的可调距离上进行衍射限远距离成像。工作距离为4m时，光学数值孔径（NA）为0.06。非球面主镜直径为480mm，中心曲率半径为1373mm。旋转辅镜也是非球面的，直径为140mm，中心曲率半径为393mm。辅镜相对于旋转轴的倾斜角可调，以产生倾斜移动。在轴上安装配重以补偿扭矩，确保动态平衡。

考虑到可利用的太赫兹源辐射功率较低，我们没有将整个场景的物平面照射成像，而是采用上述的同步线照射。图9.2(a)为聚束光学系统。太赫兹光束经单透镜准直整形，该透镜一面为凸形球面；另一面为凹形柱面。扫描通过与成像望远系统中次镜同步旋转的光束控制楔形机构实现，二者由同一个电机驱动。楔形机构角度的选择与工作距离有关。采用两个不同的楔形机构实现了2m和4m的成像距离。透镜和旋转楔形机构可采用高密度聚乙烯(HDPE)通过 CNC 加工制作。

探测器阵列位于主镜中心孔上,由 4 个黄铜色模块构成。每个模块包含 8 个探测器通道。图 9.3 所示为其中一个模块图,图中可看到内部结构。该探测器为工作在八次谐波上的外差接收器。

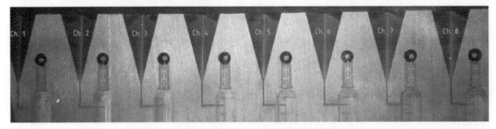

图 9.3　8 通道 812GHz 接收器模块原理图

(通道间隙为 4mm,太赫兹辐射从顶部照射到喇叭天线上,由 L 形状波导导入与本征振荡器信号混频进入底部。中频信号通过喇叭天线旁边的同轴波导提取。频率信号通过同轴波导进入喇叭天线)

图 9.4 所示为系统的电路布局。下面部分是功率生成链路。首先是介质谐振器(DRO)控制的合成器。输出信号分成两路,一路用于中频(IF)参考生成链,另一路用于辐射源。辐射源信号输入到倍增链,在 W 带中经过功率分配、放大和复合,然后进行二倍频和四倍频,最终获得 812GHz 的主动照射辐射。

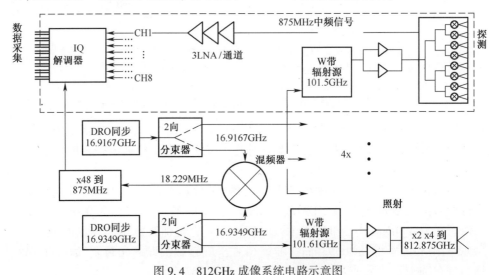

图 9.4　812GHz 成像系统电路示意图

在最佳空间分辨率和辐射功率生成极限之间,选择合适折中的辐射频率方案。在 812GHz/1mW 的功率量级似乎可行(尽管具有挑战性)。另外,衍射并没有严格限制,可实现 4m 距离处空间分辨率为 7.5mm,由此分辨率仍然可以获得安全相关物体的图像细节,但还必须考虑到能透过衣物和其他材料的问题[24]。

图 9.4 的上部分是探测器的电路布局示意图。探测器是具有分谐波混频器的

外差接收器。本征振荡器(LO)信号由 W 波段辐射源提供,与 4 个探测器模块的每一个探测器相连,并由共用的 DRO 合成器驱动。每个 W 波段辐射源的输出功率经过两级放大和三次分离,以便为每个探测器提供足够的 LO 功率(每像素约 12 dBm)。然后,101.5GHz 的 LO 信号与入射太赫兹辐射混频,产生中频信号为 LO 信号的八次分谐波减去太赫兹波频率。中频信号约为 875MHz,由两个 DRO 的差频乘以 48 的因子获得。DRO 没有自锁定功能,可产生轻微的中频漂移。每个通道的中频信号由 3 个低噪声放大器放大后进行同相/正交(I/Q)解调。由此产生的同相和正交分量的 64 个低频信号经过低通滤波输入到数据采集单元,在计算机上进行数字化并生成图像。

图 9.4 的中心部分显示了用于 I/Q 解调器的中频参考信号,可通过将两个合成器的差频乘以系数 48 获得。因此,可消除出现在参考信号上中频漂移产生的任何频率漂移影响。

在每个通道上,扫描仪光学元件每次旋转记录总共 154 个角度位置的数据。数据由软件进一步处理以补偿每个探测器(共 32 个)的偏差或增益差异。功率的计算可结合驱动电动机的角编码位置信息,由校正的 I/Q 分量获得,用于生成和屏幕显示实时或近实时的图像。

通过三角测量方法获得数据平均和插值。用软件在视场上建立三角形网格,将测量的 154×32 数据点合并为约 2000 个有效像素。考虑到衍射极限光斑尺寸,我们需要用约为 $2.6(2000\pi(0.75cm/2)^2/13\times26\ cm^2)$ 的系数对视场过采样。

图 9.5 所示为图 9.1 手枪的反射图像。目前,系统性能受到三个方面的限制:首先,辐射源的目标功率水平仍低于 1mW,限于 105μW 以下;其次,手动组装探测器模块导致探测器灵敏度变化高达 20dB,这只能通过软件数据处理进行部分补偿;最后,中频远远低于手机频率,极大地降低了对通道之间的串扰和外部信号的拾取。对系统校正之后可进行野外测试。

图 9.5 利用功率为 40W 的辐射源,实时行扫描仪采集的图像是距主镜前方 4m 的图 9.1 手枪的反射图像。由于只能用一小组连接探测器获得全部性能,通过几次测量,合成获得不同水平位置上的目标图像。

总之,利用这种便携式全电子系统,首次成功验证了工作频率为812GHz的实时远程成像。在4m远距离上的最大帧速率为12帧/s,空间分辨力为7.5mm。探测器具有足够均匀性,可识别安全相关物体如手枪(图9.5)。此处采用的系统在原理上与Cooper等的620GHz单像素成像雷达系统非常相似[12]。利用第二代装置,作者还演示了探测隐藏在衣服下的土制炸弹等物体的主要性能,在25m远距离上的照射功率为0.5mW。毫无疑问,系统经过优化之后可以完成类似的实时探测操作(Cooper等采用单像素操作系统数据采集时间为5s)[12]。

回到前面所述的调频连续波(FMCW)成像方法。太赫兹波的频率调制可实现飞行时间测距。如上所述,当以高重频进行频率扫描时,FMCW测距可与扫描成像相结合实现三维成像。三维成像显著改善了目标识别能力[12],这是太赫兹成像方式面临的主要挑战。

FMCW方法的距离特性远远优于单频相位测量,但距离向分辨率低。如果用c表示光速,$\Delta\nu$表示线性调频带宽,那么深度极限分辨率可由式$c/(2\Delta\nu)$获得。相对于高分辨率、半波长距离特性的相位测量,FMCW测距分辨率和距离独特性更符合应用要求,因而更适合远程成像应用。

由图9.6可以看到,FMCW成像有利于识别物体。图中采用SynView300收发器(工作在300GHz左右)进行光栅扫描,啁啾波长为90GHz(230~320GHz),FMCW扫描时间为240μs。在图9.6(a)中,由能量反射数据可清楚地看到手,但仅仅是因为其轮廓被放置手的金属板反射出信号。在自由空间中,手只能提供镜面反射部分的强烈信号。通常物体识别很困难,而此处用飞行时间数据可清楚地识别到手(图9.6(d))。

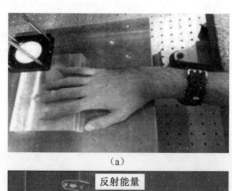

(a)

(b)

(c)

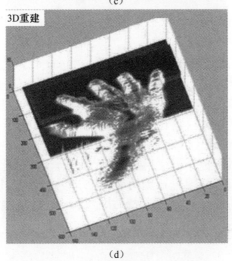

(d)

图 9.6　300GHz 的手光栅扫描图像

((a)显示可见光波段的实验情形:手放在金属板上,手下面是白色的特氟龙透镜太赫兹成像系统(照射和探测光路相同);(b)是反射强度图像;(c)显示高度轮廓的飞行时间数据;(d)是根据太赫兹数据重建的 3D 图像,由于只能识别反射强度图像中的某些特征(忽略金属板背景反射),3D 图像提供物体更清晰的特征图像。)

9.2.2　合成孔径成像

本节介绍合成孔径成像方法。一定数量的发射源(发射机(Tx))和接收机(Rx)排列成一列或二维结构。发射机照射场景,接收机接收散射能量。来自每个 Rx/Tx 组件的相干信号经采集并数字转换成图像数据,形成物平面上的对应线[25]。多元阵列主要用于毫米波频段[26-29],而高频合成孔径系统采用单像素和合成孔径重建实现扫描。

与传统方式相比,合成孔径成像的优点是几乎不需要机械扫描装置。虽然这样大幅度地提高了数据采集速率,但需要更多的电子部件,图像重构也需要庞大的数字处理。合成空间成像的另一个优点是不需要传统成像系统的焦平面阵列,可以相同的分辨率对较远距离上的物体成像。

二维成像结构中采用合成孔径技术具有最小的冗余度[30],但仅适用于被动式系统。主动式成像系统结构一般采用线性结构,冗余度低[31]。

我们设计的太赫兹相机工作距离大于8m,目标面积为0.7m×2m,可近实时成像。准光学系统仅用于一维垂直方向,聚焦为扫描线,由柱面镜组成,另一维成像采用合成孔径方式。

角度分辨率α由线性天线阵列$N_{Tx}N_{Rx}\Delta_{Rx}$的总尺寸决定,Δ_{Rx}表示Rx天线单元间距:

$$\alpha = \frac{\lambda}{N_{Tx}N_{Rx}\Delta_{Rx}} \quad (9.1)$$

当波长$\lambda = 1mm$时,对于8Tx和16Rx,$\Delta_{Rx} = 5mm$时,$\alpha = 0.0015625$。在距离为10m远时,空间分辨率$\Delta_S = 15.6mm$,角度模糊分离$\theta = N_{Tx}N_{Rx}\alpha = 0.2$。其中假设,根据模型算法计算的发射和接收单元中没有冗余[31]。然而,实际部件的尺寸有限定,不能定位在确切的位置上,因而使得空间分辨力降低到$\Delta_S \approx 20mm$。

为了获得良好的信噪比性能,发射信号必须具有较大的时间带宽乘积(需要长脉冲信号)和优良的距离分辨率(需要较大带宽)。为简化基带系统,时间范围τ_f应比脉冲宽度τ_p短。必须记录聚焦时间窗口的最小脉冲宽度,即$\tau_r = \tau_p + \tau_f$。对于距离扩展Δ_r的场景,需要的IF带宽B_{IF}(及ADC带宽)是调制带宽B_p的分数

$$B_{IF} \geq N_{Tx} \quad \Delta f_{Tx} \geq N_{Tx}\frac{\tau_f}{\tau_p}B_p \quad (9.2)$$

距离分辨率(模糊距离)由各个通道间的发射机频率间隔Δf_{Tx}决定,即

$$r_{amb} = \frac{c\Delta f_{Tx}\tau_p}{2B_p} \quad (9.3)$$

图像采集和处理刷新速率$\tau_r < 5ms$,工作频率为220~320GHz,可调带宽为$B_p = 100GHz$。当脉冲宽度$\tau_p = 1ms$,Tx发射频率间隔$\Delta f_{Tx} = 1MHz$,则得到模糊距离$r_{amb} = 1.5m$。对输出图像的每一个脉冲和每一个像元,必须计算和累加插值采样。相对于二维直接后向投影[33-34],包括近场情形的快速后向投影算法[32-34]可将速度提高100倍。这些算法不但能够提供时域算法的灵活性和鲁棒性,而且具有与快速变换算法等值的计算性能。

成像系统如图9.7所示,系统包括发射和接收单元线性阵列,用于水平方向的合成孔径成像,垂直方向采用传统机械扫描光学系统,以便为具有实时性能的系统实现有限的数字化图像重建。当前的系统包括16个接收单元和8个发射单元。接收器两个器件的间距为8mm,发射器两个器件的间距为128mm。8个接收器可连续切换,每个接收器提供的输出功率约为1mW。光束发散角由每个发射器单元的喇叭天线决定。

图9.8所示为系统的工作原理。分布式网络配备了16个发射单元,但是试验只用了8个。FMCW方法可提供距离分辨率,发射器-探测器线性阵列产生用于合成孔径图像重建的数据。数据采集系统可处理大容量数据流,采用了

图9.7 (见彩图)扫描合成孔径成像系统的CAD示意图

(发射源和探测器线阵在系统顶部左侧(黄铜色部件)。扫描尺寸为1m×2m×1.5m。两个大反射镜尺寸为1m×0.7m,镜子设计的旋转频率为0.5Hz。发射源辐射照射到下面的窄圆柱反射体,将辐射光束导入装置顶部右侧的大反射镜。反射镜辐射照射旋转三角形偏转器,将光束照射到照射装置右侧的目标场景。目标反射辐射可沿着同样光路反射到探测器阵列上)

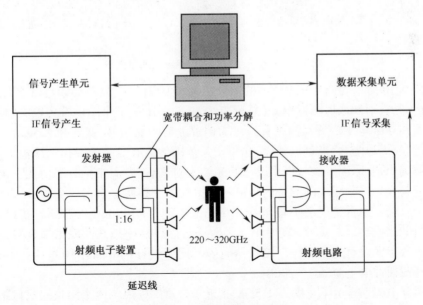

图9.8 电子成像系统框图

SPECTRUM ADC 和 DAC 转换卡和 Cyclone Microsystems 高速中枢。连接发射器和接收器的延迟线采用 50 半刚性同轴电缆。

实时重建采用基于 NVIDIA GTX260 图形处理单元(GPU)的并行后向投影算法,面积为 1m×1m 大小的 128×128 像素聚焦时间小于 2ms。

由于当前设计中的 I/Q 调制器存在误差,所有的发射和接收模块不能同时工作。该问题将在系统的二次设计时加以解决。利用固定位置的旋转三角反射镜,系统测试时的靶标分辨率接近成像系统空间分辨率极限。

图 9.9 所示为距离扫描器 8m 远的一些待测物体,平均测量 200 次,测试时间约 200ms。待测物体分别为 7.5cm×7.5cm 铝块(图 9.9(a))、正面有 2.5cm 宽明亮区域的金属块和半径 2.5cm 的铝制圆柱(图 9.9(b))。

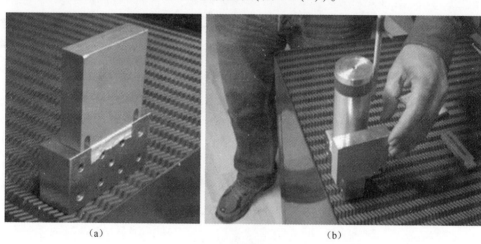

(a)　　　　　　　　　　　　(b)

图 9.9　验证合成孔径成像系统的测量靶标

图 9.10 所示为图 9.9 中物体的测量结果。距离(7m 左右)读数是以支架为基准,而不是发射源或探测器单元(总距离约 10m)。由第一个图可看到较大铝块的特征。在 0dB 电平的特写图可看到 7.01m 处有明显信号,宽度为 7.5cm。这与物体的实际尺寸吻合良好。然而,在负交叉范围值上有显著的溢出。该溢出源还未被明确识别,原因可能与极小尺寸的光波未对准有关,而重构算法对此很灵敏,也可能与 8 个接收模块阵列中的其中一个接收器的热膨胀有关。此外,还看到了图中的旁瓣。用寄生反射不能解释测量结果中所有低于 3dB 的旁瓣。我们用不同数目的接收器以及接收-发射单元间距进行点目标模拟。模拟结果表明,有一部分接收单元没有完全工作。接收器间隔不同于设计的 8mm。预测具有标称间距的旁瓣图像电平应低于-20dB。

图 9.10(b)显示了宽度为 2.5cm、接近于分辨率极限的两个铝块的成像结果。目标应看作点状散射体。由图中可清楚分辨物体间距,物体特征的确与点目标接

144

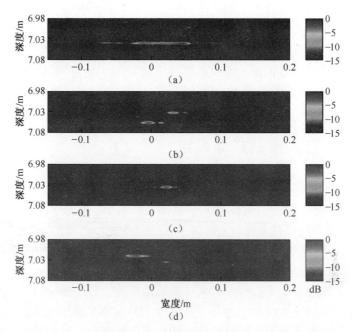

图 9.10 （见彩图）图 9.9 中待测物体的合成孔径重建图像

(a)7.5cm 宽的金属块；(b)间距为 7.5cm 的两个 2.5cm 宽金属块；
(c)半径为 2.5cm 的金属圆柱；(d)2.5cm 宽的金属块与金属圆柱，其中水平和垂直刻度的数字单位为 m。

近。图 9.10(c)给出圆柱体的重建图像。圆柱体的位置和尺寸重建良好，分别是 7m 和 2.5cm，圆柱体看着像点目标，重建图像与实际情形一致。

如图 9.9 所示，最后将圆柱体与窄方块直接接触。图 9.10(d)给出的对应数据显示圆柱体具有最强信号，圆柱体右侧为对应的铝块信号。

本节对 300GHz 频域的合成孔径成像系统进行了原理演示，目前该系统仍不能进行实时成像，但在未来有望实现，后期将进一步研究系统的改进工作。

9.2.3 太赫兹主动电子成像系统的发展潜力及总结

随着半导体技术进步及系统体系结构和图像重构算法的改善，全固态电子实时成像取得迅速发展，但仍需要解决一些主要障碍。单辐射源的有效输出功率受限于微波频率，进而限制整体系统的动态范围。低噪声放大器已取得巨大进展，输出功率性能逐步得到提高。与微波区域千瓦量级的辐射源相比，重大进展是获得了可接受成本的毫瓦量级功率太赫兹源。与动态范围大于 100dB 的低频微波段相比，当前多元成像雷达系统的动态范围限制在 40~70dB。多元静态并行成像雷达对于实时操作非常重要，但仍需对其结构体系做大量研究，特别是考虑系统校准时。

图像重构算法性能取得了引人注目的进步,这得益于引入新型低频合成孔径雷达(SAR)系统以及汽车工业中 77GHz 系统的性能提高。提出了几种实时算法,并在 GPU 软件工作站上进行了实施。存在的技术瓶颈是数据采集硬件必须维持每秒十亿字节的高速数据流。希望采用合适的数据压缩算法以减小数据流,改进算法性能,并在更简易的结构上实现。

9.3 光电太赫兹成像系统

本节介绍采用多元电光(EO)采样的太赫兹成像系统。通过电光混频将太赫兹成像信息转换到可见光/近红外光谱范围,并利用商用光学相机(CCD/CMOS)进行测量,以便用先进技术设计复杂的多元探测系统。然而,由此带来的缺点是光电转换效率有限,系统动态范围减少。电光采样系统不仅可测量太赫兹电场幅度和相位(类似于外差电子探测),而且可扩展到 1THz 以上波段。

本节重点介绍零平衡和外差式太赫兹成像系统。零平衡探测方法的优点是采用纳米脉冲准连续波太赫兹光参量振荡器(OPO)和零平衡光电读出 CCD 相机,外差式探测方法是基于石英稳定器连续波微电子太赫兹发射器和光电解调探测器相机的混频系统。

以下章节将依次介绍每一种系统,包括太赫兹光束成像测量系统、当前性能比较以及系统下一步的改进方向。

9.3.1 零平衡探测原理

零平衡探测方法源自张希成教授的研究小组提出的多元太赫兹电光采样成像,与飞秒放大激光系统产生的太赫兹脉冲探测有关[35]。最近,利用重频 1kHz 的激光器和当前最先进的 CMOS 相机进行了实时成像[36]。然而,在实际应用中,飞秒激光放大器价格昂贵,很难用于实验室之外的环境。多元太赫兹电光采样成像也采用光电连续波源成像[37],尽管太赫兹功率太低而不能有效成像,测量聚焦的太赫兹光束空间形状平均需要 40min。

因此,在飞秒脉冲成像和连续波成像系统之间选择的一个折中方案是使用由 10kHz 调 Q 的 $1.06\mu m$ Nd:YVO$_4$ 激光器泵浦的太赫兹光参量振荡器(OPO)成像。太赫兹 OPO 源发射准连续波太赫兹辐射,脉冲宽度约 10ns,重频为 10Hz~10kHz[38-39]。例如,在 15Hz 的低重复频率下,可产生大于 1W 的高峰值功率[39],转换为峰值大于 150V/cm 的电场(假设会聚光束半径为 1mm)。而使用 10kHz 的高重复频率如太赫兹 OPO 时,仍可以获得 10mW 量级的峰值功率,对应峰值电场为 10V/cm(仍假设光束半径为 1mm)。

此类太赫兹 OPO 源达到的太赫兹场强幅度远远高于典型连续波发射源,如倍频链电子太赫兹源。利用 0.65THz 的发射源,发射功率可接近 1mW,转换的电场强度为 5V/cm。为进一步提高辐射量值,采用高重复频率飞秒钛蓝宝石激光器,可产生平均功率为 40μW 的太赫兹脉冲辐射[40,41],对应的峰值功率约 400mW,聚焦时可提供的电场强度为 100V/cm。该电场强度值仍很低,如果使用钛蓝宝石激光放大器,可获得 10 倍于半导体太赫兹发射源的功率,其电场强度约为 100kV/cm[42],而采用激光激发等离子体,获得的太赫兹波聚焦电场强度会更高[43-44]。

如果利用太赫兹 OPO 源的峰值电场和电光采样系统的已知参数,以及相机在物体上可达到的最大衍射极限像面积上进行估算,100 像元并行探测对于反射式实时成像是可行的①[45]。而如果仅考虑有限的平行性,在本质上不会产生详细的图像,可设想并行成像模式是通过行扫描仪对物体进行额外扫描。

利用太赫兹参量发生器和硅 CCD 相机进行了多元太赫兹探测实验,如图 9.11 所示[46]。在 OPO 腔的周期性极化 LiNbO$_3$ 晶体中直接产生重频为 10kHz 的准连续波太赫兹辐射脉冲以及信号波[47]。合适的信号波长可增强转换效率,泵浦光波和信号光波的差频等于太赫兹辐射频率。OPO 产生太赫兹辐射的重要优势是当两个近红外光束重叠后被光电晶体探测,由 OPO 共线发射。通过改变光纤的光束模式,可获得光电探测太赫兹辐射的双色光束。太赫兹辐射通过一组硅棱镜耦合后从 LiNbO$_3$ 晶体输出,并借助于铟锡氧化物双色光组合探测器与读出光束重叠[48]。1.5THz 的太赫兹辐射频率通过晶体极化得以固定。对于这种光波长和太赫兹频率,选择 1mm 厚 CdTe(110) 作为适合的电光探测的晶体[49]。经过硅棱镜耦合之后的太赫兹辐射峰值功率是 13mW[46],聚焦光斑直径为 1mm,相应电场强度为 18V/cm。

我们首次完成了利用交叉偏振几何结构和锗光电探测器进行光电探测单像元光栅扫描成像。测量了光束中没有采样的太赫兹光束形状。近红外双色读出光束紧凑聚焦在整个光电晶体上,并对其进行光栅扫描。

测量获得的动态范围为 28.3dB/Hz,聚焦光斑上的峰值 NEP = 1.87nW/Hz。这些值在 Meng 等的文献中[46]进行了修订,有效探测带宽 $B_{eff}=1/6\tau$(滤光片斜度为 12dB/oct,,其中锁相时间常数 τ = 50ms。目前对于相干探测使用正确的单位,即 dB/Hz(代替 dB/Hz$^{1/2}$)。利用等式 DR = $20\lg(\sqrt{B_{eff}}S/\sigma)$,通过最大光电锁相

---

① 为达到此结果,我们研究了平均输入功率$<P>$=4μW 的系统,其对应的峰值功率 P_0 = 40W。假设散射物体的功率探测效率为 10^{-4},得到电光探测器上的太赫兹峰值功率为 P = 4μW,转换的电光探测电场幅值 E = 6V/m(假设有效像素为 100,每个像素在 1THz 面积为 (3λ)^2)。基于交叉偏振光电探测的典型灵敏度[35](调制深度系数 k_{EO} = 2.5×10^{-6}(V/m)$^{-1}$),可达到的调制深度为 1.5×10^{-5}。当积分时间为 50ms,将 CCD 的 10^6 像素数字拼接,形成 100 像素的太赫兹图像输出信号时,该值等于 CCD/CMOS 相机系统(如这里采用的 CCD)的相对散粒噪声。

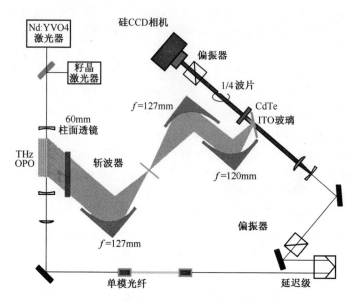

图 9.11 基于纳秒准连续波太赫兹 OPO,采用多元
交叉偏振电光探测的太赫兹成像系统示意图

信号(S)与 rms 噪声电平之比计算动态范围(无太赫兹光束 σ),NEP 可由式NEP = $B_{eff}(\sigma/S)^2 P$ 获得(其中平均太赫兹功率 $P=1.3\mu W$)。这些单像元测量使用以锗探测器为参考的差分探测,因此,噪声源极限仍然是由于残留激光波动(非散粒噪声限)引起(由于在光电探测系统中光学元件产生的共模波动损耗较小)。

在给定的试验条件下,光电探测器的艾里斑衍射限直径为 0.7mm。当太赫兹光束直径为 2mm 时,覆盖的有效光学像素数是 10 个。因此,要达到像元数量为 100(3 倍大的光斑直径),动态范围需减小到 18.3dB/Hz。

下面讨论相机并行成像。用硅 CCD 相机(Dalsa 1M60CL)代替锗探测器。该相机具有 1024×1024 像素,较大的满井容量(FWC 为 1.5×10^5 个电子)和 12bit 低噪声读出。光束经过扩展可覆盖的面积为 $1cm^2$。相机帧频为 50 帧/s(具有 150MB/s 的快速 CPU 处理速度)。太赫兹光束在 25Hz 进行机械斩波,通过扣除明暗帧可提取差分太赫兹场图像。

图 9.12 所示为在时间延迟最佳位置(在太赫兹波和光波调幅之间具有固定的相对相位)上测量的太赫兹光束场幅值形状,积分时间为 120s(3000 明暗帧),应用 16×16 数字拼接生成 64×64 像素图像。峰值信号的相对调制深度为 3.5×10^{-4},接近于电光晶体功率测量的场强度,并考虑到太赫兹损耗、交叉偏振几何条件以及双色激光脉冲的不完全时间重叠[46]。基于本底噪声(无太赫兹光束的参考测量),相对于噪声峰值信号的动态范围为 17dB。考虑到有效测量时间为 120s,积分时间校正值为−3dB/Hz。然而,最新具有较高太赫兹电场的测量结果表明,相对调

制深度为 1.2×10⁻³,动态范围为+9dB/Hz[45]。

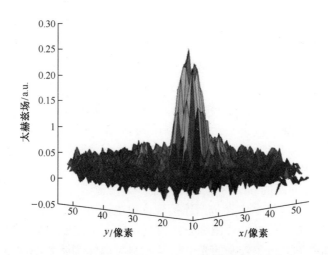

图 9.12 (见彩图)CCD 记录的太赫兹 OPO 源的太赫兹光束聚焦光电场图像。
(x 轴和 y 轴代表数字拼接的相机像素,产生的焦点有效像元面积为 192m×192m)

尽管如此,系统性能远远低于单像素测量。这归因于激光(本节情形中根本没有经过参考探测器的归一化处理)及异步帧采样/斩波的信号波动,导致在 1s 的积分时间内相对噪声大于 10⁻⁴。

改善当前系统性能有两种方法:一种方法是添加参考探测器,对获得的每一帧图像进行归一化处理(由于信号光束实际上在损耗 OPO 中的泵浦光,在此过程中必须正确和谨慎地探测双色光束的两个非相关波长分量);另一种方法是将相机与脉冲群的分谐波同步触发。

如果能够充分抑制这些噪声源,可显著降低散粒噪声(超过读出噪声)对探测器性能的限制。假设当前像素为满井容量(FWC),并假设图像拼接为 64×64 像素,对于积分时间为 1s 的差分太赫兹图像(小于调制深度一个量级以上),相对噪声电平为 4.6×10⁻⁵,获得的动态范围约为 28dB/Hz。

进一步提高纳米量级太赫兹 OPO 系统性能在原则上是可行的。首先,通过增大太赫兹功率或者使用具有大非线性系数或相干长度的晶体来改善光电混频器,使光电调制深度得以提高。此外,由于太赫兹辐射为准连续波,可采用窄带、准相位匹配方案(相比于宽带太赫兹脉冲系统)。其次,利用新型具有较大光电吞吐量的 CCD/CMOS 技术(FWC 像素数帧频),可进一步降低散粒噪声水平。如果不能提高吞吐量,就不可能利用 1μm 波长铟镓砷相机的高量子探测效率(在低入射光功率下,像元处于饱和状态)。

9.3.2 外差探测原理

新型的外差光电成像原理基于混频结构。石英稳频连续波太赫兹源的入射辐射与飞秒激光器[8,51,52]或同步连续波二极管激光器对[53]进行光电混频[50],光电调制通过光子混频器件(PMD)相机(PMDtec PMD[vision] 3k-S[54])采集[55,56]。这些 PMD 相机最初用于近红外辐射的飞行时间三维成像[57,58],以便对调制光信号进行相位灵敏度探测。由于光脉冲/强度调制时的重复速率与连续波太赫兹频率不相称,光电信号在中间频率(这里取 10MHz)上调制,调制相位依赖于太赫兹波相位。此后,用 PMD 相机对光电信号解调,以恢复太赫兹波的幅值和相位,相机采用具有 0.1mm 间距的 64×48 像素传感器。

如图 9.13 所示,每个像素包括连接到读出电路、位于两个读出二极管之间的两个透明光门。光门的推挽式调制方式控制传输到读出二极管上的电荷载流子,就像电荷摆动一样。由于较小的光电信号调制与像元调制频率同步,两个输出通道之间的电荷差与光电信号(此处为太赫兹场幅度)成正比,并根据两个调制之间的相位漂移正弦变化(其中产生的恒定背景光与抵消的输出信号分量相等)。因此,探测信号的相位信息可通过多次的像素调制等距离相位漂移测量获得。为提高未调制背景光的动态范围,在每个像素中集成一个背景照射抑制(SBI)电路,这个电路消耗的积分电容与非相干背景产生的电荷载流子相同[57]。

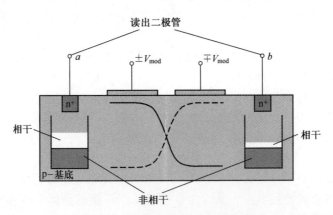

图 9.13 单 PMD 像素的原理示意图

图 9.14 所示为混频装置中利用 PMD 相机的原理。在太赫兹聚焦光斑的光电成像中采用了飞秒激光系统。参考光和成像光由输出功率为 1.1mW 的石英稳定微电子 0.65THz 发射源提供。每个系统都包括光电探测单元,并利用高重频钛蓝宝石飞秒激光器产生的脉冲作为探测光。利用双色锡铟氧化物分束器[48]将太赫兹波和光波组合在一起,然后共线传播到电光晶体(ZnTe 的<110>方向)。

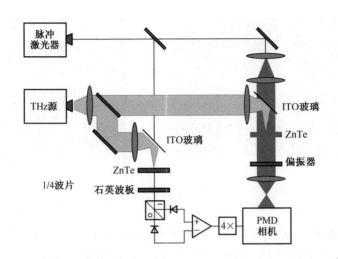

图 9.14 外差混频光电太赫兹成像系统原理图,包含电子太赫兹源、飞秒光脉冲序列(用于探测)和 PMD 相机(用于解调电光信号)

太赫兹电场与光脉冲序列光电混频,并将其作为该外差装置中的本征振荡器信号,产生光学调制的最低频率分量位于 10MHz 的中频上(由于 0.65THz 波与光脉冲序列重频的第 8100 个谐波混频),中频信号可通过调整激光腔体长度(此处为激光重频)进行调谐。由于飞秒激光器固有的稳定性,则不需要主动同步。

参考光基于带有聚焦光束的单像素零平衡电光采样方案[59],提供中频上的强信号,成为 PMD 相机的外部像素调制输入。考虑到 PMD 硬件设计,必须产生输入的四次参考谐波信号(用于内部产生中频上的 4 个 90°漂移参考信号),从而获得光电信号的幅度和相位。

成像读出电路单元包括位于交叉偏振装置中的大面积 1mm 厚 ZnTe 晶体[60],具有平均强度为 $200mW/cm^2$ 的扩展光束 。为了进行上述测量,将入射的太赫兹辐射聚焦到光电晶体上,聚焦光束直径为 1.4mm,场幅度约为 1.5V/cm。光电晶体在 PMD 相机传感器的成像换算系数为 2。

图 9.15 所示为太赫兹聚焦光斑图像,有效记录时间小于 2.5s,动态范围为 23dB/Hz。测量接近于 PMD 相机饱和极限,以达到最佳的信噪比。然而,测量时存在轻微的像素不均匀性,各像素之间大量的背景信号阻碍了弱光电信号探测。在太赫兹图像记录之后,需要对暗图像帧(如受到太赫兹光束遮挡)进行额外测量,以便减去空间背景噪声。因此,太赫兹图像的 2.5s 有效积分时间包括 2500 幅亮图像和 2500 幅暗图像,每一幅积分时间为 0.5ms。由于像元电容有限,更长的积分时间是不可能的。由于相机嵌入式计算机完成数据预处理和 IEEE-1394-火线通信的速度有限,使总的图像数据采集时间延长到几分钟。

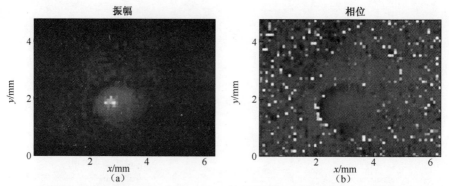

图 9.15 采用外差混频系统的聚焦光束太赫兹场振幅和相位的光电图像。成像换算系数为 2，图像大小为 6.4mm×4.8mm，定义良好的相位光斑半径为 0.8mm，对应的晶体半径为 1.6mm

尽管系统存在这些缺陷，但是当前商用 PMD 相机对于近红外光辐射直接调制的飞行时间测量至关重要，因而没有对小的光电调制深度进行优化。未来 PMD 相机探测器阵列的发展具有更大像元容量和更均匀读出通道，从而会大大提升外差光电太赫兹成像系统的性能。

为利用太赫兹脉冲高电场强度，我们实现了借助于 PMD 相机解调光电信号的太赫兹脉冲成像系统[55]。图 9.16 所示为太赫兹照明/光探测系统方案，光脉冲目前可用于太赫兹辐射的产生和光电信号读出。

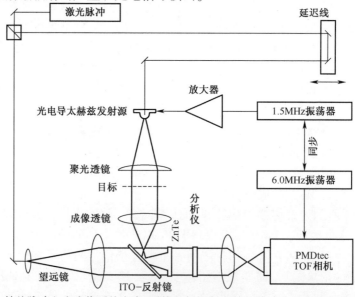

图 9.16 太赫兹脉冲电光成像系统方案，系统包括调制太赫兹脉冲光电导发射源和用于解调光电信号的 PMD 相机。采用了图 9.14 的近红外转换器，并对其进行了更详细的描述。在该系统中，激光光束分为两路，一路用于泵浦照射光电导发射天线，另一路用于电光采样。太赫兹脉冲和激光脉冲的相对定时可通过时间延迟线调节。该系统可以较高的时间分辨率成像，监控太赫兹脉冲的变化，提取太赫兹光谱信息（图中未示出）

飞秒激光脉冲由高重频钛蓝宝石激光器(美国相干公司 Mira900)产生,照射光电导天线产生太赫兹脉冲。利用光电导天线的偏压调制太赫兹脉冲序列的振幅,太赫兹辐射的平均功率约为 2W。利用太赫兹光束完成传输测量。太赫兹信号在电光晶体中读出,其成像信息和太赫兹调制光束传输到光学读出光束中。由于发射源的调制信号与参考信号一起同步输入到 PMD 相机中,因而不需要使用参考探测器,这样便可以将全部的太赫兹功率用于成像通道。

与上面利用外差混频系统相比,太赫兹光束经过准直而不是聚焦,因此可对小目标成像。

图 9.17 所示为太赫兹成像例子。

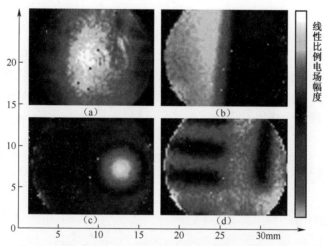

图 9.17 用包含 PMD 相机的太赫兹脉冲成像系统得到的太赫兹图像
(a)光束轮廓,其振幅分布可用于太赫兹图像的归一化,以增强视场边界区域的弱照明区域;
(b)薄钢片边缘;(c)4mm 孔径;(d)USAF 分辨率测试靶-2.2 像素区域;图(b)~(d)对
光束轮廓进行归一化处理,增强了弱照明区域。

所有图像的横向分辨率为 2~3mm,成像数据的有效积分时间分别为 8s、2.5s、0.6s、2.0s。由于钛蓝宝石激光器飞秒脉冲的峰值场强相当高,成像装置可达到的动态范围为 44dB/Hz。这些结果表明,PMD 光电成像系统的性能随着太赫兹电场(电光调制深度)的增大快速提高,这对于以飞秒光电为基础的各种太赫兹成像应用是一个有吸引力的选择。

9.3.3 光电太赫兹成像的潜力及总结

在比较了两个准连续波太赫兹电光成像系统(9.3.1 节和 9.3.2 节)后,可看到当前外差系统(动态范围 23dB/Hz)的性能明显高于零平衡外差系统(动态范围 9dB/Hz)。事实上,带有 PMD 相机的连续波外差混频系统在 10MHz 探测频率(高于许多激光系统的噪声带宽)下具有非常优良的噪声抑制性能。

我们注意到,相比于采用单点 PIN 二级管和锁相放大器(具有相同的探测频率)的单像素探测系统,即使用聚焦的太赫兹光束进行成像测量,这两个系统的多像素性能明显降低。如上所述,对于每个系统来说,目前性能改善的主要方向是采用光学相机(CCD、PMD)探测,以期获得在散粒噪声限情形下的较高动态范围。对于较小像素数的应用,一种新颖的方案是使用 PIN 光电二极管阵列(约 50 个探测器组成的线阵)[14]。对于外差系统,就需要大规模多通道锁相放大器电路,而它们已经完美且低成本地集成到 PMD 相机设计中。

基于现有研究结果,当使用飞秒激光泵浦太赫兹发射源时,由于太赫兹脉冲具有高峰值特性,基于 PMD 相机的电光成像系统的动态范围得到显著提高。此外,通过扫描探测脉冲时间延迟线,测量每个像元的太赫兹时域波形,利用这种全光电系统可获得宽带光谱信息。然而,对那些不需要光谱信息的成像应用来说,采用这种飞秒激光方法付出的代价就是必须扫描时间延迟线来获得每个像元的峰值场信号。因此,对于许多远距离物体成像且深度变化范围为毫米至厘米量级的应用,这种方式可显著降低采样率。

9.4 太赫兹焦平面阵列

利用太赫兹电子探测技术,我们研究出适合室温下工作的单块集成接收器阵列。

通常,期望基于肖特基二极管研制的高灵敏度探测器阵列不仅用于功率探测,而且适合于外差探测。然而,直到现在,这些阵列结构仍然产量不足,性能非常不稳定,不能满足目前成像需求[61]。

2005—2006 年,在面向低成本、高性能阵列的两个非相关研究方向取得了进展。第一个研究方向与红外辐射探测器技术有关。美国麻省理工大学的 Q. Hu 团队采用了微测辐射热计探测红外辐射。该探测器非常适用于太赫兹 QCL 或太赫兹气体激光器发出的几个太赫兹频率的太赫兹辐射成像[62-63]。这些发现启动了多家研究中心(如法国 LETI 公司)针对于微测辐射热计优化的研究工作[64],各种类型的红外传感器如焦热电探测器也在蓬勃发展[65]。

第二个研究方向,就是在下面将要介绍的硅 CMOS FET。W. Knap 和 Montpellier 研究小组将非优化的商用金属氧化物半导体场效应晶体管(MOSFET)作为太赫兹探测器。在此之前,该研究小组对 III/V 晶体管进行了类似研究,但对 MOSFET 的研究还是首次,并确定了噪声等效功率 NEP 和响应度[66],这预示后期研究将获得良好结果。

9.4.1 硅FET太赫兹焦平面阵列

实时焦平面阵列(FPA)采用的物理机理和新方法是对FET中的太赫兹信号进行整流。Diakonov和Shur首次进行了研究[67],对超过FET渡越时间限截止频率的高频信号进行整流,并考虑到亚毫米晶体管通道两维选通电子气体的等离子体振荡可能性。虽然,长期以来对集体等离子谐振激励进行了深入研究[68],但是Diakonov-Shur方法的新颖性在于预测了等离子体共振还应当存在于器件的直流特性中。该预测激发了人们的极大关注,即通过简单地测量光源和漏极端子之间的太赫兹场感应势差,研究各种FET器件中等离子体的整流现象。

与此同时,还详细研究了各种电子迁移状态的探测理论。其中一种模式便是强阻尼等离子体激发,也称为等离子体混频的非共振限制[69]。Knap研究小组发现,其工作区域和室温下选通长度超过100nm的硅MOSFET相关。在该区域可获得高灵敏度的太赫兹辐射。估算的NEP值达到$100pW/Hz^{1/2}$的数量级[66],该值非常接近于许多在太赫兹范围工作的功率探测器[70]。

之后,Lisauskas等[70]和Ojefor等[71]指出,基于非共振极限的等离子体整流是在微电子技术领域中众所周知的典型电阻混频方法的延伸。电阻混频基于FET的准稳定特性。如果延伸到非准稳定状态,就必须包含等离子体波激励。目前,用"分布式电阻自混频"这一新术语来表示与电阻混频的关系。

利用这些实验结果,首次演示了在截止频率以上使用砷化镓高电子迁移率晶体管(HEMT)的成像[72]。此后,首次尝试了利用商用铸造工艺制作单片集成FPA,其中的每一个探测器像元包含一个集成的天线芯片以及一个差分FET和放大器对[70,71,73,74]。图9.18所示为利用250nm(Bi)CMOS工艺,制造了首次设计的最佳探测器及其布局信息。探测0.65THz辐射时,获得的探测器响应度为80kV/W,NEP为$300pW/Hz^{1/2}$。

与此同时,还研究了各种商用硅处理技术和不同的电路设计。有两篇论文重点报道了改善后的性能。在第一篇论文中,采用了高端65nm CMOS-SOI技术探测原理,可实现的NEP值低至$50pW/Hz^{1/2}$[75],该设计还有提升空间。在第二篇论文中,NEP值稍好一些,达到$43pW/Hz^{1/2}$,其中采用了更加松弛和低成本150nm CMOS技术[76]。值得注意的是,在最低量级的传输模型近似中,探测器的响应度并不取决于通道长度,这在某种程度上解释了使用不同通道长度可以获得非常接近的NEP值,约为$50pW/Hz^{1/2}$。

我们注意到,探测原理完全建立在场效应基础上,并不依赖于真实的载流子传输方式。高频限制由介电松弛响应时间决定,一般处于几个太赫兹的范围内,大大超过了晶体管的截止频率,而后者是信号调制频率或响应时间的最终限制因子[77]。因此,与具有相同NEP值的热时间限探测器相比,FET探测器可使调制速

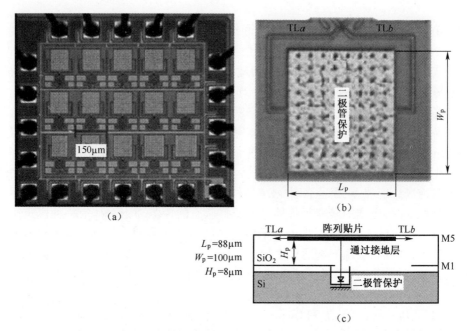

图 9.18 (a)探测 0.65THz 辐射的 3×5 像素 FPA;(b)一个天线阵列贴片,可看到发射线(TLa 和 TLb)将太赫兹信号引入 FET;(c)天线贴片的横截面(图像数据来自 Ojefor 等[71])

度达到 1MHz 以上(受高阻抗晶体管通道带来的电容性负载限制[70,78])。在如此的高速下操作,其性能与肖特基二极管探测器相接近。

利用外差探测原理的这一特性可提高 FET 灵敏度。演示了 0.65THz 发射器的外差成像[79-80],使用了与第一个太赫兹源相位锁定的第二个辐射源作为本征振荡器(LO)。第一个源的辐射经过聚焦照射到物体上,然后光栅扫描通过焦点。发射辐射与 LO 辐射在光束组合器上重叠后,入射到探测器上并分布在整个 FPA 阵列上。估算每个 FET 探测器接收到的 LO 功率仅仅约 2μW,远远低于最佳性能要求[80],但仍可将动态范围提高到 29dB[79],估算的 NEP 约 8fW/Hz$^{1/2}$(-112 dBm/Hz)。

图 9.19 所示成像数据显示出图像对比度得到改善,给出了对含有葡萄糖药片的纸封袋成像的透射测量数据。在能量探测模式中(本征振荡器辐射被遮挡),得到的信号很弱,药片的中心凹槽等细节难以辨别。在外差探测模式下,较高的对比度可清晰地识别药片,可看到药片上的文字,但还不能辨别图中的个别字符。为了提高灵敏度,采用外差方法可获得太赫兹相位信息,重建深度信息,从而能够提供三维成像能力。图 9.20 给出了一个示例,表明了用外差扫描方式获得了榕树树叶等的功率和相位信息(单扫描方式,每个像素 10ms 积分时间)。处理后的相位信息可渲染树叶的伪三维图像。

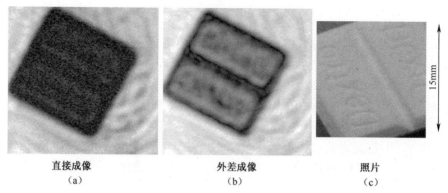

图 9.19　(a)仅探测发射功率的模式;(b)外差模式。采用并排行的两个 FET 探测器测量,对物体进行光栅扫描;(c)隐藏在信件封袋中的葡萄糖药片的太赫兹图像

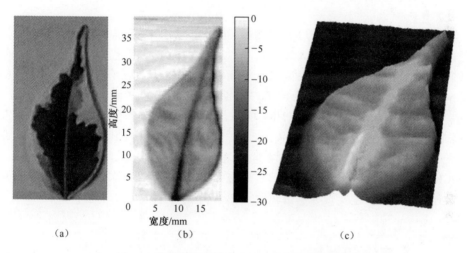

图 9.20　新鲜垂叶榕叶片的 592GHz 透射图像
(a)叶片照片;(b)发射功率图;(c)展开相位信息后获得的伪 3D 图像(图像数据由 Boppel 等[81]提供)。测量采用单个 FET 探测器获得,目标通过 x-y 方向光栅扫描传播。

9.4.2　硅 FET 太赫兹焦平面阵列的总结及展望

到目前为止,所有图像均采用光栅扫描模式获得,积分时间相当短,时间范围为 1~10ms。目前,大部分工作致力于基于 MOSFET 的实时成像。这要求在若干平方厘米的 FPA 阵列面积上具有很多像素数,且能够用合适的读出电路系统实现。

基于上面的数据,我们能够评估工作在外差探测模式下 600GHz 的 FPA 阵列的性能。假设每个 LO 本振功率为 0.5mW,太赫兹成像光束直接入射到 FPA 前面,在包含256×256像素的50mm×50mm面积上的具有等效的功率分布,那么在30Hz的帧频下获得的动态范围为30dB。

在许多实际应用中,入射到FPA上的太赫兹成像光束功率可能比较低,在当前600GHz的最大可用源功率为1mW(考虑振荡器-倍频源、返波管等可提供更高)。必须考虑耦合和成像损耗。此外,单片集成FPA成像技术的挑战之一是长波长高频太赫兹辐射(1THz对应于$\lambda_{vac}=300\mu m$)。考虑衍射方面的原因,具有大量单片集成像素的FPA与大数值孔径光学系统相结合,在0.5THz以上高频段获得了实际应用,但是在接近100GHz的频率上,其有效性受到质疑。不同于用于安全扫描成像的全电子成像方法,基于CMOSFET的FPA最初用于短距离、高分辨率成像。

目前,FET焦平面仍然用于窄带操作,其探测原理并非基于谐振特性,带宽限制源于综合天线的选择。未来将研制用于诸如FMCW或分光镜的宽带FET探测器。

最后,提出不仅可采用FET探测器,也可以采用HBT晶体管进行整流[82]。对n-p-n SiGe HBT(采用最大频率$f_{max}=220GHz$,SiGe:C工艺制作)进行了测试。每个像素包括645GHz的单块集成折叠偶极子天线,但是没有集成放大器。FET在645GHz频点的测试响应度为850V/W,与FET相当。NEP最小值为$30pW/Hz^{1/2}$,相差3个数量级。与FET不同,HBT探测器需要发射极-集电极电流,这样便产生明显噪声。从这一点来说,HBT没有相对于FET和HEMT的明显优势。然而,最近演示了一种新颖的次谐波混频方法,它是在162GHz与四次谐波混频探测650GHz辐射[83]。由于可减少对基频上需要额外的功率源,次谐波混频方法有助于更有效和低成本地实现太赫兹辐射外差探测。

9.5 结论和展望

本章分别介绍了5种太赫兹成像新方法,重点研究采用多像元并行探测,实现实时成像能力的可行途径。

在这些太赫兹成像系统中:第一种采用机械扫描原理的全电子812GHz相机,具备近实时成像能力,但动态范围有限;第二种全电子系统综合采用合成孔径技术和机械扫描技术,在220~320GHz范围连续波调频(FMCW)扫描。由于在220~320GHz范围的部件输出功率和灵敏度受到限制,成像帧频仍不能达到每秒几帧的设计要求。因此,在LiveDetect3D项目中采用了类似工作在75~110GHz的系统。已经证实,所有组件均有足够的动态范围,甚至可以在10m远的距离上实时操作。

本章还介绍了两种激光成像方法,它们采用太赫兹波-近红外光电转换原理,利用近红外相机进行多像元成像(如采用CCD的零平衡外差探测,或者采用PMD

的外差探测)。但这两种方法还需要进一步改善,以达到帧频超过1帧/s。由于太赫兹成像频率范围很宽(从几百吉赫到至少几太赫),这些方法仍具有吸引力,从而可以很好地将目标成像与光谱探测相结合。因此,基于相机的多像元探测准连续波系统的性能仍需进一步提高。由于OPO具有较高的峰值功率,太赫兹OPO成像性能得以大大改善,采用飞行时间相机可实现快速读出,但还需要进一步优化这两种系统的噪声抑制能力。

第五种系统仍采用电子学原理,使用了单片集成硅MOSFET焦平面阵列,工作频率约为600GHz(也具有宽带成像能力)。该系统的研究工作侧重于新型探测器的性能优化。近期研究结果表明,利用大阵列FPA,系统有望在实现高帧频成像相机读出方面取得进展。

总之,近实时太赫兹主动成像能力取得了显著提高。采用各种方式的多像元并行探测方法前景光明。除了硅CMOS FPA成像可进行直接功率探测之外,其他使用相干探测的方法获得更好的噪声抑制能力,不管是零平衡外差模式还是外差混频方案,均可进一步提高灵敏度。由此看来,鉴于场景照射可用的太赫兹功率有限,需要增强探测器灵敏度,提高噪声抑制能力,以实现具有良好动态范围的实时成像操作。目前,已经研究出多种多样提高和改善太赫兹成像系统性能的方法。

致谢

本章研究工作得到多方机构的支持,其中包括德国联邦教育与研究部(BMBF)的LYNKEUS、TERACAM、TEKZAS和LiveDetect3D、德国研究基金(DFG)的PAK-73"Dynamisches 3D Sehen mit PMD"项目、欧洲航天局/欧洲空间研究与技术中心(ESA/ESTEC)(合同号"21155/07/NL/ST")、黑森州WI银行和厄利空公司的赞助。特别感谢德国TOPTICA公司和Xiton公司(慕尼黑分部),德国弗朗霍夫IPM研究所D. Molter、J. Jonuscheit和R. Beigang以及丹麦技术大学J. Dall、A. Kusk、V. Zhurbenko和T. Jensen所做的工作。

参考文献

1. Liu H-B, Zhong H, Karpowicz N, Chen Y, Zhang X-C (2007) Terahertz spectroscopy and imaging for defense and security applications. Proc IEEE 95:1514-1527
2. Fischer BM, Demarty Y, Schneider M, Löffler T, Keil A, Quast H (2010) THz all-electronic 3D imaging for safety and security applications. Proc SPIE 7671, 767111-767111-7
3. Davies AG, Burnett AD, Fan WH, Linfield EH, Cunningham JE (2008) Terahertz spectroscopy of explosives and drugs. Mater Today 11:18-26

4. Krumbholz N, Hochrein T, Vieweg N, Hasek T, Kretschmer K, Bastian M, Mikulic M, Koch M (2009) Monitoring polymeric compounding processes inline with THz time-domain spectroscopy. Polym Test 28:30-35
5. Hasegawa N, Löffler T, Thomson M, Roskos HG (2003) Remote identification of protrusions and dents on surfaces by terahertz reflectometry with spatial beam filtering and out-of-focus detection. Appl Phys Lett 83:3996-3998
6. Banerjee D, von Spiegel W, Thomson MD, Schabel S, Roskos G (2008) Diagnosing water content in paper by terahertz radiation. Opt Express 16(12):9060-9066
7. Kawase K, Shibuya T, Hayashi S'i, Suizu K (2010) THz imaging techniques for nondestructive inspections. Comptes Rendus Physique 11:510-518
8. Hils B, Thomson MD, Löffler T, von Spiegel W, am Weg C, Roskos H, de Maagt P, Doyle D, Geckeler RD (2008) Terahertz profilometry at 600 GHz with 0.5 m depth resolution. Opt Express 16:11289-11293
9. Roggenbuck A, Schmitz H, Deninger A, Cámara Mayorga I, Hemberger J, Gsten R, Grüninger M (2010) Coherent broadband continuous-wave terahertz spectroscopy on solid-state samples. New J Phys 12:043017
10. Strachan CJ, Taday PF, Newnham DA, Gordon KC, Zeitler JA, Pepper M, Rades T (2005) Using terahertz pulsed spectroscopy to quantify pharmaceutical polymorphism and crystallinity. J Pharm Sci 94:837-846
11. Nagel M, Richter F, Haring Bolívar P, Kurz H (2003) A functionalized THz sensor for marker-free DNA analysis. Phys Med Biol 48:3625-3636
12. Cooper KB, Dengler RJ, Llombart N, Talukder A, Panangadan AV, Peay CS, Mehdi I, Siegel PH (2010) Fast, high-resolution terahertz radar imaging at 25 meters. Proc SPIE 7671:76710Y
13. Cooper KB, Dengler RJ, Chattopadhyay G, Schlecht E, Skalare A, Mehdi I, Siegel PH (2008) Penetrating 3-D imaging at 4- and 25-m range using a submillimeter-wave radar. IEEE Microw Theory Tech 56(12):2771-2778
14. Pradarutti B, Müller R, Matthäus G, Brückner C, Riehemann S, Notni G, Nolte S, Tunnermann A (2007) Multichannel balanced electro-optic detection for terahertz imaging. Opt Express 15:17652-17660
15. Pradarutti B, Müller R, Freese W, Matthäus G, Riehemann S, Notni G, Nolte S, Tunnermann A (2008) Terahertz line detection by a microlens array coupled photoconductive antenna array. Opt Express 16:18443-18450
16. Dai JM, Liu J, Zhang X-C (2011) Terahertz wave air photonics: terahertz wave generation and detection with laser-induced gas plasma. IEEE J Sel Top Quantum Electron 17:183-190
17. Malcolm G (2011) Terahertz laser sources based on optical parametric oscillators. In: Perenzoni M, Paul D (eds) Proceedings of the 6th Optoelectronics and Photonics Winter School, Fai della Paganella, 20-26 Feb 2011
18. Wohnsiedler S, Theuer M, Herrmann M, Islam S, Jonuscheit J, Beigang R, Hase F (2009) Simulation and experiment of terahertz stand-off detection. Proc SPIE 7215:72150H
19. von Spiegel W, am Weg C, Henneberger R, Zimmermann R, Löffler T, Roskos HG (2009) Ac-

tive THz imaging system with improved frame rate. Proc SPIE 7311:731100

20. von Spiegel W, am Weg C, Henneberger R, Zimmermann R, Roskos HG (2010) Illumination aspects in active terahertz imaging. IEEE Trans Microw Theory Tech 58:2008–2013

21. am Weg C, von Spiegel W, Henneberger R, Zimmermann R, Löffler T, Roskos HG (2009) Quasioptical system design. Proc SPIE 7215:72150R

22. am Weg C, von Spiegel W, Henneberger R, Zimmermann R, Löffler T, Roskos HG (2009) Fast active THz cameras with ranging capabilities. Infrared Millim THz Waves 30:1281–1296

23. am Weg C, von Spiegel W, Henneberger R, Zimmermann R, Löffler T, Roskos HG (2009) Fast active THz camera with range detection by frequency modulation. Proc SPIE 7215:72150F

24. Kemp MC (2006) Millimetre wave and terahertz technology for the detection of concealed threats a review. Proc SPIE 6402:64020D

25. Krozer V, Löffler T, Dall J, Kusk A, Eichhorn F, Olsson RK, Buron J, Jepsen PU, Zhurbenko V, Jensen T (2010) THz imaging systems with aperture synthesis techniques. IEEE Trans Microw Theory Tech 58:2027–2039

26. Miyashiro K, Schellenberg J, Loveberg J, Kolinko V, McCoy J (2007) An E-band electronically scanned imaging radar system. In: Proceedings of the IMS, IEEE/MTT-S International Microwave Symposium, Honolulu, Hawaii

27. Manasson V, Sadovnik L, Mino R, Rodionov S (2000) Novel passive millimeter-wave imaging system: prototype fabrication and testing. Proc SPIE 4032:2–13

28. Natarajan A, Komijani A, Guan X, Babakhani A, Wang Y, Hjimiri A (2006) A 77GHz phase-darray transmitter with local LOPath phase-shifting in silicon. IEEE J Solid State Circ 41:2795–2806

29. Schulwitz L, Mortazawi A (2005) A compact dual-polarized multibeam phased-array architecture for millimeter-wave radar. IEEE Trans Microw Theory Tech 53(11):3588–3594

30. Skou N, Le Vine D (2006) Microwave radiometer systems: design and analysis, 2nd edn. Artech House, Boston

31. Ruf CS (1993) Numerical annealing of low-redundancy linear arrays. IEEE Trans Antenna Propag 41:85–90

32. Yegulalp AF (1999) Fast backprojection algorithm for synthetic aperture radar. In: Radar conference, 1999. The record of the 1999 IEEE, Waltham, MA, USA, pp 60–65

33. Basu S, Bresler Y (2002) O(N3logN) backprojection algorithm for Radon transform. IEEE Trans Med Imaging 21:76–88

34. Ulander LMH, Hellsten H, Stenström G (2003) Synthetic-aperture radar processing using fast factorized back-projection. IEEE Trans Aerosp Electron Syst 39:760–776

35. Wu Q, Hewitt TD, Zhang X-C (1996) Two-dimensional electro-optic imaging of THz beams. Appl Phys Lett 69:1026–1028

36. Yasuda T, Kawada Y, Toyoda H, Takahashi H (2007) Terahertz movies of internal transmission images. Opt Express 15:15583–15588

37. Nahata A, Yardley JT, Heinz TF (2002) Two-dimensional imaging of continuous-wave terahertz radiation using electro-optic detection. Appl Phys Lett 81:963–965

38. Kawase K, Ogawa Y, Minamide H, Ito H (2005) Terahertz parametric sources and imaging applications. Semicond Sci Technol 20:S258–S265
39. Edwards TJ, Walsh D, Spurr MB, Rae CF, Dunn MH, Browne PG (2006) Compact source of continuously and widely-tunable terahertz radiation. Opt Express 14:1582–1589
40. Zhao G, Schouten RN, van der Valk N, Wenckebach WT, Planken PC (2002) Design and performance of a THz emission and detection setup based on a semi-insulating GaAs emitter. Rev Sci Instrum 73:1715–1719
41. Dreyhaupt A, Winnerl S, Dekorsy T, Helm M (2005) High-intensity terahertz radiation from a microstructured large-area photoconductor. Appl Phys Lett 86:121114
42. Loffler T, Kreß M, Thomson M, Hahn T, Hasegawa N, Roskos HG (2005) Comparative performance of terahertz emitters in amplifier–laser–based systems. Semicond Sci Technol 20:S134–S141
43. Bartel T, Gaal P, Reimann K, Woerner M, Elsaesser T (2005) Generation of single-cycle THz transients with high electric-field amplitudes. Opt Lett 30:28052807
44. Thomson MD, Blank V, Roskos HG (2010) Terahertz white–light pulses from an air plasma photo-induced by incommensurate two-color optical fields. Opt Express 18:23173–23182
45. Meng F, Molter D et al THz imaging with a THz-OPO and a CMOS camera (unpublished)
46. Meng FZ, Thomson D, Molter D, Löffler T, Bartschke J, Bauer T, Nittmann M, Roskos HG (2010) Coherent electro-optical detection of THz radiation from an optical parametric oscillator. Opt Express 18:11316–11326
47. Molter D, Theuer M, Beigang R (2009) Nanosecond terahertz optical parametric oscillator with a novel quasi phase matching scheme in lithium niobate. Opt Express 17:6623–6628
48. Bauer T, Kolb JS, Löffler T, Mohler E, Roskos HG, Pernisz UC (2002) Indium-tin-oxide-coated glass as dichroic mirror for far-infrared electromagnetic radiation. J Appl Phys 92:2210–2212
49. Meng F, Thomson MD, Blank V, von Spiegel W, Loffler T, Roskos G (2009) Characterizing large-area electro-optic crystals toward two-dimensional real-time terahertz imaging. Appl Opt 48:51975204
50. Wu Q, Zhang X-C (1995) Free-space electro-optic sampling of terahertz beams. Appl Phys Lett 67:3523–3525
51. Loffler T, May T, am Weg C, Alcin A, Hils B, Roskos HG (2007) Continuous–wave terahertz imaging with a hybrid system. Appl Phys Lett 90:091111
52. May T, am Weg C, Alcin A, Hils B, Loffler T, Roskos HG (2007) Towards an active real-time THz camera: First realization of a hybrid system. Proc SPIE 6549:654907
53. Friederich F, Schuricht G, Deninger A, Lison F, Spickermann G, Haring Bolívar P, Roskos HG (2010) Phase-locking of the beat signal of two distributed-feedback lasers to oscillators working in the MHz to THz range. Opt Express 18:8621–8629
54. Spickermann G (2012) Terahertz-Bildgebung mit demodulierendem Detektorarray, dissertation, Universität Siegen, Germany
55. Spickermann G, Friederich F, Roskos HG, Haring Bolívar P (2009) A high signal–to–noise ratio electrooptical THz imaging system based on an optical demodulating detector array. Opt Lett

34:3424-3426
56. Friederich F, Spickermann G, Roggenbuck A, Deninger A, am Weg C, von Spiegel W, Lison F, Haring Bolívar P, Roskos HG (2010) Hybrid continuous-wave demodulating multipixel terahertz imaging systems. IEEE Trans Microw Theory Tech 58:2022-2026
57. Ringbeck T, Möller T, Hagebeuker B (2007) Multidimensional measurement by using 3-D PMD sensors. Adv Radio Sci 5:135-146
58. Ringbeck T (2007) A 3D time of flight camera for object detection. Presented at the 8th conference on optical 3-D measurement techniques, ETH Zurich, Zurich, Switzerland, July 2007
59. Gallot G, Grischkowsky D (1999) Electro-optic detection of terahertz radiation. J Opt Soc Am B 16:1204-1212
60. Jiang Z, Sun FG, Chen Q (1999) Electro-optic sampling near zero optical transmission point. Appl Phys Lett 74:1191-1193
61. Ortolani M, Di Gaspare A, Casini R (2011) Progress in producing terahertz detector arrays. SPIE Newsroom. Feb. 14, 2011, doi:10. 1117/2. 1201101. 003449
62. Lee AWM, Hu Q (2005) Real-time, continuous-wave terahertz imaging by use of a microbolometer focal-plane array. Appl Phys Lett 30:2563-2565
63. Lee AWM, Qin Q, Kumar S, Williams BS, Hu Q (2006) Real-time terahertz imaging over a standoff distance (> 25 meters). Appl Phys Lett 89:141125
64. Simoens F, Durand T, Meilhan J, Gellie P, Maineult W, Sirtori C, Barbieri S, Beere H, Ritchie D (2009) Terahertz imaging with a quantum cascade laser and amorphous-silicon microbolometer array. Proc SPIE 7485:74850M
65. Li Q, Ding S-H, Yao R, Wang Q (2010) Real-time terahertz scanning imaging by use of a pyroelectric array camera and image denoising. J Opt Soc Am A 27:2381-2386
66. Tauk R, Teppe F, Boubanga S, Coquillat D, Knap W, Meziani YM, Gallon C, Boeuf F, Skotnicki T, Fenouillet-Beranger C, Maude K, Rumyantsev S, Shur MS (2006) Plasma wave detection of terahertz radiation by silicon field effects transistors: responsivity and noise equivalent power. Appl Phys Lett 89:253511
67. Dyakonov M, Shur M (1996) Detection, mixing, and frequency multiplication of terahertz radiation by two-dimensional electronic fluid. IEEE Trans Electron Devices 43:380-387
68. Allen SJ, Tsui DC, Logan RA (1977) Observation of the two-dimensional plasmon in silicon inversion layers. Phys Rev Lett 38:980983
69. Knap W, Kachorovskii V, Deng Y, Rumyantsev S, Lü J-Q, Gaska R, Shur MS, Simin G, Hu X, Asif Khan M, Saylor CA, Brunel LC (2002) Nonresonant detection of terahertz radiation in field effect transistors. J Appl Phys 91:9346-9353
70. Lisauskas A, Pfeiffer U, Ojefors E, Haring Bolívar P, Glaab D, Roskos HG (2009) Rational design of high-responsivity detectors of terahertz radiation based on distributed self-mixing in silicon field-effect transistors. J Appl Phys 105:114511
71. Ojefors E, Pfeiffer U, Lisauskas A, Roskos HG (2009) A 0. 65 THz focal-plane array in a quarter-micron CMOS process technology. IEEE J Solid State Circ 44:1968-1976
72. Lisauskas A, von Spiegel W, Boubanga-Tombet S, El Fatimy A, Coquillat D, Teppe F, Dya-

konova N, Knap W, Roskos HG (2008) Terahertz imaging with GaAs field-effect transistors. Electron Lett 44:408-409

73. Lisauskas A, Glaab D, Roskos HG, Ojefors E, Pfeiffer U (2009) Terahertz imaging with Si MOSFET focal-plane arrays. Proc SPIE 7215:72150

74. Ojefors E, Lisauskas A, Glaab D, Roskos HG, Pfeiffer UR (2009) Terahertz imaging detectors in CMOS technology. J Infrared Millim THz Waves 30:1269-1280

75. Ojefors E, Baktash N, Zhao Y, Al Hadi R, Sherry H, Pfeiffer UR (2010) Terahertz imaging detectors in a 65-nm CMOS SOI technology. In: Proceedings of the ESSCIRC, Seville, Spain, pp 486-489, September 2010

76. Boppel S, Lisauskas A, Krozer V, Roskos HG (2011) Performance and performance variations of sub-1-THz detectors fabricated with a 0.15-m CMOS foundry process. Electron Lett 47(11): 661-662 (appears on May 26, 2011)

77. Stillman WJ, Shur MS (2007) Closing the gap: plasma wave electronic terahertz detectors. J Nanoelectron Optoelectron 2:209-221

78. Stillman W, Shur MS, Veksler D, Rumyantsev S, Guarin F (2007) Device loading effects on nonresonant detection of terahertz radiation by silicon MOSFETs. Electron Lett 43:422-423

79. Glaab D, Boppel S, Lisauskas A, Pfeiffer U, Ojefors E, Roskos HG (2010) Terahertz heterodyne detection with silicon field-effect transistors. Appl Phys Lett 96:042106

80. Pfeiffer U, Ojefors E, Lisauskas A, Glaab D, Roskos HG (2009) A CMOS focal-plane array for heterodyne terahertz imaging. In: IEEE RFIC symposium, Boston, MA, USA, pp 433-436

81. Boppel S, Lisauskas A, Pfeiffer U, Ojefors E, Roskos HG (2010) Field effect transistors for power and heterodyne detection of terahertz radiation fabricated in CMOS technology. In: Proceedings of the of NATO SET Panel Meeting SET-159 Terahertz and other electromagnetic wave techniques for defence and security, Vilnius, 3-4 May 2010

82. Pfeiffer UR, Ojefors E, Lisauskas A, Roskos HG (2008) Opportunities for silicon at mmwave and terahertz frequencies. In: IEEE BCTM proceedings (Proceedings of the 2008 bipolar/ BICMOS circuits and technology meeting), Monterey, CA, USA, pp 149-156

83. Ojefors E, Pfeiffer UR (2010) A 650 GHz receiver front-end for terahertz imaging arrays. In: IEEE International Solid-State Circuits Conference ISSCC, San Francisco, CA, USA, pp 430-432

第10章
宽带纳米晶体管太赫兹探测器的最新研究成果

Wojciech Knap, Dimitry B. But, N. Dyakonova, D. Coquillat, A. Gutin,
O. Klimenko, S. Blin, F. Teppe, M. S. Shur, T. Nagatsuma,
S. D. Ganichev, T. Otsuji

摘 要: 纳米级场效应晶体管(FET)可以用作太赫兹辐射的高效探测器,这意味着其工作波长远远超出了基本截止频率。本章综述了用作太赫兹探测器的纳米级FET低温操作、线性度、圆偏振研究和双光栅栅极结构的一些最新研究成果。

10.1 引言

因为缺乏室温工作的低成本探测器阵列,太赫兹在成像、无线通信等其他众所

W. Knap(✉)
Laboratoire Charles Coulomb UMR 5221 Université Montpellier 2 & CNRS,
24950 Montpellier, France
Institute of High Pressure Physics UNIPRESS PAN, 02-845 Warsaw, Poland
e-mail: knap.wojciech@gmail.com
D.B. But · N. Dyakonova · D. Coquillat · F. Teppe
Laboratoire Charles Coulomb UMR 5221 Université Montpellier 2 & CNRS,
24950 Montpellier, France
A. Gutin · M.S. Shur
Rensselaer Polytechnic Institute, Troy, 12180 New York, USA
O. Klimenko · S. Blin
Institute Electronique du Sud Universite Montpellier 2 & CNRS, 34950 Montpellier, France
T. Nagatsuma
Graduate School of Engineering Science, Osaka University, Toyonaka, Osaka, Japan
S.D. Ganichev
Terahertz Center, University of Regensburg, Regensburg 93040, Germany
T. Otsuji
RIEC, Tohoku University, 2-1-1 Katahira, Aoba-ku, Sendai 981-8577, Japan

周知的领域应用受到限制。

20世纪90年代初,第一本相关理论著作[10]预测了FET沟道可用作等离子体波的共振腔。这些波的典型速度$s=10^6$ m/s。共振器的基频f取决于其尺寸,由于$f \approx s/L_0$,纳米栅极长度($L_0 \leq 10^{-6}$ m)可以达到太赫兹范围(1THz = 10^{-12} s^{-1})。著作中还提出,晶体管沟道中的二维等离子体非线性可用于太赫兹辐射的探测和混频[11]。该著作主要针对晶体管沟道用作等离子体波的共振腔。然而,当等离子体波的衰减距离小于沟道长度时,在非共振情形下也可以实现太赫兹辐射的整流和探测。该区域的典型长度可以有效整流20~300nm的太赫兹辐射。在低温和室温下观察太赫兹发射[12-13,15,32]、共振探测[16,28,38,39]和非共振探测[17,30,31,38,46,56],清晰地演示了等离子体的相关激发效应。目前,最有前途的应用是用于成像和通信中的非共振状态下的室温太赫兹宽带探测。

继首次试验演示用Si-CMOS FET实现亚太赫兹和太赫兹波探测之后[34],于2004年左右真正开始了对FET用作太赫兹探测器的大范围关注。之后不久的试验结果显示,Si-CMOS FET达到了可与最佳常规室温太赫兹探测器相媲美的噪声等效功率[55]。这两项开创性工作都清楚地证明了Si-CMOS FET的重要性,它具有在室温工作、超快时间响应、易于与读出电子元件片上集成和高重现性的优点,从而可以直接进行阵列制造。最近的研究表明,其主要的探测器特性、响应度和噪声等效功率与肖特基势垒二极管在同一范围[23,48-49]。已经设计了最新技术的硅焦平面阵列,并将其用于1THz频率范围的成像[2,33-34,41,51]。此外,采用Si-MOS FET的外差探测也似乎是一种非常有前景的太赫兹成像应用方法[20]。此外,演示了通过使用双光栅栅极FET结构,可以提升等离子体太赫兹探测[23,43,44,58]效率。

本节简要回顾近期利用纳米尺寸FET进行太赫兹探测所获得的成果。选题思路是本着突显在实际工作中取得的一些新成就。在最近出版的相关书籍和期刊论文中可找到更全面和完整的评述,参见文献[29,33]。

10.2节介绍等离子体探测理论。10.3节、10.4节和10.5节分别介绍光响应与功率的相关性、响应与温度的相关性以及螺旋性灵敏探测。到目前为止,大多数关于纳米FET探测器的研究工作主要集中在太赫兹成像应用上。10.6节介绍在克服负载问题上所取得的进展,并展示通过在吉赫频率范围调制信号,纳米FET作为无线通信探测器的初步应用成果。10.7节介绍基于非对称双光栅栅极FET的太赫兹探测器,其原始器件结构能够更好地与太赫兹辐射耦合,取得非常高的响应度。

10.2 等离子体FET探测的流体动力学理论

在FET沟道中传播的等离子体波符合线性色散定律[7,14,40],即

$$\omega = sk \quad (10.1)$$

式中:ω 为频率;$s=(qU_0/m)^{1/2}$ 为等离子体波速度,q 为电荷,m 为电子有效质量,$U_0=V_g-V_{th}$ 为栅极-沟道电压,V_g 为栅极-沟道摆动电压,V_{th} 为阈值电压;k 为波矢。

太赫兹辐射入射到器件上,根据接触配置和太赫兹场极化程度,在 FET 栅极-源极和(或)栅极-漏极之间产生太赫兹电压。信号器件的非线性导致在源-漏极之间产生直流响应电压,或在器件沟道和外部电路产生直流电流。

描述 FET 中等离子体波的基本方程[10]有运动方程(欧拉方程)、连续方程以及描述缓变沟道近似的方程[52],当器件沟道的电位变化远大于栅极-沟道势垒厚度时,该方程式生效。

$$\frac{\partial v}{\partial t}+v\frac{\partial U}{\partial x}+\frac{q}{m}\frac{\partial U}{\partial x}+\frac{v}{\tau}=0 \tag{10.2}$$

$$\frac{\partial n}{\partial t}+\frac{\partial(nv)}{\partial x}=0 \tag{10.3}$$

$$qn_s=CU_0 \tag{10.4}$$

式中:n_s 为表面载流子浓度;C 为单位面积的栅极电容;$\partial U/\partial x$ 为沟道中的纵向电场;$v(x,t)$ 为局部电子速度;τ 为动量弛豫时间。这些方程未说明电子流体的黏度。

对于理想的本征 FET(无寄生元件),在太赫兹辐射仅产生栅-源极电压和漏极上的开放边界条件下,探测器响应 ΔU 是由太赫兹输入信号产生的源-漏极恒定电压常数(图 10.1)[9]:

$$\frac{\Delta U}{U_0}=\frac{1}{4}\left(\frac{U_a}{U_0}\right)^2 f(\omega) \tag{10.5}$$

式中

$$f(\omega)=1+\beta-\frac{1+\beta\cos(2k_0'L)}{\sinh^2(k_0''L)+\cos^2(k_0'L)} \tag{10.6}$$

其中

$$\beta=\frac{2\omega\tau}{\sqrt{1+(\omega\tau)^2}} \tag{10.7}$$

$$k_0'=\frac{\omega}{s}\left(\frac{(1+\omega^{-2}\tau^{-2})^{1/2}+1}{2}\right)^{1/2} \tag{10.8}$$

将这个理论推广可以解释文献[31]中的亚阈值响应,其中式(10.4)由统一电荷控制模型的广义方程式所替代[52],即

$$n=\frac{C\eta k_B T}{q^2}\ln\left[1+\exp\left(\frac{qU_0}{\eta k_B T}\right)\right] \tag{10.9}$$

式中:η 为 FET 的理想因子;T 为温度;k_B 为玻耳兹曼常数。

对于正栅极电压摆幅较大时（$U_0 > \eta k_B T/q$），式(10.1)与式(10.4)一致。

相反，在负栅极电压摆幅较大的情况下，$U_0<0$，$|U_0|>\eta k_B T/q$，由式(10.9)得出的电子浓度呈指数级减小。

$$n = \frac{C\eta k_B T}{q^2}\exp\left(\frac{qU_0}{\eta k_B T}\right) \tag{10.10}$$

另一个广义性是增加栅漏电流密度 j_0，用以下方程代替连续方程式(10.3)，得

$$\frac{\partial n}{\partial t} + \frac{\partial(nv)}{\partial x} = \frac{j_0}{q} \tag{10.11}$$

$$\Delta U = \frac{qU_a^2}{4ms^2}\left\{\frac{1}{1+k\exp\left(-\dfrac{eU_0}{\eta k_B T}\right)} - \frac{1}{\left(1+\kappa\exp\left(-\dfrac{eU_0}{\eta k_B T}\right)\right)^2[\sinh^2 Q + \cos^2 Q]}\right\} \tag{10.12}$$

式中：$\kappa = \dfrac{j_0 L^2 q^2}{2C\mu\eta^2 \kappa_B^2 T^2}$ 为低电场迁移率。

$$s^2 = s_0^2\left(1+\exp\left(-\frac{qU_0}{\eta k_B T}\right)\right)\ln\left(1+\exp\left(\frac{qU_0}{\eta k_B T}\right)\right) \tag{10.13}$$

参数 Q 的物理含义可以用如下方程理解：

$$Q = \sqrt{\frac{\omega}{2\tau}}\frac{L}{s} = \frac{L}{\sqrt{2}L_0} \tag{10.14}$$

式中：L_0 为等离子波渗透入沟道的特征长度，有

$$L_0 = \sqrt{\frac{\mu n}{\omega(\mathrm{d}n/\mathrm{d}U)|_{U=V_g}}} \tag{10.15}$$

可简化为

$$L_0 = \sqrt{\frac{\mu U_0}{\omega}} \tag{10.16}$$

图10.1中 a 给出 $\omega\tau>1$ 时等离子体波的空间分布曲线，但当 $\omega t_p<1$ 时，t_p 是沟道上的等离子体波传播时间。b 给出在 $\omega\tau>1$，而 $\omega t_p<1$ 情况下的等离子体波衰减曲线。

图10.2 所示为不同材料的 L_0 典型值与栅极电压和入射频率的函数关系。

对于"长样品"，即当 $L\gg L_0$ 且栅极电流可忽略时，式(10.12)可简化为

$$\Delta U = \frac{qU_a^2}{(4\eta k_B T)}\frac{1}{\left(1+\exp\left(-\dfrac{qU_0}{\eta k_B T}\right)\right)\ln\left(1+\exp\left(\dfrac{eU_0}{\eta k_B T}\right)\right)} \tag{10.17}$$

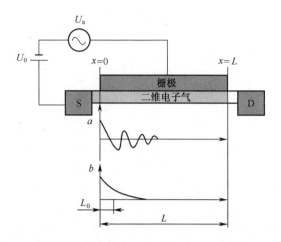

图 10.1 受太赫兹信号激发的电子振荡与空间的定性关系图
a 为高频、高迁移率探测器($\omega\tau\gg1$), b 为低频、低迁移率探测器($\omega\tau\ll1$)。
L_0 为由沟道源极激发的等离子体波衰减的特征长度。

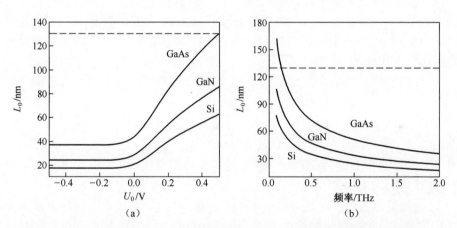

图 10.2 (a)1.63THz 时 L_0 与 U_0 的函数关系和(b)L_0 与低于阈值频率的函数关系。
所采用的迁移率值为:InGaAs($3500cm^2/V \cdot s$),GaN($1500cm^2/V \cdot s$),Si($800cm^2/V \cdot s$)。

因此,最大响应值为

$$\Delta U_{\max} \approx \frac{qU_a^2}{4\eta k_B T} \qquad (10.18)$$

远远大于阈值($qU_0 \gg \eta k_B T$)

$$\Delta U = \frac{U_a^2}{4U_0} \qquad (10.19)$$

关于采用 FET 进行 THz 探测的物理机制的更详细描述,可以参见 Knap 等[29]

以及 Knap 和 Dyakonov[30]的著作。如果是室温宽带探测(过阻尼等离子体),探测过程可以通过分布式电阻自混频模型来阐述。尽管未严格阐释所有相关等离子体的物理现象,但可使用电阻混频模型完成合理的探测器设计[37,42]。

10.3 低功率和高功率限的 FET 太赫兹辐射探测

当太赫兹辐射在 FET 的栅极和源极之间耦合时,太赫兹交流电压同时调制载流子的密度和载流子漂移速率,从而导致非线性效应,使得在源极和漏极之间出现直流电压形式的光响应。对于高载流子迁移率器件(如低温下的Ⅲ-Ⅴ器件),太赫兹电场产生在沟道中传播的等离子体波,共振激发等离子体模态,形成共振窄带和可调栅偏压探测[11,16,27-28,38]。等离子体波在室温下通常是过阻尼,太赫兹辐射仅导致载流子密度扰动,并随每数十纳米量级距离呈指数衰减。

图 10.3 所示为光响应测量电路和测试元件布局的典型示意图,由图中可看到测量信号和传输特性。利用源极和漏极之间的不对称性来引发光响应。获得这种不对称性可以采取多种方式:一种方式是由于外部(寄生)或内部电容而产生的源极-漏极边界条件差异;另一种方式是入射辐射馈入的不对称性,这可以通过图 10.3 所示(插图)的特殊天线连接来实现。在该电路中,辐射主要由在源极和栅极之间的交流电压产生[48]。

在长晶体管非共振探测的情况下,使用预期探测器信号 ΔU 与沟道电导率 σ 的相关公式[46]可以简单地计算出 THz 光响应:

$$\Delta U = \frac{U_a^2}{4}\left[\frac{1}{\sigma}\frac{d\sigma}{dU}\right]_{U=V_0} \tag{10.20}$$

式(10.20)很关键,利用该式,通过对实验传输电流-电压特征进行简单微分即可计算预期的光响应。

在亚阈值范围内,$\sigma(U_0) = \exp(-qV_0/\eta\kappa_B T)$,沟道电导率指数衰减。使用式(10.20)可得出响应信号的最大值,与式(10.18)的计算值接近。在文献[31]中也获得相同结果。

式(10.18)可估算最大响应度。假设探测器吸收了所有入射辐射功率 P,通过输入沟道电阻 $L_0/(\sigma W)$ 和功率的乘积,即 $U_a^2 = P \cdot L_0/(\sigma W)$,可得出 U_a^2 近似值。这里 W 为栅极宽度,σ 为沟道电导率,L_0 为上面所定义的沟道长度。在这种情况下,电压响应度 R_V 可以近似表示为

$$R_V \approx \frac{qL_0}{4sW\eta\kappa_B T} \tag{10.21}$$

较严格的 FET 探测器响应度微分可以参见 kachorovskii 等的著作[24]。

由于 $\sigma(U_0) = \exp(-qU_0/\eta\kappa_B T)$,电导率呈指数衰减,低于阈值。因此,$R_V$ 可

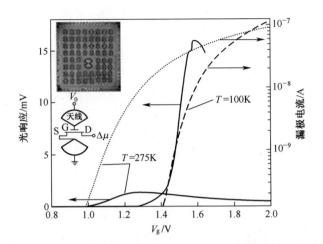

图 10.3 当漏极电压为 1mV 时,测量的传输电流-电压特征曲线(虚线,刻度右边)以及 0.13mm CMOS FET 在 100K 和 275K 对 0.3THz 辐射的响应图(实线);左上方插图为含有不同天线设计的晶体管测试构造图,插图左下角由 3×4 晶体管组成的一个成像矩阵阵列原型。左下方插图是光响应测试电路示意图[48]

能呈指数增大,低于阈值。例如,在式(10.5)中,$\eta=2$,输入沟道电阻为 500Ω,可以得到 $R_V=10$kV/W。在实际实验条件下,响应度受到天线耦合和负载的限制(将在 11.5 节中介绍)。响应度可达到 5kV/W,NEP 在几 pW/$H_z^{1/2}$ 的范围内,许多学者对此提及过[41,48]。这些值与肖特基二极管探测器获得的最佳结果不相上下,从而使 FET 成为肖特基二极管重要的竞争对手。此外,FET 具有易于集成到阵列里的附加优势。

对于低强度 THz 辐射,光响应与辐射功率成正比(光伏效应),这可由式(10.12)看到。对于高强度 THz 辐射,光响应不再与输入功率成正比,在实验中可以观察到次线性依赖关系。理论模型[21]提供了解析表达式($U_0>0$):

$$\Delta U = \frac{U_a^2}{2(\sqrt{U_0^2+U_a^2/2}+U_0)} \tag{10.22}$$

低于阈值($U_0<0$),响应由下式给出:

$$\Delta U = \frac{\eta kT}{q}\ln I_0\left(\frac{qU_a}{\eta k_B T}\right) \tag{10.23}$$

式中:I_0 为贝塞尔函数。

图 10.4 中将高 THz 功率(强度 $I=P/S_b$,其中 S_b 是辐射光束的面积)下,非线性操作的实验结果与理论进行了比较[6]。栅极长度为 0.13μm 的 InGaAs/GaAs HEMT 用作 1.07THz 辐射的探测器,辐射由最大功率约 10kW 的光泵浦气体激光器产生[18]。

从图 10.4 中可以看出,在线性区域后,响应随入射太赫兹强度的增加而呈次线性增加,直至饱和。

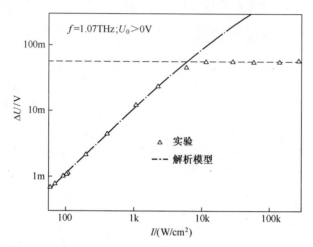

图 10.4 在 $V_g = -100\text{mV}$ 时,使用式(10.22)得出的分析计算
(点虚线)和测量结果(三角形)的比较,虚线表示信号饱和度量级

研究了几个频率下的 InGaAs/GaAs HEMT 光响应(图 10.5)。观察到所有频率的饱和度,但是在线性区域随着频率的增加而扩展到更高功率(辐射强度)。或者可以说,随着频率增加,饱和出现在更高的辐射强度上。

线性光响应随频率的变化范围取决于器件与天线频率相关特性的综合效应[35]。

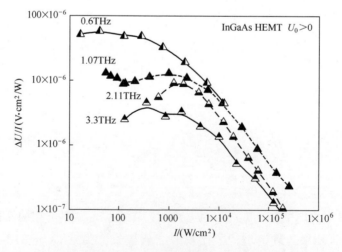

图 10.5 InGaAs HEMT 在不同频率下,作为辐射强度函数的光响应与强度之比(据 But 等[6])

目前,还没有关于饱和特性的理论解释,其中一个假设是光响应饱和可能是由于高电场中二维电子气体的非线性特性即漂移速度饱和造成的。

另一个涉及饱和的假设与等离子体激波的传播相关。最近的数值计算[45]数据证实,在高太赫兹强度时,等离子体激波可以沿着晶体管的沟道传播(图 10.6)。

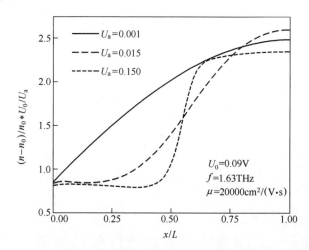

图 10.6 当时间 $t=2.5ps$ 时,InGaAs HEMT 沟道的电子密度分布图。在高强度区域,等离子体振荡作为激波在沟道内传播(据 Rudin 等[45])

10.4 非共振探测与温度的依赖关系

Klimenko 等[26]研究了 FET 非共振 THz 探测的温度相关性。在 30K<T<300K 温度范围的实验结果与式(10.18)非常吻合,表明最大响应与温度成反比。在 30~300K 的温度范围内,GaAs-、GaN-和 Si-基 FET 的光响应随温度降低而升高。在低于 30K 时,光响应与温度无关(图 10.7)(不同晶体管的响应幅度差异在于,不同的天线结构导致器件与太赫兹辐射的耦合不同)。如文献[49]所示,低温饱和与晶体管静态传输特性中观察到的亚阈值斜率的饱和相关。

因此,低温响应饱和的物理机制归因于传输结构的变化,即从碰撞/扩散主导到弹道或陷阱主导。这些结果清楚地表明,基于 FET 的 THz 探测器可以通过降低温度显著提高响应度,甚至可以显著改善噪声等效功率,这是因为噪声也随着温度的降低而降低。但是,低温(30K 以下)下传输机制的变化限制了进一步改进。

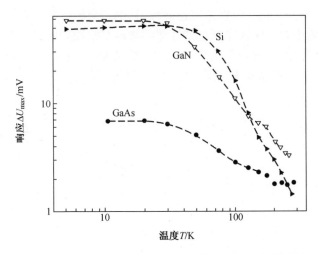

图 10.7 GaAs、GaN HEMT 和 Si MOSFET 对于 300GHz 辐射的最大响应（在 V_g-V_{th}）与温度的函数关系（据 Klimenko 等[26]）

10.5 FET 太赫兹探测的螺旋性依赖关系

已经阐明了太赫兹等离子体宽带探测器对线性极化方向较为敏感[47]。然而仅在近期才观察到光响应与圆极化程度成正比。Drexler 等[8]报道了 GaAs/AlGaAs HEMT 和 Si MOSFET 中的太赫兹螺旋性光响应灵敏度。实验采用了 0.6~2.5THz 频率范围连续波和脉冲太赫兹辐射。文献[8]提到的重要新实验和理论发现是：可以通过在晶体管沟道的对边产生两个交流干扰来探测光子的螺旋性。辐射与晶体管沟道的耦合可以通过两个有效天线在源极-栅极之间以及漏极-栅极之间产生交流电压进行建模。在长晶体管的情况下，沟道两个对边电流没有产生干扰，其对应影响与总体光响应无关。对于足够短的晶体管沟道，在器件中间部分产生的源极-漏极交流干扰导致直流电流分量与其相位差相关。当源极和漏极端被相互垂直的圆形（或椭圆）极化辐射正交分量激发时，会出现这样的相位差。在这种情况下，辐射螺旋性对干扰项敏感。

图 10.8 所示为通过改变辐射椭圆度获得的信号极化特性。

值得强调的是，观察到 FET 中的螺旋性响应依赖关系与特定的太赫兹整流物理机制相关。这为超灵敏（比其他已知方法高两个数量级以上）、快速和全电子表征太赫兹辐射极化态奠定基础，因此可用于研究新的太赫兹椭圆光度法。

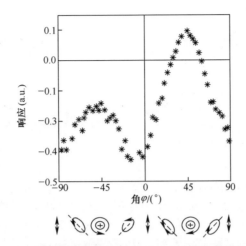

图 10.8 极化的响应关系图,$f=0.8$THz,底部的椭圆表示极化状态(据 Klimenko 等[26])

10.6 太赫兹通信应用的负载效应和等离子体波探测器

沟道电阻在阈值以下指数增加,并等于或高于测量系统的输入电阻。此时,响应信号由于简单分压效应(负载效应)而降低。而由于这种负载效应,信号也可能与调制频率相关,因为即使是很小的电容也会导致较大的 RC 常数。

文献[54]首次分析了负载效应与电阻的相关性(参见文献[53]及其他相关著作)。Sakowicz 等提出了最完整的负载效应处理方法[46]。如果要复现实验结果,应该将光伏信号 ΔU 除以系数 $(1+R_{CH}/Z)$,其中 R_{CH} 是沟道电阻,Z 是读出装置的负载复阻抗。由于 Z 为不仅包含前置放大器的负载电阻,而且还包含全部寄生电容,响应振幅取决于调制频率 f_m。

图 10.9 所示为调制频率 f_m 和负载电阻对响应-栅极电压相关性的影响。

一般说来,有两种情况会导致亚阈值范围内的信号减弱:①调制频率 f_m 增加;②读出电路的输入电阻减小。

从图 10.9(a)可以看出,调制频率增加至 10kHz 时,导致在高电阻范围(接近阈值)的信号减弱。然而,当晶体管处于低电阻状态且远远低于阈值时,在所考虑的整个频率范围内,信号与频率相关。

图 10.9(b)所示为负载电阻从 10MΩ 降低到 1kΩ 时使用 133Hz 调制频率获得的结果。与图 10.9(a)的结果类似,可以看到在高电阻状态下信号逐渐减弱(接近阈值)。图 10.9 还显示了带宽与响应幅度的折中。在不使用现象学方法进行任何拟合参数(式(10.20))和标准化因子 $(1+R_{CH}/Z)$(Z 用标准 LCR 桥测量)的条

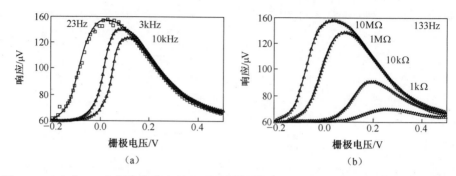

图 10.9 (a)在 10MΩ 恒定负载电阻和不同调制频率下,300GHz 光响应与栅极电压关系图。
调制频率从 23Hz、3kHz 逐渐升至 10kHz;(b)不同负载电阻和两个调制频率的响应与栅极
电压关系图,采用 133Hz 恒定调制频率(三角形)和负载电阻(10MΩ 和 1MΩ、10kΩ 和 1kΩ)
获得的结果,连续黑色线为计算结果(据 Sakowicz 等[46])

件下很好地重现了实验结果(见图中实线)。

从图 10.9 可以看出,高阻抗模式(接近阈值)探测器的带宽被限制在几千赫。带宽受限主要由于 3 个因素,即探测器的输出电阻、放大器的输入电阻和寄生电容。对于图 10.9 中的情况,晶体管和放大器之间电缆产生的寄生电容较高(约为 150pF),输出电阻接近阈值,约为 1MΩ,前置放大器的输入电阻为 10MΩ。

增加带宽有如下两种方法:

(1) 降低晶体管沟道电阻,使其远离阈值(接近 50Ω)。在图 10.9 中可以明显看到,栅电压越高,则带宽越大。

(2) 将晶体管、负载和放大器进行集成以降低寄生电容[22]。

下面通过综合这两种方式可以实现带宽达吉赫范围。

无线通信是太赫兹系统的重要应用之一。理论上,调制带宽可以处于亚太赫兹范围内,超过 100GHz[25]。例如,对于外差探测,室温下工作的 200nm 栅极晶体管的中频可以为 50~100GHz(在阈值以上)或 5~10GHz(在阈值以下)的量级[19]。如 Blin 等所证实的[1],在采用栅极长度 250nm 的等离子体 GaAs/AlGaAs 场效应晶体管作为探测器的无线通信系统中,调制频率可高达 8GHz。

图 10.10 所示为使用频谱分析仪探测的调制信号振幅。探测器直接安装在 50Ω 微带线上。施加栅极电压以保持探测器在打开状态(远离阈值),并为探测器提供接近 50Ω 的输出电阻。利用 50Ω 和 30dB 放大器对信号进行放大。观察到调制信号频率为 0.3MHz~8GHz。

通常在带宽和响应振幅之间进行折中。这种探测器远离阈值,带宽为 3dB 并达到吉赫范围,但灵敏度较低(1.3V/W),噪声等效功率较高(13.3nW/Hz$^{1/2}$)。如上所述,通过将晶体管与快速放大器集成可以获得改进。

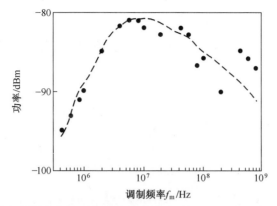

图 10.10　探测功率与调制频率的函数关系图，$f=0.305\mathrm{THz}$（据 Blin 等[1]）

10.7　太赫兹探测的双光栅栅极结构

非对称双光栅栅极（A-DGG）结构的两个光栅栅极具有不对称的叉指空间，是可以提升太赫兹耦合和整流效率的特殊结构。相比于对称双光栅结构，这种结构显著提升了响应度（约 4 个量级），可提供超高灵敏度的太赫兹探测[44]。其原因是 A-DGG 结构的晶胞可以创建强大的内置不对称区。当其中一个子光栅下面的二维沟道区被耗尽时，可显著提高太赫兹光响应。将 InAlAs/InGaAs/InP A-DGG HEMT 作为室温太赫兹探测器进行处理和研究[58]。从环形腔太赫兹参量振荡器源发出的频率为 1~3THz 的单色太赫兹脉冲波聚焦到探测器上[4,57-58]。利用锁相技术观察到的 V_d 变化作为光电信号。估测响应率为 $R_\mathrm{V} = \Delta U \cdot S_\mathrm{t}/P_\mathrm{t} \cdot S_\mathrm{d}$，其中：$P_\mathrm{t}$ 为探测器平面上源的总功率；S_t 为辐射束光斑面积；S_d 为探测器的有效面积。

图 10.11 所示为在 1THz、零-V_d 条件下，探测器的测量响应度与栅极电压摆幅（$V_{\mathrm{g}1,2}-V_\mathrm{th}$）的函数关系；当 $V_{\mathrm{g}2}$（$V_{\mathrm{g}1}$）浮动（0V 偏压）时，栅极 1 的直流电压 $V_{\mathrm{g}1}$（栅极 2：$V_{\mathrm{g}2}$）是扫描的[57-58]。当扫描 $V_{\mathrm{g}1}$ 至阈值 V_th 时，获得的最佳结果为 $R_\mathrm{V} = 2.2\mathrm{kV/W}$。在 1.5THz 的 V_d 偏压条件下表征探测器 1-1。随着 V_d 从 0 增加到 0.4V，最大响应度增加到 6.4kV/W。据我们所知，这些值是在所有 300K 快速响应探测器中的最好结果[4]。在噪声性能方面，这些探测器表现出非常低的 NEP，1THz 时在 V_d-无偏压条件下最小值为 15pW/$\mathrm{Hz}^{1/2}$[58]。这些值低于任何商用室温太赫兹探测仪，如高莱探测器或肖特基势垒二极管[57]。

A-DGG 结构已经用于如 655GHz 的大面积快速成像。我们使用树叶作为测试目标。图 10.12 所示为通过对光束焦点上的目标进行光栅扫描，采集到由 320×1120 个扫描点组成的太赫兹图像，每个点的积分时间为 10ms。主要纹理尺寸大

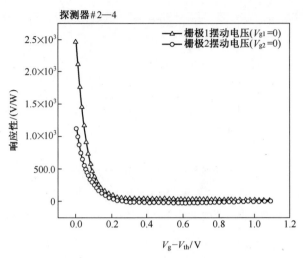

图 10.11 1THz 时漏极-无偏压条件下,探测器#2—4 的响应度与栅极摆动电压 ($V_{g1}-V_{th1}$ 或 $V_{g2}-V_{th2}$)的函数关系图(据 Watanabe 等[58])

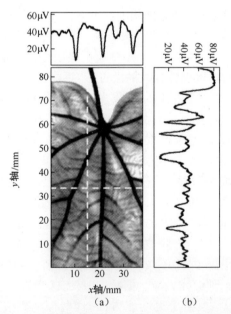

图 10.12 (a)使用 A-DGG 结构作为 650GHz 透过窗口中的探测器,对一枚新鲜树叶进行快速大面积室温太赫兹成像,(b)为对应于水平与纵向虚线的强度分布曲线

致相同,所有纹理从叶片基部的共同点延伸,可以用较好的空间分辨率实现可视化,并可以看到二级和三级纹理图案。纹理图案可用于植物识别。此示例表明 A-DGG 器件可以用于现实装置中,实现宏观样品的大面积快速成像。

10.8 讨论与结论

纳米级 FET 可作为在太赫兹频率工作的宽带太赫兹探测器、混频器、移相器以及倍频器,可与市售肖特基二极管相媲美。最近的研究表明,FET 达到了与肖特基二极管同等数量级的响应度、NEP 和速度,同时在 CMOS VLSI 兼容性方面具有优势。

FET 太赫兹探测器的进一步改进应涉及以下两点:①提高与外部辐射的耦合;②改善晶体管的设计及其与阻抗匹配放大器的集成。

亚太赫兹或太赫兹辐射的典型波长在 1mm 到几十微米的范围内。对于纳米级晶体管,通过天线直接完成有效耦合存在难度,其原因是:①太赫兹频率范围内的晶体管输入阻抗未知;②辐射耦合到基底,而不是晶体管本身。

最引人关注的进展是通过改善晶体管可实现共振探测机制。共振探测更灵敏,具有光谱分辨且栅极电压可调。有两种主要方式可达成这个目标:①增加载流子移动性;②改进器件几何结构。通过使用 InSb 或载流子超过 $8000\sim10000 cm^2/(V\cdot s)$ 的石墨烯基沟道,可以获得高迁移率。

改进器件的几何结构对于消除倾斜等离子体模态是必要的。大多数晶体管的栅极宽度远大于栅极长度。在这样的器件中,等离子体波以倾斜方向在不同的距离上传播,这样导致等离子体波谱变宽[16,29]。可以使用窄沟道晶体管或纳米线晶体管来削弱倾斜模态的影响[5,50]。但是,需要在沟道宽度和载流子迁移率之间进行折中,因为对于超窄沟道,沟道边界的附加散射限制了迁移率。因此,研制用于共振等离子体太赫兹探测的具有高载流子迁移率的窄沟道纳米线仍然是未来的技术挑战。

我们介绍了通过纳米级 FET 探测太赫兹辐射的最新实验结果。目前,最有希望的应用是非共振结构的宽带太赫兹探测。不同种类的 FET 可用于这些探测,包括 Si、GaAs、GaN、纳米线和石墨烯器件。

本章探讨了新应用,如太赫兹椭圆光度法和偏振灵敏成像。同时还证实了低温 FET 太赫兹探测器可提高性能。一个重要成就是演示了 8GHz 调制频率的宽带太赫兹通信。

未来使用 FET 进行太赫兹探测的技术发展应与太赫兹耦合和改进晶体管设计相关联,尤其是用于共振探测、载流子迁移率超过 $10000\sim20000 cm^2/(V\cdot s)$ 的悬浮石墨烯晶体管有较好的发展前途。其他发展方向是光栅栅极结构和纳米线晶体管。这些技术可能引导高效、谐振和电压可调太赫兹探测器的发展。

致谢

感谢 M. Dyakonov 教授提供了许多有益的讨论。该项工作是由 ANR 项目"WITH"、CNRS、GDR-I 项目"半导体源和太赫兹频率探测器"以及美法主持的"PUF"项目的支持。隶属于物理学和电子学部的蒙彼利埃团队由"科学兴趣组"GIS-TERALAB 支持。美国伦斯勒理工学院(RPI)的工作得到美国国家科学基金会(NSF)的 NSF EAGER 计划和美国研究图书馆协会(ARL)合作研究协议的资助。

参考文献

1. Blin S, Teppe F, Tohme L, Hisatake S, Arakawa K, Nouvel P et al (2012) Plasma-wave detectors for terahertz wireless communication. IEEE Electron Device Lett 33:1354–1356. doi:10.1109/led.2012.2210022
2. Boppel S, Lisauskas A, Krozer V, Roskos HG (2011) Performance and performance variations of sub-1 THz detectors fabricated with 0.15μm CMOS foundry process. Electron Lett 47:661
3. Boppel S, Lisauskas A, Max A, Krozer V, Roskos HG (2012) CMOS detector arrays in a virtual 10-kilopixel camera for coherent terahertz real-time imaging. Opt Lett 37:536–538. doi:10.1364/OL.37.000536
4. Boubanga-Tombet S, Tanimoto Y, Watanabe T, Suemitsu T, Wang Y, Minamide H et al (2012) Asymmetric dual-grating gate InGaAs/InAlAs/InP HEMTs for ultrafast and ultrahigh sensitive terahertz detection. In: 2012 37th international conference on Infrared, Millimeter, and Terahertz Waves (IRMMW-THz), pp 1–2. doi:10.1109/IRMMW-THz.2012.6380401
5. Boubanga-Tombet S, Teppe F, Coquillat D, Nadar S, Dyakonova N, Videlier H et al (2008) Current driven resonant plasma wave detection of terahertz radiation: toward the Dyakonov-Shur instability. Appl Phys Lett 92:212101–212103. doi:10.1063/1.2936077
6. But DB, Dyakonova N, Drexler C, Drachenko O, Romanov K, Golenkov OG, Sizov FF, Gutin A, Shur MS, Ganichev SD, Knap W (2013) The dynamic range of THz broadband FET detectors. In: Razeghi M (ed) Proceedings of SPIE 8846, Terahertz emitters, receivers, and applications IV, San Diego, USA, pp 884612–884617. doi:10.1117/12.2024226
7. Chaplik AV (1972) Possible crystallization of charge carriers in the inversion layer of low density. Sov Phys JETP 35:395
8. Drexler C, Dyakonova N, Olbrich P, Karch J, Schafberger M, Karpierz K et al (2012) Helicity sensitive terahertz radiation detection by field effect transistors. J Appl Phys 111:124504–124506. doi:10.1063/1.4729043
9. Dyakonov M, Shur M (1996) Detection, mixing, and frequency multiplication of terahertz

radiation by two-dimensional electronic fluid. Electron Devices IEEE Trans 43:380–387
10. Dyakonov M, Shur M (1993) Shallow water analogy for a ballistic field effect transistor: new mechanism of plasma wave generation by dc current. Phys Rev Lett 71:2465. doi:10. 1103/PhysRevLett. 71. 2465
11. Dyakonov MI, Shur MS (1996) Plasma wave electronics: novel terahertz devices using two dimensional electron fluid. Electron Devices IEEE Trans 43:1640–1645. doi:10. 1109/16. 536809
12. Dyakonova N, El Fatimy A, Lusakowski J, Knap W, Dyakonov MI, Poisson MA et al (2006) Room-temperature terahertz emission from nanometer field-effect transistors. Appl Phys Lett 88: 141906-3. doi:10. 1063/1. 2191421
13. Dyakonova N, Teppe F, Lusakowski J, Knap W, Levinshtein M, Dmitriev AP et al (2005) Magnetic field effect on the terahertz emission from nanometer InGaAs/AlInAs high electron mobility transistors. J Appl Phys 97:114313–114315. doi:10. 1063/1. 1921339
14. Eguiluz A, Lee TK, Quinn JJ, Chiu KW (1975) Interface excitations in metal-insulatorsemiconductor structures. Phys Rev B 11:4989–4993
15. El Fatimy A, Dyakonova N, Meziani Y, Otsuji T, Knap W, Vandenbrouk S et al (2010) AlGaN/GaN high electron mobility transistors as a voltage-tunable room temperature terahertz sources. J Appl Phys 107:024504-4. doi:10. 1063/1. 3291101
16. El Fatimy A, Teppe F, Dyakonova N, Knap W, Seliuta D, Valušis G et al (2006) Resonant and voltage-tunable terahertz detection in InGaAs/InP nanometer transistors. Appl Phys Lett 89: 131926-3. doi:10. 1063/1. 2358816
17. Elkhatib TA, Kachorovskii VY, Stillman WJ, Rumyantsev S, Zhang XC, Shur MS (2011) Terahertz response of field-effect transistors in saturation regime. Appl Phys Lett 98:243505-3. doi: 10. 1063/1. 3584137
18. Ganichev SD, Prettl W (2006) Intense terahertz excitation of semiconductors, vol 14. Oxford University Press, Oxford
19. Gershgorin B, Kachorovskii VY, Lvov YV, Shur MS (2008) Field effect transistor as heterodyne terahertz detector. Electron Lett 44:1036–1037. doi:10. 1049/el:20080737
20. Glaab D, Boppel S, Lisauskas A, Pfeiffer U, Ojefors E, Roskos HG (2010) Terahertz heterodyne detection with silicon field-effect transistors. Appl Phys Lett 96:042106-3. doi: 10. 1063/1. 3292016
21. Gutin A, Kachorovskii V, Muraviev A, Shur M (2012) Plasmonic terahertz detector response at high intensities. J Appl Phys 112:014508-5. doi:10. 1063/1. 4732138
22. Gutin A, Ytterdal T, Kachorovskii V, Muraviev A, Shur M (2013) THz spice for modeling detectors and nonquadratic response at large input signal. Sensors J IEEE 13:55–62. doi:10. 1109/jsen. 2012. 2224105
23. Han R, Zhang Y, Coquillat D, Videlier H, Knap W, Brown E et al (2011) A 280-GHz Schottky diode detector in 130-nm digital CMOS. Solid State Circ IEEE J 46:2602–2612. doi: 10. 1109/jssc. 2011. 2165234
24. Kachorovskii VY, Rumyantsev SL, Knap W, Shur M (2013) Performance limits for field effect transistors as terahertz detectors. Appl Phys Lett 102:223505-4. doi:10. 1063/1. 4809672

25. Kachorovskii VY, Shur MS (2008) Field effect transistor as ultrafast detector of modulated terahertz radiation. Solid State Electron 52:182–185. doi:10.1016/j.sse.2007.08.002
26. Klimenko OA, Knap W, Iniguez B, Coquillat D, Mityagin YA, Teppe F et al (2012) Temperature enhancement of terahertz responsivity of plasma field effect transistors. J Appl Phys 112:014506-5. doi:10.1063/1.4733465
27. Knap W, Deng Y, Rumyantsev S, Lu JQ, Shur MS, Saylor CA et al (2002) Resonant detection of subterahertz radiation by plasma waves in a submicron field–effect transistor. Appl Phys Lett 80:3433–3435. doi:10.1063/1.1473685
28. Knap W, Deng Y, Rumyantsev S, Shur MS (2002) Resonant detection of subterahertz and terahertz radiation by plasma waves in submicron field–effect transistors. Appl Phys Lett 81:4637–4639. doi:10.1063/1.1525851
29. Knap W, Dyakonov M (2013) Field effect transistors for terahertz applications. In: Saeedkia D (ed) Handbook of terahertz technology. Woodhead Publishing, Waterloo, pp 121–155
30. Knap W, Dyakonov M, Coquillat D, Teppe F, Dyakonova N, Lusakowski J et al (2009) Field effect transistors for terahertz detection: physics and first imaging applications. J Infrared Millim Terahertz Waves 30:1319–1337. doi:10.1007/s10762-009-9564-9
31. Knap W, Kachorovskii V, Deng Y, Rumyantsev S, Lu JQ, Gaska R et al (2002) Nonresonant detection of terahertz radiation in field effect transistors. J Appl Phys 91:9346–9353. doi:10.1063/1.1468257
32. Knap W, Lusakowski J, Parenty T, Bollaert S, Cappy A, Popov VV et al (2004) Terahertz emission by plasma waves in 60 nm gate high electron mobility transistors. Appl Phys Lett 84:2331–2333. doi:10.1063/1.1689401
33. Knap W, Rumyantsev S, Vitiello M, Coquillat D, Blin S, Dyakonova N et al (2013) Nanometer size field effect transistors for terahertz detectors. Nanotechnology 24:214002
34. Knap W, Teppe F, Meziani Y, Dyakonova N, Lusakowski J, Boeuf F et al (2004) Plasma wave detection of sub-terahertz and terahertz radiation by silicon field–effect transistors. Appl Phys Lett 85:675–677. doi:10.1063/1.1775034
35. Kreisler AJ (1986) Submillimeter wave applications of submicron Schottky diodes. In: Izatt JA (ed) Proceedings of SPIE 666 Quebec symposium. International Society for Optics and Photonics, Quebec, Canada, pp 51–63. doi:10.1117/12.938820
36. Lisauskas A, Glaab D, Roskos HG, Oejefors E, Pfeiffer UR (2009) Terahertz imaging with Si MOSFET focal–plane arrays. In: Linden KJ (ed) Proceedings of SPIE 7215: Terahertz technology and applications II. International Society for Optics and Photonics, San Jose, p 72150J. doi:10.1117/12.809552
37. Lisauskas A, Pfeiffer U, Ojefors E, Bolivar PH, Glaab D, Roskos HG (2009) Rational design of high-responsivity detectors of terahertz radiation based on distributed self-mixing in silicon field–effect transistors. J Appl Phys 105:114511–114517. doi:10.1063/1.3140611
38. Lu J-Q, Shur MS (2001) Terahertz detection by high-electron-mobility transistor: enhancement by drain bias. Appl Phys Lett 78:2587–2588. doi:10.1063/1.1367289
39. Lu J-Q, Shur MS, Hesler JL, Liangquan S, Weikle R (1998) Terahertz detector utilizing twodi-

mensional electronic fluid. Electron Device Lett IEEE 19:373–375. doi:10. 1109/55. 720190

40. Nakayama M (1974) Theory of surface waves coupled to surface carriers. J Phys Soc Jpn 36: 393–398. doi:10. 1143/jpsj. 36. 393

41. Ojefors E, Pfeiffer UR, Lisauskas A, Roskos HG (2009) A 0. 65 THz focal-plane array in a quarter-micron CMOS process technology. Solid State Circ IEEE J 44:1968–1976. doi:10. 1109/JSSC. 2009. 2021911

42. Perenzoni D, Perenzoni M, Gonzo L, Capobianco AD, Sacchetto F (2010) Analysis and design of a CMOS-based terahertz sensor and readout. In: Berghmans F (ed) SPIE 7726, Optical sensing and detection, Brussels, Belgium, pp 772618–772612. doi:10. 1117/12. 854442

43. Popov VV, Ermolaev DM, Maremyanin KV, Maleev NA, Zemlyakov VE, Gavrilenko VI et al (2011) High-responsivity terahertz detection by on-chip InGaAs/GaAs field-effect-transistor array. Appl Phys Lett 98:153504-3. doi:10. 1063/1. 3573825

44. Popov VV, Fateev DV, Otsuji T, Meziani YM, Coquillat D, Knap W(2011) Plasmonic terahertz detection by a double-grating-gate field-effect transistor structure with an asymmetric unit cell. Appl Phys Lett 99:243504-4. doi:10. 1063/1. 3670321

45. Rudin S, Rupper G, Gutin A, Shur M (2014) Theory and measurement of plasmonic terahertz detector response to large signals. J Appl Phys 115 (6): 064503–064511. doi: 10. 1063/1. 4862808

46. Sakowicz M, Lifshits MB, Klimenko OA, Schuster F, Coquillat D, Teppe F et al (2011) Terahertz responsivity of field effect transistors versus their static channel conductivity and loading effects. J Appl Phys 110:054512–054516. doi:10. 1063/1. 3632058

47. Sakowicz M, Lusakowski J, Karpierz K, Grynberg M, Knap W, Gwarek W(2008) Polarization sensitive detection of 100 GHz radiation by high mobility field-effect transistors. J Appl Phys 104:024519-5. doi:10. 1063/1. 2957065

48. Schuster F, Coquillat D, Videlier H, Sakowicz M, Teppe F, Dussopt L et al (2011) Broadband terahertz imaging with highly sensitive silicon CMOS detectors. Opt Express 19:7827–7832. doi: 10. 1364/OE. 19. 007827

49. Schuster F, Knap W, Nguyen V (2011) Terahertz imaging achieved with low-cost CMOS detectors. Laser Focus World 47(7):37–41

50. Shchepetov A, Gardes C, Roelens Y, Cappy A, Bollaert S, Boubanga-Tombet S et al (2008) Oblique modes effect on terahertz plasma wave resonant detection in InGaAs/InAlAs multichannel transistors. Appl Phys Lett 92:242105–3. doi:10. 1063/1. 2945286

51. Sherry H, Grzyb J, Yan Z, Al Hadi R, Cathelin A, Kaiser A et al (2012) A 1kpixe CMOS camera chip for 25fps real-time terahertz imaging applications. In: Fujino LC (ed) Solid-state circuits conference digest of technical papers (ISSCC), vol 55, 2012 IEEE international, pp252–254. doi:10. 1109/isscc. 2012. 6176997

52. Shur M (1996) Introduction to electronic devices. Wiley, New York, p 608. ISBN 9780471103486

53. Stillman W, Donais C, Rumyantsev S, Shur MS, Veksler D, Hobbs C et al (2011) Silicon FinFETs as detectors of terahertz and sub-terahertz radiation. Int J High Speed Electron Syst 20:27–

42. doi:10.1142/s0129156411006374
54. Stillman W, Shur MS, Veksler D, Rumyantsev S, Guarin F (2007) Device loading effects on nonresonant detection of terahertz radiation by silicon MOSFETs. Electron Lett 43:422-423. doi:10.1049/el:20073475
55. Tauk R, Teppe F, Boubanga S, Coquillat D, Knap W, Meziani YM et al (2006) Plasma wave detection of terahertz radiation by silicon field effects transistors: responsivity and noise equivalent power. Appl Phys Lett 89:253511-3. doi:10.1063/1.2410215
56. Veksler D, Teppe F, Dmitriev AP, Kachorovskii VY, Knap W, Shur MS (2006) Detection of terahertz radiation in gated two-dimensional structures governed by dc current. Phys Rev B 73:125328. doi:10.1103/PhysRevB.73.125328
57. Watanabe T, Boubanga-Tombet SA, Tanimoto Y, Fateev D, Popov V, Coquillat D et al (2013) InP- and GaAs-based plasmonic high-electron-mobility transistors for roomtemperature ultrahigh-sensitive terahertz sensing and imaging. Sensors J IEEE 13:89-99. doi:10.1109/jsen.2012.2225831
58. Watanabe T, Tombet SB, Tanimoto Y, Wang Y, Minamide H, Ito H et al (2012) Ultrahigh sensitive plasmonic terahertz detector based on an asymmetric dual-grating gate HEMT structure. Solid State Electron 78:109-114. doi:10.1016/j.sse.2012.05.047

第11章
太赫兹在民用和军事安全检查中的应用

Norbert Palka, Marcin Kow. alski, Radosław Ryniec,
Mieczysław Szustakowski, Elżbieta Czerwińska

摘 要：本章介绍可探测隐藏在衣服下面物体的系统。该系统基于商业成品太赫兹相机,并配备了专门设计的图像处理和融合软件。此外,通过融合算法可将可见光相机所成图像与太赫兹图像组合在一起,获得的最终融合图像显著提高了探测部件的图像清晰度。判断图像处理技术是否有效的一个非常重要的因素是能够对图像质量进行正确的评估。提出将两种图像质量评估方法进行组合,以评估图像融合质量和比较图像融合算法。还设计和制作了用于测试太赫兹相机功能的移动和无线控制热模型。采用工作在 0.25THz 的太赫兹相机和标准热像仪进行测试。比较了热模型及人体所成的图像,藏有物品(刀、枪、炸弹)的裸体和着装模型的图像相似度令人满意。利用热模型的温度稳定性足以评估这些相机性能。

11.1 引言

目前,执法机构正面临着打击恐怖威胁的问题,因而特别关注于隐藏在衣服下面的爆炸装置和武器。很多研发机构正在寻找安全、精确和远距离的非侵入式检查技术。电磁波谱的太赫兹频率(0.1~3.0THz)在此项应用中颇有前景。许多爆炸物,如黑索金(Hexogen)、季戊炸药(Penthrite)和奥克托今(Octogen)等在太赫兹波段[1-2]都具有透射和反射特征,因而有助于将其与其他普通材料进行区分。此

N.Palka · M.Kowalski(✉) · R.Ryniec · M.Szustakowski · E.Czerwinska
Institute of Optoelectronics, Military University of Technology, 2 S.Kaliski Street,
Warsaw, Poland
e-mail：mkowalski@ wat.edu.pl

外,太赫兹辐射在透过衣服后衰减较小[3],可被金属物体如刀或枪以高反射比进行反射[4]。因其光子能量小(1THz为4.4meV)[4],太赫兹对人类健康造成的危害最小。限制太赫兹通过空气传播的主要原因是水蒸气的强分子吸收[1,4]。太赫兹辐射具有的上述特性使其用于两种军事安全领域——爆炸物探测[2,5]和人员安全检查[6-8]。

太赫兹用于人员安全检查有两种方式:通道入口[9-10]和相机[11-12],可采用被动或主动操作,主要工作在0.1~0.3THz。由于在自然界人体和物体的辐射不同,在该波段工作的被动系统可探测到隐藏在人身上的物体。人体皮肤的辐射高于隐藏的物品,是因为人体的辐射温度通常高于这些物品的辐射温度[13]。此外,水成分占人体皮肤70%,因此人体皮肤的发射率常常不同于隐藏的危险金属或介电材料的发射率,从而更易于区分。

本章介绍可探测隐藏在人衣服下面物品的系统(11.2节)。该系统基于商业相机,且配备专用的图像处理和融合软件(11.3节)。这种数值算法软件提高了探测部件的清晰度。11.4节介绍图像质量评估。

为避免对目标人员进行耗时、单调和昂贵的测试,制作了带有人体模型的移动平台。11.5节侧重于热模型的构建和测试结果,开发热模型是为了测试太赫兹相机和图像处理软件。

11.2 探测隐藏物体的太赫兹系统

基于太赫兹辐射的独特特性,太赫兹视觉系统越来越受欢迎。太赫兹相机虽然处于研究的初期阶段,但是发展速度非常快,制造商目前可以提供太赫兹被动和主动(使用外部辐射源记录图像)成像的摄像机。

太赫兹成像装置可用于制作威胁早期探测系统[14-16]。通过测量人与物体的不同辐射温度,太赫兹成像装置可采集隐藏在人衣服下面物体的图像。发现隐藏在衣服下面的危险品是保证公共场所安全的关键,可通过带有图像融合算法的多光谱、太赫兹探测系统来实现。最终经过融合算法处理的图像可提供很多信息,与太赫兹相机或可见光相机的典型图像相比,更便于人类感知。

太赫兹相机是探测隐藏物体系统的核心部件,可提供探测隐藏物体所需的基本数据。太赫兹相机放置在平移-俯仰云台上,可以方便地选择观察方向(图11.1)。

太赫兹系统配有两个可见光相机:一个用于跟踪目标,具有10M的像素分辨率和宽视场;另一个安装在太赫兹相机壳体内。内置的可见光相机用来提供背景图像,并与经过软件处理后的太赫兹图像融合。整个系统由中央处理单元控制,采用触摸屏观察数据。系统放置在移动平台上确保达到令人满

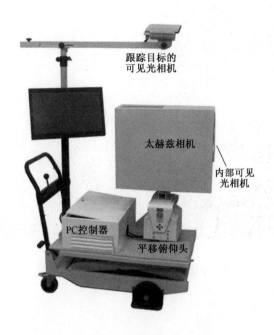

图 11.1　探测隐藏物体的太赫兹系统

意的可移动性。

　　研究中使用了 ThruVision TS4[11] 太赫兹相机,它是工作在 250GHz 的被动相机,是系统的核心,对目标成像经过处理后,可以识别场景中的隐藏物体。

　　太赫兹相机的图像分辨率为 124×271 像素,具有高量级的噪声和不均匀性,因此不能用来识别探测物体。太赫兹图像的分辨率低,噪声大,成像距离有限,这些是太赫兹成像必须解决的根本问题,而这些问题都与当前的技术水平直接相关。因此,为了提高太赫兹图像质量,利用太赫兹辐射的独特特性,我们决定应用先进的图像处理方法,将太赫兹图像像素与其他波段的图像像素相融合[17]。采用附加的可见光(VIS)相机,以便提升太赫兹图像探测隐藏物体的潜力。可见光相机的作用是提供背景图像,以显示太赫兹相机探测的隐藏物体。由于使用了可见光相机,最终生成的图像便于系统操作人员解读,可为决策处理提供重要支持(图 11.2)。

　　遗憾的是,上述的两个相机都不能提供图像处理功能。为了发现隐藏的目标,研制了目标探测系统,需要将两个相机集成在一起。采用了硬件和软件(编程)的两级集成。硬件部分完成相机采集处理的时间同步,软件部分用于实施图像处理(预处理和图像融合)。

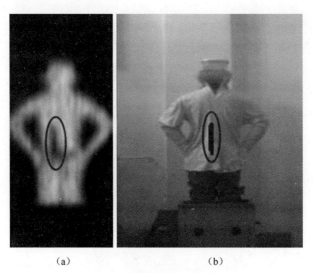

(a) (b)

图 11.2 两个波段的互补图像
(a)THz;(b)可见光。

11.3 图像处理

本节中系统采用的图像处理方法基于前几年的研究结果。该方法包括采集、处理和融合 3 个步骤。首先,记录来自可见光(VIS)相机和太赫兹(THz)相机的图像。采集之后进行图像处理。然后,对 VIS 图像和 THz 图像进行预处理。VIS 图像经过裁剪可以匹配 THz 图像的几何形状。与此同时,对 THz 图像进行各种图像处理,以便能够发现实际上可能隐藏在衣服下面的异常物体。图像处理的第三步是对两种不同波段的图像进行融合。图像融合算法如图 11.3 所示。

第一步:图像采集之后,图像处理软件的首要任务是为后面图像融合处理进行几何匹配。VIS 摄像机的分辨率为 600×550 像素,视场不同于太赫兹相机。因此,必须对 VIS 图像进行裁剪以适合太赫兹图像。

第二步:THz 图像处理算法。由于太赫兹相机图像具有高量级数据噪声,需要进行图像滤波,以便在下面的算法(融合)中使用 THz 图像。图像滤波的主要目的是从噪声测量中恢复原始像素数据,且不会造成原始数据的额外畸变。

图像滤波的表达式如下:

$$v(i) = u(i) + n(i) \tag{11.1}$$

式中:$v(i)$ 为测量值;$u(i)$ 为原始值;$n(i)$ 为噪声;i 为像素数。

对于图像 v,滤波(NL)后的像素值为

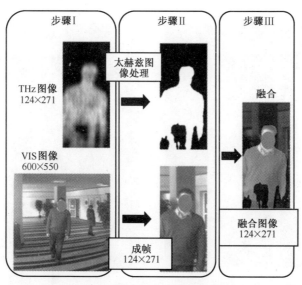

图 11.3 图像处理的方法(融合算法)

$$\text{NL}[v](i) = \sum_{j \in I} w(i,j) v(j) \tag{11.2}$$

式中：$w(i,j)$ 因素为

$$w(i,j) = \frac{1}{Z(i)} \exp\left(-\frac{\parallel v(N_i) - v(N_j) \parallel_{2,a}^{2}}{h^2}\right) \tag{11.3}$$

在式(11.3)中，$Z(i)$ 由下面等式的归一化常数描述：

$$Z(i) = \sum_j \exp\left(-\frac{\parallel v(N_i) - v(N_j) \parallel_{2,a}^{2}}{h^2}\right) \tag{11.4}$$

式中：h 为滤波的程度；$v(N_i)$ 为第 i 个像素的邻域。

滤波后的 THz 图像示例及其模糊图像如图 11.4 所示。图像滤波之后，使用 THz 图像阈值分割，以便探测隐藏物体(图 11.5)。

然后，将 THz 和 VIS 图像融合产生最终的图像。研究了 12 种图像融合方法及不同方法融合的图像。在第一种情形中，将 VIS 图像叠加在二进制图像上，将二进制图像插值到 VIS 图像中，生成对应于人体上隐藏的物体阴影，可清楚地看到隐藏物体的位置。然而，在合成图像中人体上的阴影图像会干扰图像的主观感知，降低 VIS 图像中物体细节的可见度。图 11.6 所示为第一种情形中，融合之前和之后的图像。

第二种情形仅仅将探测到的物体叠加在 VIS 图像上实现可视化。该方法消除了第一种情形中产生的阴影图像。这种方法需要更复杂的图像分割方法，图 11.7 所示为融合处理后的图像。

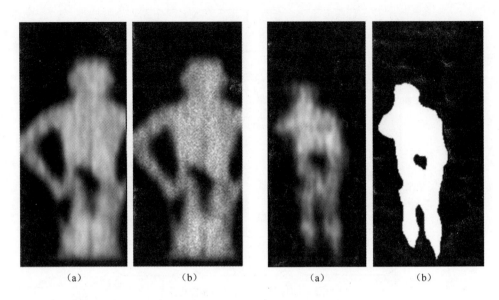

图 11.4 THz 图像滤波
(a)原始的 THz 图像;(b)滤波的 THz 图像。

图 11.5 THz 图像阈值处理
(a)THz 图像;(b)二值 THz 图像。

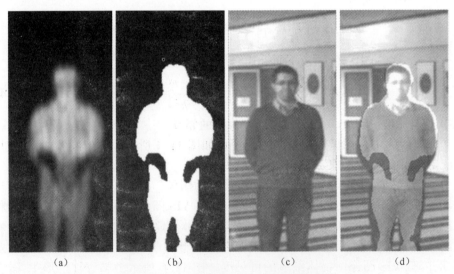

图 11.6 VIS 图像和二值 THz 图像的融合
(a)THz 图像;(b)THz 二值图像;(c)VIS 图像;(d)融合图像。

应该注意的是,处理信息的可视化对系统操作至关重要。可视化的目的是支持系统操作人员进行决策。

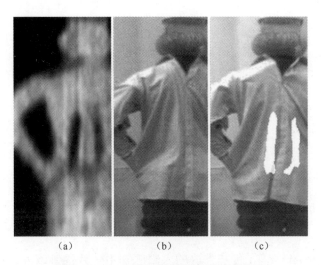

图 11.7 VIS 图像和探测物体的图像融合
(a)THz 图像;(b)VIS 图像;(c)融合图像。

11.4 图像质量评估

在选择图像处理方法时,一个非常重要的方面是根据所需标准,比较所有不同形式的算法性能。所有的基准和评估标准必须可重复和客观是非常关键的[18]。为此,研究了若干种评估图像质量的方法,这些方法能够对图像处理之前和之后的质量进行评估。本文只选择了一种图像融合方法。为了客观地比较图像融合方法的性能,研究出了图像质量评估(IQA)方法论。需要注意的是,这种图像融合评估方法不仅可以评估图像融合算法的结果,而且可以评估图像融合之前使用的所有图像处理操作步骤。

所有的 IQA 方法可以分为两组——参考和非参考。前者使用参考图像来测量最终图像的质量,而后者仅使用合成图像来计算图像质量。

图像质量评估的主要问题与融合图像相关。现实世界中不存在融合图像,因此不能用评估自然界图像的方法评估融合图像。IQA 对融合图像来说是一项复杂操作,因为在图像融合处理之后,获得的图像是两个图像(THz 和 VIS)经过变换的结果,不可能找到任何参考图像。评估融合图像质量的一种非常流行的方法是计算峰值信噪比、均方误差或平均差异[17]。

本文采用的融合图像质量评估方法是测量人眼图像感知。采用的融合图像的评估方法如图 11.8 所示。

建立了结构相似度(SSIM)指标来测量两个图像之间的相似度,因而它是一个

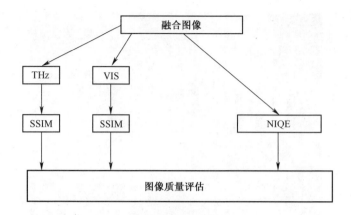

图 11.8 评估融合图像的方法

完全参考法。SSIM 改善了传统方法的人眼感知不一致性。该方法将图像质量下降作为感知的结构信息变化。结构信息描述像素间相互依赖关系的强度,尤其是当空间上相互靠近时[8]。这些相互依赖关系含有关于观察场景中物体结构的重要信息。SSIM 指标值在<0,1>之间,1 表示两个相同的图像。可用以下公式计算 SSIM 指标[19]:

$$\text{SSIM}(x,y) = \frac{(2\mu_x\mu_y + c_1)(2\sigma_{xy} + c_2)}{(\mu_x^2 + \mu_y^2 + c_1)(\sigma_x^2 + \sigma_y^2 + c_2)} \tag{11.5}$$

式中:x,y 为图像;$\mu_x(\mu_y)$ 为 $x(y)$ 的平均值;$\sigma_x^2(\sigma_y^2)$ 为 $x(y)$ 的方差;σ_{xy} 为 x 和 y 的协方差;$c_1 = (k_1L)^2$,$c_2 = (k_2L)^2$ 为稳定分式的两个变量,L 为像素值的动态范围(通常 $2^{\#位/像素}-1$),$k_1=0.01,k_2=0.03$。

本文提出的第二个 IQA 方法是自然图像质量评估(NIQE)。观察自然界图像统计规律的可测量偏差就是基于这种方法。NIQE 仅使用自然图像,所以该方法不需要对人类定义的畸变图像进行训练,它不受任何畸变图像的影响。

NIQE 基于建立统计特征的质量意识收集,这种统计特征基于简单和成功的空间域自然场景统计模型。这些特征来源于自然界、非畸变图像语料库[20]。

畸变图像的质量可以描述为自然场景统计特征模型与畸变图像提取的多元高斯特征拟合之间的差距,采用以下方程计算[8]:

$$D(\bm{v}_1,\bm{v}_2,\bm{\Sigma}_1,\bm{\Sigma}_2) = \sqrt{(\bm{v}_1-\bm{v}_2)^\mathrm{T}\left(\frac{\bm{\Sigma}_1+\bm{\Sigma}_2}{2}\right)^{-1}(\bm{v}_1-\bm{v}_2)} \tag{11.6}$$

式中:$\bm{v}_1,\bm{v}_2$ 为自然场景多元高斯模型与畸变图像的多元高斯模型的平均向量;$\bm{\Sigma}_1,\bm{\Sigma}_2$ 为自然场景多元高斯模型与畸变图像的多变量高斯模型的协方差矩阵。NIQE 值在 $(0,\infty)$ 范围内(表 11.1)。

表 11.1 选择图像融合方法的准则

方　　法	范　　围	期望值
NIQE	<0,∞)	0
SSIM(VIS 融合)	<0,1>	1
SSIM(THz 融合)		<0,2

根据我们的初步假设,VIS 融合图像的 SSIM 指标应倾向于 1,而 THz 融合图像的 SSMI 指标和 NIQE 值应趋于 0。这意味着,融合图像和 VIS 图像之间的指标关连大于融合图像和 THz 图像之间的指标关连。这似乎是显而易见的,原因是在融合处理时,VIS 图像是背景图像,只使用了一些必要和相关的 THz 图像元素。三种图像融合选择方法的比较结果如表 11.2 所列。

表 11.2 选择的 3 种图像融合方法比较

	平均	移位不变 DWT	对比度金字塔
NIQE	8.1235	35.1217	12.0712
SSIM VIS 融合	0.6889	0.0336	0.2980
SSIM THz 融合	0.0457	0.3039	0.2665

尽管太赫兹图像具有较低的信噪比和对比度,我们成功地实现了对隐藏目标的自动探测和分割。基于被动太赫兹相机和可见光相机,制作了探测隐藏目标的系统。需注意,该系统应当工作在特定条件下,而在系统操作方面非常重要的是确保合适的环境条件,如温度、湿度及目标与相机的距离。所有这些参数都应当可控。

太赫兹技术的最新进展以及对太赫兹成像技术的不断探索,促进其在国防和安全领域的应用发展。然而,太赫兹技术用于防御和安全领域仍面临一些挑战和困难。

11.5 热模型

制作了可模仿人移动的体模移动平台,以避免耗时和高成本的测试。本节侧重于热模型相关的制作和测试结果,以测试太赫兹相机和图像处理软件功能。

11.5.1 热模型制作

众所周知,人体温度分布不均匀,温度变化范围为 29~36℃。因此,设计的体模整体表面温度分布不均匀,并假设在一定范围内变化。此外,对于着装的人体来说,根据所穿衣服的数量和种类,某些部位温度可以降低到约 25℃,甚至更低。

在体模身上设计出图案,其皮肤由许多循环并填充了热血的静脉组成。静脉通过动脉与心脏连接,心脏将血液泵送到身体各个部位。还制作了一个替代品,以满足上述测试中对太赫兹设备和软件的所有要求(图 11.9)。

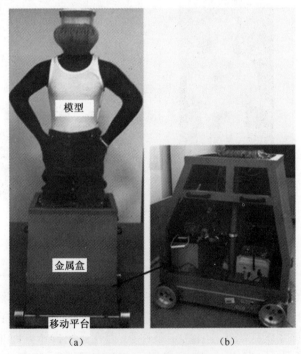

图 11.9 人体模型照片
(a)移动平台;(b)金属盒。

设计热模型的核心是 110cm 长的聚苯乙烯人体模型,在其身上垂直覆盖了

150个内径和外径分别为4mm和5mm的塑料管。管道之间的距离小于3mm,以避免热传导不均匀。

将管道胶合到体模上,然后用硅树脂涂覆,这样制作的体模重量轻,但易碎。我们决定用带有温度控制器的盒子替换腿下半部分(大腿中部以下)。由于在平台启动和停止时,较高的模型容易翻转,为了增加刚度,在体模的每条腿里插入一根长塑料杆。模型添加管道和硅树脂"皮肤"后的质量约5kg。

如所预期的那样,由于热传递主要集中在硅胶皮肤,导致向上和向下的水流有温差。为了减少这种现象,我们采用了复杂的管道设计方案,如图11.10所示。

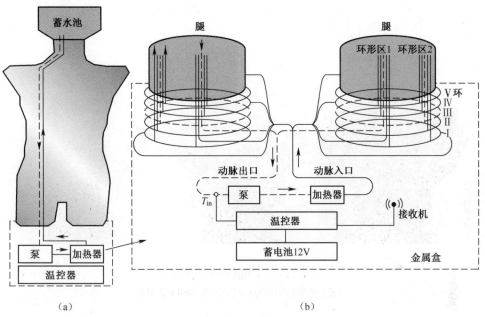

图 11.10 体模
(a)设计方案;(b)上下管道的详细布局。

管道上端连接到水箱(体模头部),而管道下端通过一组直径更宽的管道(I-V)连接到动脉出口和入口(图11.10(b))。确定了来自动脉入口80%的水通过管道向上流到水箱,管道中只有20%的水在重力作用下从水箱向下流。每条腿采用4个上流环(图11.10(b)中的实线Ⅰ,Ⅱ,Ⅳ,Ⅴ)和一个下流环(虚线Ⅲ)。将最小的管道分组,形成环形管道区域(图11.10(b))。每个区域由下行管(较冷,虚线)组成,并被一些上行管(较热,实线)包围。

如果温度(T_{in})上升或下降到极限值以下,可用温度控制器分别关闭或打开加热器。T_{in}的温度可调整至33℃,这意味着体模的最高温度大约为37℃。通常我们测试体模用$T_{in}=31$℃,因为该温度与人体最接近。

扁平、移动和无线控制的平台带有4个轮子(图11.9),提供所需的可操纵性,负载重量可达100kg。由于具有4个独立直流电动机,该遥控设备不但可以在平坦地面上操作,还可以高达400mm/s的速度前进、后退、转向和旋转。平台上安装了具有868MHz无线电收发器的控制器和一组4个超声波传感器,可对平台定位,避免撞上障碍物。用LabView软件可遥控移动。将带有金属盒的体模安装在移动平台上,其高度为185cm,加上5L水的重量约70kg。

为体模配有一套普通衣服(主要由棉布和其他常见材料制成),包括拳击手短裤、背心、T恤、裤子、衬衫、毛衣、夹克、套装和皮带(图11.11(a))。购买了一些假武器(小的常规手枪、左轮手枪、刀等)和必要的皮套(图11.11(b))。此外,还准备了5种仿制的人体小型爆炸装置(BBIED)——隐藏在衣服下面的金属和非金属物品,以模拟原型的炸弹(图11.11(c))。

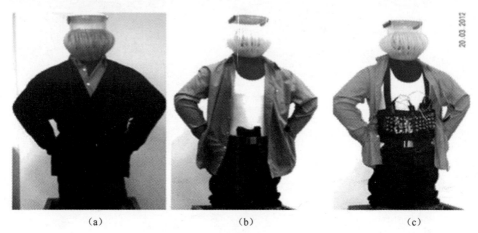

图11.11 可用的移动平台照片
(a)着装体模;(b)带枪体模;(c)带BBIED的体模。

11.5.2 测量配置和结果

与人体类似,体模在太赫兹范围内所成图像可见,以验证测试有效性。在测试过程中,两个目标(体模和人体)先裸露,然后穿上普通的棉衬衫和毛衣。由于太赫兹图像较模糊,我们还利用热像仪测量这两个目标,以便及时了解温度分布和温度稳定性。

我们用VIGO公司的VIGOcam v50完成热测试。热像仪采用在8~14μm波段工作的384×288像素微测辐射热计焦平面阵列相机。相机通过以太网和PC连接,并利用THERM软件对热图像进行采集、可视化和记录。确定了在温度稳定期间体模表面的最高和最低温度。

两台相机(THz相机和热相机)与目标之间的距离为6m。测量是在稳定温度约22℃、相对湿度约40%的实验室中进行。体模温度稳定在 $T_{in}=31℃$。

图11.12(a)给出两个裸体目标的热图像。最有可能隐藏危险物品的地方位于胸部和胃部,因此我们将注意力集中图11.12(a)中标记的矩形区域,并测定这些区域的平均温度。获得的人体温度为(31.7±0.2)℃,体模温度为(31.6±0.2)℃,结果令人满意。与此同时,我们通过TS4相机获得了两个目标的太赫兹图像(图11.12(b))。由于THz摄像机的分辨率和灵敏度都较低,图像模糊,但目标轮廓清晰可见,两个目标的图像强度接近且均匀,而在热图像中没有观察到这些特征。

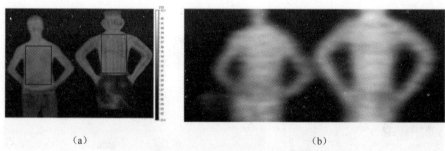

(a)　　　　　　　　　　　　　(b)

图11.12　裸体的体模(右)和人(左)的图像比较
(a)热图像;(b)太赫兹图像。

此外,在2h内,每2min测量体模表面、图11.12(a)中矩形区域的最大(T_{max})和最小(T_{min})温度。获得的温度稳定性(图11.13)和标准偏差(0.1~0.2℃)似乎足以实现预期应用。我们还用数字温度计测量加热液体的温度稳定性,$T_{in}=(30.94±0.5)℃$。

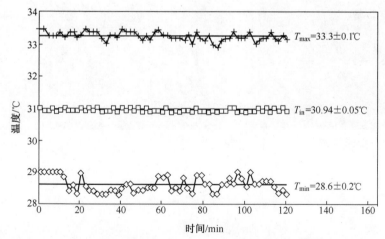

图11.13　测量2h内体模表面、图11.12(a)标记矩形区域的最大(T_{max})和最小(T_{min})温度,以及相同时间内加热液体的温度(T_{in})

图 11.14 和图 11.15 为穿着裤子和短袖棉衬衫或长袖棉衬衫及毛衫的体模和人的热图像以及太赫兹图像。注意到,当体模和人不管是裸体或是着装,两者的温度几乎一样。两个目标的太赫兹图像亮度几乎相同。与热图像相比,太赫兹相机分辨率低,因而图像不太清楚,但人体形状清晰可见。

此外,测量了穿着短袖衬衫的体模在 2h 内的温度稳定性,图 11.14 标记出矩形区域内的最大(T_{max})和最小(T_{min})温度。还记录了体模前臂上没有被衬衫遮盖的最高温度(T_{arm}),用数字温度计测量加热液体的温度稳定性 T_{in} = (30.96 ± 0.5)℃。图 11.16 示出该情况下的温度稳定性同样令人满意。

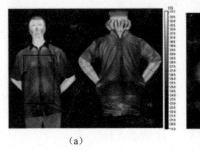 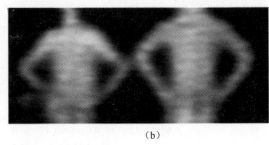

(a)　　　　　　　　　　　　　　　　(b)

图 11.14　穿短袖衬衫的目标
(a)热图像;(b)太赫兹图像。

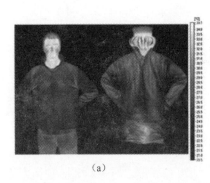 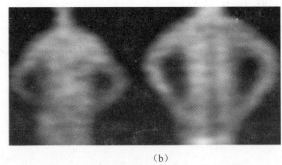

(a)　　　　　　　　　　　　　　　　(b)

图 11.15　穿长袖衬衫和毛衫的目标
(a)热图像;(b)太赫兹图像。

最后,我们比较了在目标衣服下面藏有长 25cm 手枪的太赫兹图像(图 11.17)。两个目标图像都是在穿着棉衬衫下获得的,并以同样的方式观察藏有物体并具有相似形状的黑色区域。

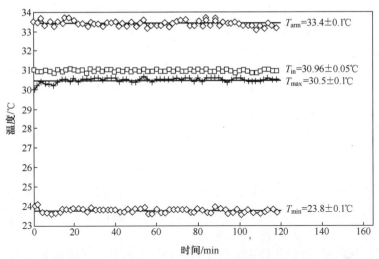

图 11.16 测量 2h 内体模表面、图 11.12(a)标记矩形区域的最大(T_{max})和最小(T_{min})温度,以及相同时间内加热液体(T_{in})和体模前臂的最高(T_{arm})温度

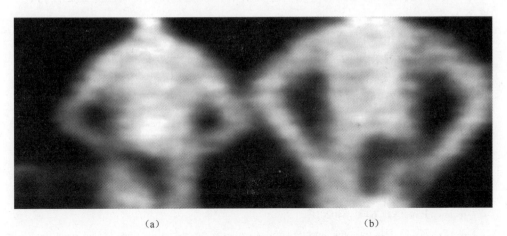

(a) (b)

图 11.17 目标穿着棉衬衫并藏有手枪的太赫兹图像
(a)人;(b)体模。

11.6 结论

本章结果表明,太赫兹相机图像计算机处理的确是当前安全防御应用的一种有前途且经济有效的方法。数据分析工具和预测模型的探索性开发和利用是未来的研究方向。

考虑到有效性和效用,在研究过程中测试了许多图像处理算法。所研发软件算法的有效性主要取决于人和相机之间的距离、目标尺寸及类型。必须强调的是,在所有应用中仅使用一种图像处理方法是无效的。为了提高图像质量,需要组合各种算法。

本章介绍的图像融合算法是一项非常有前景的研究成果。太赫兹和可见光图像综合应用的最新研究表明,将不同波段的两个图像融合在一起用于安检领域具有巨大潜力。在这项研究中,我们侧重于从每个图像中提取最有价值的特征,然后将其融合在一起。未来将进一步研究图像融合算法以及可见光、太赫兹和热图像的融合。

本文介绍的图像质量评估方法表明,通过组合使用各种 IQA 方法,可以评估图像质量和人对图像的感知能力。这种方法在图像融合技术研究中非常有用,有利于为最终系统选择最适合的融合算法。

值得注意的是,我们获得了太赫兹和红外辐射波段上的人体和体模令人满意的相似度。通过用热相机和太赫兹相机测试体模,穿着各种衣服的人体和体模的图像非常接近,足以满足所需应用。还分析了体模随时间变化的温度稳定性,其结果令人满意。

由于太赫兹相机的分辨率低,本章只能定性地比较体模和人体的太赫兹图像。不管是裸体还是着装,两个目标的亮度非常接近,而且显示隐藏物品的强度和形状也相似。这种模拟人体特性的体模结构对评估太赫兹相机性能非常有用,可消除所有人工安全检查存在的缺陷。

参考文献

1. Kemp MC (2006) Millimetre wave and terahertz technology for the detection of concealed threats – a review. Proc SPIE 6402:64020D
2. Palka N (2011) THz reflection spectroscopy of explosives measured by time domain spectroscopy. Acta Phys Polon A 120:713–715
3. Gatesman AJ et al (2006) Terahertz behaviour of optical components and common materials. Proc SPIE 6212:62120E
4. Yun-Shik L (2008) Principles of terahertz science and technology. Springer, New York
5. Palka N et al (2012) THz spectroscopy and imaging in security applications. 19th international conference on microwaves, radar and wireless communications, pp 265–270
6. Heinz E et al (2012) Development of passive submillimeter-wave video imaging systems for security applications. Proc SPIE 8544:854402
7. Cooper KB, Dengler RJ, Llombart N, Bryllert T, Chattopadhyay G, Mehdi I, Siegel PH (2009) An approach for sub-second imaging of concealed objects using terahertz (THz) radar. J Infrared

Millim Terahz Waves 30:1297-1307
8. Appleby R, Wallace HB (2007) Standoff detection of weapons and contraband in the 100 GHz to 1 THz region. IEEE Trans Antennas Propag 55:2944-2956
9. Millivision, website: www.millivision.com
10. ProVision ATD, website: http://www.sds.l-3com.com
11. ThruVision System Ltd., website: www.truvision.com
12. Brijot imaging systems Inc., website: www.brijot.com
13. STANAG 4349 (ED. 1) Nato standardization agreement: measurement of the minimum resolvable temperature difference of thermal cameras (09-AUG-1995)
14. Trofimov VA, Trofimov VV, Chao Deng, Yuan-meng Zhao, Cun-lin Zhang, Xin Zhang (2011) Possible way for increasing the quality of imaging from THz passive device. Optics and photonics for counterterrorism and crime fighting VII, Optical materials in defence systems technology VIII and quantum-physics-based information security, 81890L, October 13
15. Murrill SR et al (2008) Terahertz imaging system performance model for concealed-weapon identification. Appl Opt 47(9):1286-1297
16. Jansen C (2010) Terahertz imaging: applications and perspectives. Appl Opt 49(19):E48-E57
17. Kowalski M, Piszczek M, Palka N, Szustakowski M (2012) Phot Lett Pol 4:3
18. Sumathi M, Barani R (2012) Qualitative evaluation of pixel level image fusion algorithms. In: Informatics and Medical Engineering (PRIME), international conference on pattern recognition, 21-23 March, pp 312-317
19. Brunet D, Vrscay ER, Wang Z (2004) On the mathematical properties of the structural similarity index. IEEE Trans Image Process 21(4):1488-1499
20. Mittal A, Soundarajan R, Bovik AC (2013) Making a 'completely blind' image quality analyzer. IEEE Signal Process Lett 20(3):209-212

第12章
Clinotron太赫兹成像系统

D. M. Vavriv, A. V. Somov, K. Schünemann, and V. A. Volkov

摘 要：Clinotron是一种可有效地工作在太赫兹频域的真空管。乌克兰国家科学院射电天文学研究所研制了基于Clinotron真空管的振荡器。综述了这些器件的设计特点，探究了进一步提高Clinotron振荡器特性的前景。将Clinotron振荡器应用作为一个例子，介绍了300GHz光束控制太赫兹成像系统。研究了Clinotron成像系统的三维太赫兹扫描仪在未来安全和其他应用中的潜力。

12.1 引言

随着太赫兹技术的逐渐成熟，其应用日益受到关注[1-5]。限制太赫兹技术广泛应用的主要因素与选择用于该波段的辐射源的局限性有关。多数应用都需要紧凑、大功率、可调谐、高效和室温工作的太赫兹振荡器。然而，目前可获得的太赫兹辐射源包括倍频太赫兹源、混频器、回旋管、返波管（BWO）、远红外激光器、光泵浦激光器、自由电子激光器和同步加速器等，每一种辐射源都有其优缺点，没有一种能完全符合紧凑型辐射源的特定要求。在约3THz的太赫兹低频区，最适合实际广泛应用的辐射源是返波管[6-7]，但这种类型振荡器的主要缺点是输出功率低。本章介绍一种称为Clinotron的真空管，它可以减少返波管的上述缺点。

D.M.Vavriv (✉) · A.V. Somov · V.A. Volkov
Institute of Radio Astronomy of the National Academy of Sciences of Ukraine,
61002 Kharkov, Ukraine
e-mail: vavriv@rian.kharkov.ua

K.Schünemann (✉)
Technical University Hamburg-Harburg, Hochfrequenztechnik, D 21071 Hamburg, Germany
e-mail: schuenemann@tuhh.de

Clinotron 由乌克兰科学家发明[8-10],其在 500GHz 以上频率的辐射功效已得到证明。12.2 节将简要介绍 Clinotron 的特点。Clinotron 具有的高输出功率和宽频调谐特性,使其对研制安全和监视领域应用的各种太赫兹成像系统具有吸引力。

通过扫描那些在其他波段不能透过的材料,以显示隐藏目标,已经证明亚毫米波长成像具有显著的优势[1,11,12]。已经提出研制这种成像系统的很多方法[11-14],例如,通常用光束控制技术将单辐射源的能量聚焦在小面积待测目标上,然后采集扫描面积的反射信号,将其发送给单个或多个接收器。12.3 节将介绍最近研制的光束控制太赫兹成像系统。该系统采用具有 200mW 量级输出功率的 0.3THz Clinotron 辐射源,它能够长时间工作在大气窗口,其电磁波传播衰减可低至约 10dB/km。12.4 节将讨论未来基于 Clinotron 的雷达改进计划、获得的参数及其应用潜力。

12.2　Clinotron 设计特点

本节介绍 Clinotron 作为传统返波管(BWO)的改进方法,消除诸如效率低、输出功率小的主要缺点。Clinotron 设计如图 12.1 所示。Clinotron 发射-电子束,电子束以角度 α 倾斜入射到光栅表面,光栅置于具有输出耦合波导的矩形腔壁上。光束由纵向静磁场引导。

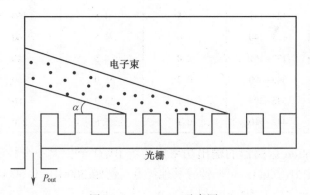

图 12.1　Clinotron 示意图

与传统 BWO 一样,在 Clinotron 中,电子束与空间谐波相互作用,其相位速度接近电子速度。然而,由于光束倾斜,其相互作用的长度由倾斜角度和集中在光栅表面附近的同步电磁波层的特征厚度决定。

从某种意义上说,Clinotron 与 BWO 相似,均利用具有慢波结构的电磁场空间谐波分量的电子束相互作用。然而,在 Clinotron 设计中进行了一些基本改进,使其具有如下的显著特性：

（1）电子束倾斜入射到光栅表面。通过改变倾斜角度 α，易于优化"有效"交互空间的长度，而不会改变管子的几何形状。

（2）与常规 BWO 相比，光束较厚。

（3）电子在指数增长的磁场中聚束。

（4）使用宽电子束能够增加束电流和输出功率。

（5）Clinotron 通常制作成共振器件。尽管如此，通过利用光束电压变化连续激发谐振腔的模式，可实现工作频率的大范围电子调谐。

利用这些方法，研制了一系列的毫米波和亚毫米波 Clinotron 振荡器[8-10]。表 12.1 所列为乌克兰国家科学院射电天文研究所生产的 Clinotron 振荡器的太赫兹辐射特性。

表 12.1 Clinotron 振荡器特性

型号	频率范围/GHz	输出功率/W	阳极电压/kV	阳极电流/mA	重量/kg
C-5M3	53~63	11.0	4.0	200	1.2
C-5M2	56~63	4.0	4.0	150	1.2
C-3M3	79~98	5.0	5.0	150	1.2
C-3M3	84~98	1.5	5.0	150	1.2
C-2.5M3	113~122	3.0	4.3	180	1.2
C-2.2M3	120~141	2.0	4.5	160	1.2
C-2.2M4	124~141	1.5	4.5	160	1.2
C-2.2M2	125~140	1.0	4.5	160	1.2
C-2.0M3	137~151	2.0	4.5	140	1.2
C-0.8M8	345~390	0.2	5.0	160	12
C-0.8	345~390	0.1	5.0	180	12
C-0.5	442~510	0.1	5.5	200	12

这些 Clinotron 振荡器的输出功率比传统 BWO 至少大一个数量级，而且保留了 BWO 的尺寸小、重量轻、可调性等其他优点。例如，300GHz 和 500GHz 的 Clinotron 管提供的功率分别约为 500mW 和 100mW。大范围、电子频率可调谐是 Clinotron 另一个有吸引力的特点。其工作频率根据中心频率值的变化范围为 10%~20%。

图 12.2 所示为典型的频率调谐特性以及输出功率与加速电压的响应关系。在这种情况下，随着加速电压的变化，可依次激发大约 20 个谐振模式。调谐特性曲线相当平滑，个体模式只在调谐特性的低压端显现出来。Clinotron 的物理尺寸、重量和工作电压与 BWO 相当，子部件及整个器件的制造工艺简单，从而降低了成本。

图12.1为采用波导的Clinotron输出能量示意图。然而,已经研制和生产了具有分布式能量输出的管子,能量通过透明窗口直接发射[8-10],如图12.3所示。产生的高频辐射能量也称为史密斯-帕赛尔(Smith-Purcell)辐射。该类型的Clinotron易于与准光学传输线匹配使用,因此,这种改进对于太赫兹系统应用特别有意义。由于其独特性,Clinotron已经用于各种各样的电子系统,如等离子体诊断仪器、近程雷达和本征振荡器等。

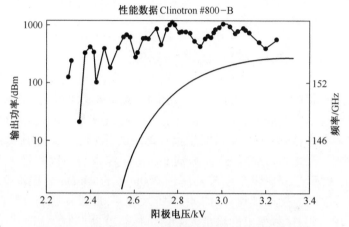

图12.2 输出功率和工作频率与阳极电压的响应关系

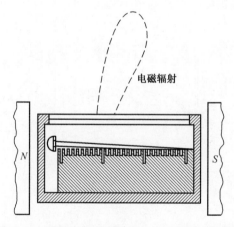

图12.3 具有分布式能量输出的Clinotron示意图

为满足上述应用要求,研制了用于Clinotron的小型、固体高压源。这些源具有较高的效率和可靠性。还演示了研制Clinotron具有10^{-7}相对频率稳定性的可能性[15]。

理论研究[16]表明,Clinotron具有进一步提高工作频率和输出功率的巨大潜力。为此,应制作电子束强度更高和密度更大的 Clinotron。Clinotron 承受金属损耗,需满足高磁场和电场以及高密度电流的要求。然而,需要指出的是,与当前 Clinotron 的设计相比,空间电荷和温度效应并没有严重限制电流密度的增加。近期的仿真结果表明,在 1THz 频率附近的连续波和脉冲操作模式下,输出功率分别为 2W 和 70W。对于此类管子,射束电流密度在连续波模式下应该增加到大约 100A/cm^2,脉冲模式下增加到大约 1000A/cm^2。光束横截面积应为 0.05mm×2.5mm,与已生产的管子相同。

12.3 Clinotron 太赫兹成像系统

近期设计和制造了基于 Clinotron 振荡器的太赫兹成像系统,以研究 Clinotron 振荡器在此类应用中的潜力。图 12.4 所示为太赫兹成像系统的方框图。成像系统基于单像素设计,用最小的辐射能量损耗产生光栅场景,以利用 Clinotron 的高输出功率性能。截止到目前,制造并测试了二维单像素扫描仪装置。成像系统基于在 300GHz 频率范围提供连续波功率约 200mW 的 Clinotron 振荡器。Clinotron 振荡器的波导输出直接连接到对角极化喇叭天线上,形成具有高度径向对称性的高斯光束。在 0.8kHz 频率上的输出光束由机械斩波器调制。3dB 准光学分束器用于解耦出射和入射光束,同时使 Tx 和 Rx 光束图形方向保持在相同的扫描轴线上。在接收机端,探测器配有同样的喇叭天线,通常垂直于发射机喇叭天线轴线并指向分束器。

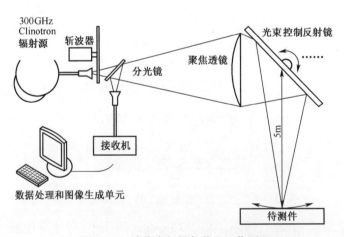

图 12.4 单像素扫描仪装置工作原理

准光学系统由 34mm 厚、直径 220mm 的特氟隆聚焦透镜组成,用于聚焦入射辐射。平面扫描反射镜扫描观察场景。用边缘锥度为 −10dB 的发射喇叭天线照射透镜,以提供最佳增益和最大高斯光束转换效率。制造透镜具有衍射限束腰,其值小于24mm(5m 远)。为了用光束进行光栅扫描,将平面摆镜放置在 PC 控制的定位器上。反射镜为 250mm×450mm 的长方形,表面为镀银玻璃。该装置的信噪比约 15dB,这主要取决于放置在接收机旁边的简易平方律探测器。然而,即使利用如图 12.4 所示的简易装置,也可以将研制的 300GHz 太赫兹成像系统用于各种安全和其他应用中。首次成像实验表明,这种扫描仪能够显示隐藏在致密但太赫兹辐射可以透过的材料层下面的金属物体。作为一个应用例子,图 12.5 所示为隐藏在公文包内金属卡尺的太赫兹图像,该图像在 5m 远的距离上获得。

 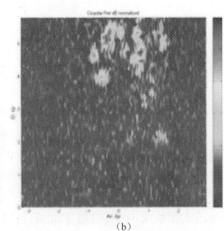

(a) (b)

图 12.5　带有金属卡尺的公文包,卡尺的太赫兹图像在距离公文包壳体 5m 处获得

未来可通过增加光学系统的有效孔径,以获得更好的分辨率,提高图像质量。另外,计划采用先进的外差接收机,获得高动态范围的扫描图像(达 80dB),从而可以揭示所研究样品的更多细节。

12.4　Clinotron 太赫兹成像系统应用前景

鉴于太赫兹成像系统的各种应用潜力,Clinotron 振荡器非常有吸引力。现代的 Clinotron 振荡器可提供足够的功率进行太赫兹外差成像,同时兼有其他无与伦比的性能,如尺寸小,频率调谐范围宽。然而,为了使其成功应用在有前景的高分辨率三维成像系统,仍需要进一步的分析和研究。现有的问题是任何一个 Clinotron 振荡器都是自主振荡的太赫兹源,这意味着在实现高频稳定和调频性能方面存在难以克服的困难。这一问题限制了利用传统 FMCW 技术获得精确的距离分辨率。尽管如此,初步的模拟结果表明,通过将上述方法与接收机相干技术相结合,这一问题可以得到解决。图 12.6 所示为 Clinotron 3D 雷达/成像仪的原理示意图。

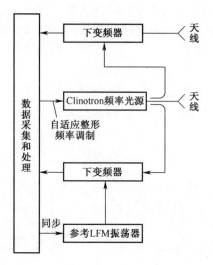

图 12.6 Clinotron 3D 雷达/成像仪原理示意图

在该系统中,每次频率扫描的频率变化经过数字化、记录并用于后向散射接收信号处理。这种方法不需要高频重复性或极高稳定性的振荡源,Clinotron 振荡器即使自主运行也可以实现高距离分辨率。在研制高分辨率、磁控管毫米波雷达系统期间,对这种方法的有效性进行了演示[17]。例如,在上述 300GHz Clinotron 太赫兹成像系统中,通过将 FMCW 与接收机相干技术相结合,距离分辨率可达到 2cm。该方法为研制新型的高分辨率、远程 3D 太赫兹成像系统及其未来的各种新兴应用拓宽了研究思路。

参考文献

1. Siegel PH (2002) Terahertz technology. IEEE MTT 50(3):910-920
2. Linfield E (2007) Terahertz applications: a source of fresh hope. Nat Photonics 1:257-258
3. Dragoman D, Dragoman M (2004) Terahertz fields and applications. Prog Quantum Electron 28:1-66
4. Kurt H, Citrin DS (2005) Photonic crystals for biochemical sensing in the terahertz region. Appl Phys Lett 87:104-108
5. Phillips TG, Keene J (1992) Submillimeter astronomy. Proc IEEE 80:1662-1678
6. Golant MB et al (1965) Series of wide-range small power generators for submillimeter wave range. Pribory i Tekhnika Eksperimenta 4:136-139
7. Kantorowicz G, Palluel P (1979) Backward wave oscillators. In: Button K (ed) Infrared and millimeter waves, vol 4. Academic Press, New York, pp 185-211
8. Churilova SA et al (1992) The clinotron. Naukova Dumka Press, Kiev

9. Lysenko YY, Pishko OF, Chumak VG et al (2004) State of the development of CW clinotrons. Adv Mod Radio Electron, Foreign Radio Electron 8:3-12
10. Churilova SA, Pishko OF, Schünemann K et al (1999) Submillimeter-wave clinotrons with distributed energy output. In: Proceedings of 24th international conference on infrared and millimeter waves, Monterey, CA, USA, 6-10 Sept 1999
11. Karpowicz N, Zhong H, Zhang C et al (2005) Compact continuous-wave subterahertz system for inspection applications. Appl Phys Lett 86:54-105
12. Lettington AH, Dunn D, Alexander NE et al (2004) Design and development of a high performance passive mm-wave imager for aeronautical applications. Proc SPIE 5410:210-218
13. Dobroiu A, Yamashita M, Ohshima YN et al (2004) Terahertz imaging system based on a backward-wave oscillator. Appl Optics 43(30):5637-5646
14. Domey T, SymesWW, Baraniuk RG et al (2002) Terahertz multistatic reflection imaging. J Opt Soc Am A 19(7):1432-1442
15. Vavriv DM, Volkov VA, Bormotov VN et al (2002) Millimeter-wave radars for environmental studies. Radio Phys Radio Astron 7(2):121-138
16. Volkov VA, Vavriv DM, Chumak VG et al (2007) Clinotron-based synthesized oscillators for THz-regions. In: MSMW'07 symposium proceeding, Kharkov, Ukraine, 25-30 June 2007
17. Schünemann K, Vavriv DM (1999) Theory of the clinotron: a grating backward-wave oscillator with inclined electron beam. IEEE Trans Electron Device 46:5993-6006

第13章
安全与防御应用的新型低成本红外"太赫兹火炬"技术

Fangjing Hu and Stepan Lucyszyn

摘　要：众所周知，无论是整体系统还是独立的前端主动器件或被动组件，太赫兹系统体积庞大，造价高昂，这正是太赫兹波段(0.3~10THz)至今没有得到广泛应用的主要原因。然而，在高频太赫兹波段(10~100THz 的热红外区域)制作特定用途的商用低成本系统是可行的。

通常，20~40THz 和 60~100THz 热红外波段在温度测量方面的应用广为人知。这些未被充分利用及有效管理的频段为安全通信提供了发展空间。因此，最近提出了"太赫兹火炬"(THz Torch)概念。这种技术本质上是研究超低成本工程应用的黑体辐射谱线，通过隔离热噪声频谱能量进入预设频道，使得频道之间的能量可独立地脉冲调制及传输，由此在远/中红外波段产生一种强健的短距离安全通信形式。

本章将介绍用于短程无线安全通信的"太赫兹火炬"的基本结构。给出了25~50THz频段的单通道工作演示示例。通过多路传输方案对这一概念进一步拓展，使其具有多个重要优势，其中包括提高整体端到端的数据传输率(限定频段通道)和更好的安全性。介绍多通道"太赫兹火炬"频分多路复用(FDM)和频跳扩展频谱(FHSS)方案，以及首个 FDM 原理演示器。此外，还讨论提高数据传输率和传输距离的基本限制及工程解决方案。

期待通过研究不同类型的方法，可显著提高数据传输率和传输距离。基于热

F.Hu · S. Lucyszyn (✉)
Centre for Terahertz Science and Engineering, Department of Electrical
and Electronic Engineering, Imperial College London, London, UK
e-mail: s.lucyszyn@imperial.ac.uk

力学的方法展示了一个新的范例，即将19世纪的物理概念与20世纪多路传输概念相结合，从而实现21世纪热红外波段的低成本安全与防御应用。

13.1 引言

1867年，英国皇家海军第一次通过将光学信号和摩斯密码相结合的方式，实现了船与船之间的"无线"通信。当时的信号装置——灯笼称为 Aldis 灯（以英国发明家 Arthur C. W. Aldis 命名）。有趣的是，在1898年，英国发明家 David Misell 为此做了一个电子装置，并申请了编号为617592的专利。一年后，美国电气新奇制造公司开始生产手电筒。今天，在需要静默或电子欺骗等无线电安全传输时，英联邦海军及北约部队依然采用 Aldis 灯进行沟通。以功率为300W且具有夜视能力的白炽灯为信号灯，用近红外波段的电磁波谱进行通信，可避免信号被截断或干扰。

电磁波谱的红外波段不仅可用来发送信号，还有很多其他与安全防御相关的应用。简单的如在1965年发明的一个业余的红外安全报警系统，制作材料仅为一个家用手电筒和一个用于摄影胶片曝光的红外滤波片[1]。也有复杂的如 BAE 系统采用热/红外/多光谱自适应伪装技术的 ADAPTV，该项技术被应用于 CV90 装甲车上。片状的较大六边形"像素"可迅速地改变温度。机载相机可有效地显示其背景红外图像，甚至可使移动的坦克与其周围的红外背景相匹配。这种技术也有助于提升敌我识别（IFF）能力。而更不幸的是，在近期的伊拉克武装冲突中，发现了伪装的无源红外探测器连接到简易爆炸装置（IED）的保险解除装置，人员和车的移动会将其引爆。

最近，伦敦帝国学院太赫兹科学与工程中心利用热红外波段的最新"太赫兹火炬"技术，重新确立了19世纪关于信号传播和手电筒的概念，并将其应用于21世纪。对于宽泛的"太赫兹及安全应用"主题，本章将介绍"太赫兹火炬"技术，包括使用非制冷红外源和探测器的优缺点及在安全防御中的特定应用。与传统太赫兹系统相关的电子学与光子学方法不同，太赫兹火炬技术可通过将热光谱噪声功率分割至预先设定的频道，从而开发出成本非常低的工程用黑体辐射谱线。例如，将简单的白炽灯用作高太赫兹热噪声功率发生器，而热电红外传感器可用作热噪声功率探测器。

13.1.1 背景

太赫兹光谱因其独特的特性受到人们越来越多的关注。例如，太赫兹辐射普遍被认为对人体是安全的，其原因是：①由于光子能量低，因此未电离；②源功率通

常限于 μ/mW 量级;③穿透深度不超过人体皮肤厚度。此外,频率达 0.6THz 的电磁波能够穿透大多数非金属材料(如干衣物和塑料),可用于远距离成像系统。不仅如此,太赫兹电磁波可以激发分子和原子共振及材料中的电子带内跃迁,由此在频域产生"指纹"光谱,实现材料的光谱学研究。太赫兹辐射也可以用于无侵入和非破坏测试,并且已经广泛用于很多民用领域(如包装故障分析、产品质量控制、食物腐败检测、文物鉴定、污染监测、中枢电信网络中的 T 比特率通信和即时高清视频点播光链路等)。

13.1.2 光谱范围

通常,对商业应用来说,红外区域(0.3~400THz)仍然是电磁波谱中开发最少的波段。但是,传统意义上的电子学与光子学之间的"太赫兹间隙"为产生新的科学发现及商业应用带来了希望。由于源于不同的领域,太赫兹(也称为 T 射线)波段有着不同的定义。这一点很重要,因为一些使能技术和应用可能在一种定义的频率范围内可行,但未必在另一种定义的频率范围内可行。最宽泛的太赫兹定义有两种:一种是 0.1~10THz(对应于波长 3mm~30μm)[2,3];另一种是 0.3~30THz(对应于波长 1mm~10μm)[3],它们涵盖了大多数可实现的技术和应用范围。例如,在第一种频率范围的低频段,各种各样的基于电子学的源和探测技术常常与各种波导结构结合使用;而在第二种频率范围,基于光子学的源和探测技术通常与自由空间准光学系统结合使用;从更实用的角度看,《IEEE 太赫兹科学与技术学报》期刊采用了 0.3~10THz 这一频率范围[4]。该定义排除了对商业应用自由开放的 0.1~0.3THz 频段,其中包括超高速电信以及违禁物品携带和隐藏武器的人体安检扫描(如检测隐藏金属、塑料、液体、凝胶、陶瓷以及藏在衣服内的麻醉剂等)[5]。然而,关于太赫兹波段更具有排他性的定义是 0.3~3THz,该定义在公开文献中被广泛引用,且商业应用最少。这一定义在大约 1990 年以前被称为亚毫米区域。除了 3~30THz 频段,其余与远红外区域中的热辐射产生和探测都有很长的商业应用历史。

由于没有低成本的实现手段(如源探测器或者互连波导),0.3~10THz 波段一直没有在市场上得到普遍应用。众所周知,无论是整个系统还是独立的前端主动器件及被动组件,传统的太赫兹系统非常庞大,而且造价高昂。值得注意的是,其中不包括一些较基本的用于移动(安检和节能照明系统)和火警装置的低成本传感器,它们工作在 15~50THz,即远红外波段 0.3~30THz 的高频段及中红外波段 30~120THz 的低频段。

在远高于太赫兹波段的近红外波段(120~140THz),一些有趣的应用可用于长波红外。例如,红外数据协会(IrDA)在 20 年前颁布了一系列关于近红外无线通信的协议,保障了物理上的安全数据传输。这种传输的比特误码率很低(典型

值为 10^{-9}),在干扰环境中将使传统的无线电无线通信技术失效。在 333~353THz 的近红外波段(850~900nm),最适合红外数据通信的工作范围仅为 5~60cm。最慢的串行红外(SIR)物理层协议规定通过异步归零逆转(RIZ)脉冲进行传播的数据速率为 9.6~115.2kb/s。对于低功率模式到低功率模式的操作,最大范围仅仅为 20cm。与无线技术(如蓝牙)相比,红外数据通信硬件仍然便宜很多,且不会出现同样的安全问题,这使其成为移动手机电话进行视线数据传输的理想候选者。然而,红外数据通信链接操作是缓慢的半双工模式,当发射器发出近红外脉冲时,接收器无法接收该脉冲,因此无法实现半双工。

另一个关于近红外的有趣应用是在安全环境中通用的远程控制、双向语音以及数据传输系统。这些系统的性能规范都不符合国际标准。在 20 世纪 80 年代早期,遥控器就已诞生,现在的遥控器都是依赖低成本的 LED 源,其频率大约为 319THz(940nm),使用 33~60THz 的载波,100%幅移键控(ASK)调制脉冲,信号传输的数据率为 4~120b/s。利用安全通信,一个移动手机用户的声音可以被电子加密,其带宽仅为 3.4kTHz,用 Class1 近红外 LED 传输,通过点对点链接及高数据率[7]传输覆盖的面积为 100m^2(室内)或 25m^2(太阳直射)[6],或者 3.2km 的距离,从而提供低截获或干扰率传输。对于所有这些近红外应用,公开发表报道工作在长波、太赫兹高频段的系统有关文献很少。为此,本章提出了太赫兹火炬概念。

13.1.3　成本驱动

无线系统在通信和遥感的上的应用数不胜数,它们的前端硬件可直接在微波波段(1THz~30GHz)和光学波段(400~789THz)完成相对复杂的信号处理。当一般的无线应用与先进技术结合在一起时,便会产生一个螺旋上升的过程,从而在不断降低生产成本的同时提高性能及功能。

相比之下,毫米波(30THz~300GHz)和太赫兹系统仍没有得到普遍应用有两个固有原因,而 60GHz 高数据率无线通信系统和车载 76.5GHz 自动巡航或者自适应巡航控制雷达系统在国内市场依然被视为奢侈品(非通用)。造成进展缓慢的第一个原因是金属被动元件和电路中的功耗(或其等效噪声温度)随频率增加。由于相干系统工作在更高的频率上,以及不能持续产生足够的窄带载波功率以保持频率增加时放大级内的功率增益,这一问题会变得进一步恶化。因此,总的端到端系统性能随着频率的增加而下降,解决方案所花费的成本越来越高(如需要更新颖的晶体管技术或使用大型被动元件——两者甚至可能需要低温冷却),只有高端用户(如商业、科学或军事)才买得起。第二个原因是波长与频率成反比,而通过特定电学长度(如共振器)定义的结构,其尺寸随着频率的增加越来越小。因此,制造公差变得越来越重要,短波应用需要花费更贵的生产技术。例如,定义一个简单的微波混合集成电路中的微带传输线,简单的有机印制电路板(PCB)可使用紫外光刻或者低温共烧陶瓷(LTCC)技术。对于毫米波集成电路,微加工设备需要一个较贵的深紫外光刻系统,而对太赫兹单片集成电路来说,可能需要成本更高的电子束/X 射线光刻技术,以及更先进的微加工处理技术。

正是因为以上的原因,针对以消费者为基础的大批量生产,在毫米波高频段(0.1~0.3THz),基于传统无线电生产的无线系统的价格对于普通应用变得令人望而却步。因此,生产商可能不愿意投资那种可实现很多技术突破进而使价格下降到可支付水平的研发。这种情况在太赫兹波段的应用上表现得更加严重。最近,关于太赫兹技术的主要应用是自由空间(准)光学技术,它优先于长波应用。

回溯历史,除了纯粹的科学实验,太赫兹频率范围几乎没有受到关注。其主要原因是,随着波长减小,研发工作减少,致使商业应用需求缺乏,实现低成本前端子系统的范围有限,生产成本高,用于精确计量的商业设备不足。当前,高频毫米波和太赫兹正缓慢地开拓商业应用。正是因为在研制低成本前端硬件中引入了这些新概念及其相关制造技术,新兴的商业成套测量系统市场已实现了频域达 1THz[8]、时域达 4THz[9] 的技术应用。

目前,在科学和工程业界一个持久的驱动力就是促进太赫兹使能技术及其应用的研究。在技术层面,正在研究性能不断提升的新型太赫兹源发生器及探测器[10-16]。在应用层面,真正的推动力是寻找"太赫兹间隙"商业开发的普遍性应用。当通用的太赫兹应用最终出现时,主动器件和被动器件(包括其制造和计量)的成本都将下降,从而在所有应用领域建立一种螺旋式成长潜力。为了实现并保持这种发展,需要新的工程解决方案。此方面的例子与如下几个因素有关:①材料特性[17-20];②被动结构的分析建模[21-25];③商业数字 CAD 软件的应力测试[26-27];④被动器件和电路的设计[28-37]。这些案例可在网上找到。在最近的 3 年中,"太赫兹火炬"技术应运而生[38-42],目的是大幅度降低在安全与防御特定领域应用中的成本。

13.1.4 新型热红外"太赫兹火炬"技术

与大多数传统的基于高成本的相干信号产生与探测的太赫兹技术不同,"太赫兹火炬"技术是基于太赫兹光谱高频段(热红外)的非相干热辐射,以利用超低成本的热力学方法。本章后面章节将对此进行讨论。2011 年,第一次演示了超低成本短距离无线链接"太赫兹火炬"的概念,其最大传输速率为 5b/s,覆盖距离仅为 0.5cm[42]。其数字调制是通过简单的开关键控(OOK)带限(25~50THz)热噪声实现。利用四信道频分复用(FDM)方法,在 20~90THz 波段[41],速率提升到 40b/s,在 25~50THz 单通道[39],速率提升到 380b/s。目前,在未使用任何先进技术的情况下,25~50THz 单信道的传输速率超过 1kb/s。

本章内容结构如下:13.2 节将详细介绍基本的太赫兹火炬原型,解释物理建模和原理设计实验。13.3 节将基本概念扩展到多路复用方案,介绍一种四通道频分复用原型。研究这种技术的基本局限性,以提高最大比特率和传输距离。13.4 节提出工程解决方案并进行实验验证。

13.2 基本单通道架构

13.2.1 基本部件介绍

13.2.1.1 高频太赫兹热噪声源

基于电子或光子技术的多种方法已用于产生相干太赫兹辐射。然而对于超低成本应用,黑体辐射由于其结构简单、便于调节及可购买性被认为是最佳选择。其原理是用热力学方法可直接产生高频太赫兹(10~100THz)热噪声功率。原因是所有温度高于绝对零度的物体都能自然发射辐射(普朗克定律)。尽管热生成的太赫兹辐射具有各种各样的优点,但是如同所有未调制的噪声源一样,非相干是其主要问题。因此,与传统采用相干源的太赫兹系统相比,即使使用超低成本热传感器,也只能测量输出噪声功率的强度,并不能测量噪声载波的其他信息(如相位和偏振),而目前在所有系统的相干性测量中必须引入已知的调制信号。

原则上,可使用许多类型的热辐射器来生成和发射高频太赫兹电磁能量。可用微型白炽灯作为一个简单的原理验证演示器。在高频太赫兹辐射波段,这种商业现成(COTS)灯泡发射的黑体辐射并不完美(因为灯泡的钨灯芯发射率低),窗口透过性差(由于玻璃外壳的吸收率和反射率高),没有额外的准直透镜,后向反射器的散射损耗高。尽管如此,用 COTS 灯泡依然可找到安全与防御领域中的新用途。

13.2.1.2 高频太赫兹辐射探测器

比探测率通常用来表征探测器的性能,其定义为

$$D^* = \frac{\sqrt{A}}{\text{NEP}} = R\frac{\sqrt{A}}{S_n}(\text{mHz}^{1/2}/\text{W}] \quad (13.1)$$

式中:A 为面积(m^2)。

输入噪声等效功率(NEP)定义为

$$\text{NEP} = \frac{S_n}{R}(\text{W}/\text{Hz}^{1/2}) \quad (13.2)$$

式中:S_n为输出噪声电压谱线密度(V/Hz)。

探测器的响应率R定义为

$$R = \frac{u}{\Phi_s} (\text{V/W}) \quad (13.3)$$

式中:u为输出电压(V);Φ_s为输入或入射辐射通量(W)。

对于高频太赫兹波段上的热噪声功率谱探测,可使用有两种探测器,即高性能、高成本的光子探测器或者低性能、超低成本的热探测器。光子探测器包括光电导、PC、光伏、PV和半导体器件。光子探测器有着很高的比探测率,D^*大约为$10^{10}\text{cm} \cdot \text{Hz}^{1/2}/\text{W}$,快速响应时间小于$1\mu\text{s}$,但是需要制冷以降低热噪声。而且,这种探测器的瞬时带宽较窄,带宽取决于所采用的特定半导体的禁带宽度。热探测器器包括热电堆、热敏电阻测辐射热计和热电红外(PIR)传感器。热电堆包含串联(很少并联)在一起的若干辐射热电偶。这种结构产生的输出电压正比于温差或者温度梯度。其典型的比探测率和响应时间分别为$10^8\text{cm} \cdot \text{Hz}^{1/2}/\text{W}$和10ms。热敏电阻测辐射热计通过加热测量温度相关电阻材料的入射电磁辐射功率。其典型的比探测率和响应时间分别为$2\times10^8\text{cm} \cdot \text{Hz}^{1/2}/\text{W}$和1ms。热电传感器利用热电材料,如结晶硫酸三甘肽(TGS)、钽酸锂(LiTaO_3)和锆钛酸铅压电陶瓷(PZT),通过改变材料温度产生电压差。其典型的比探测率大于$10^8\text{cm} \cdot \text{Hz}^{1/2}/\text{W}$,响应时间为10ms。因此,与光子探测器相比,热探测器的典型比探测率比光子探测器低两个量级,而响应时间通常低1/4倍。然而,热传感器的重要优势是可以在非常宽的瞬时带宽和室温下工作。对大多数应用而言,这些优势也不足以证明采用热探测器是适合的。然而,对成本敏感的应用来说,热探测器也许是作为工程解决方案的一个不错的选择。

另外值得一提的还有高莱盒(Golay cell)。它是可以工作在室温、具有最高灵敏度的热探测器。它有一个充满气体的腔室。腔室的一个面是红外窗口,另一面是柔性薄膜,嵌在腔室里的是红外吸收膜。红外辐射通过窗口时,其能量被薄膜吸收,吸收的能量以热能的形式耗散,并使周围气体膨胀,导致柔性膜向外突出。在薄膜的另一面,来自激光或者LED的光束聚焦在表面上,可通过光电二极管测量反射光。因此,当薄膜伸缩,光电二极管测量的反射光会减少,而校准读出将给出准确的入射红外辐射通量测量。高莱盒在极宽瞬时带宽上的典型比探测率大于$10^9\text{cm} \cdot \text{Hz}^{1/2}/\text{W}$。高莱盒的主要缺点是其线形度,响应时间较慢(10ms),尺寸大(与单片集成不兼容),薄膜非常易碎,并且很贵。

为了完整起见,下面在7.5~300THz的范围,比较不同商用探测器的灵敏度,如图13.1所示[43]。假设每个探测器在300K温度都有一个半球视场(FOV)。值得指出的是,在图13.1中,背景限的理想热探测器的比探测率为$2\times10^{10}\text{cm} \cdot \text{Hz}^{1/2}/\text{W}$,数值与商用光子探测器相近。由于具有超宽的瞬时带宽,工作在室温,而最重要的是成本很低,这种热电传感器可用于"太赫兹火炬"技术,但实际上仅代表最低衡量标准。前两次实验[41,42]采用的热势电传感器为 Murata IRA-E710ST1(用于 15~300THz 范围，D^* 值未知)，后期实验[39,40]用的是 InfraTecLME-553传感器,比探测率为 $1.2×10^8 cm·Hz^{1/2}/W$[45]。

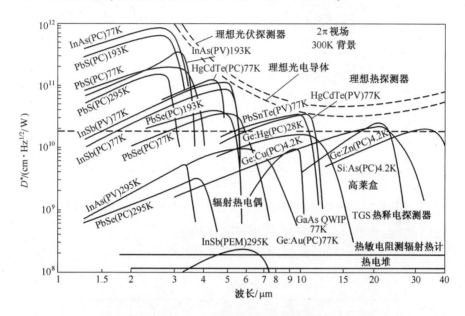

图 13.1 室温商用探测器的比探测率比较(光子探测器的斩波频率是 1kHz，热探测器是 10Hz)，虚线为背景限情形的理论曲线

13.2.1.3 高频太赫兹滤波器

热辐射具有连续光谱。因此，需要使用滤波器以确保通信信道工作在预设的光谱范围。例如，在最早[40]及后续[39]的单通道实验中，发射机和接收机前端采用了同样的商用 5μm 长通滤波器。在 25~50THz 范围内，其光谱透过率大于 70.7%，平均插入损失约 2dB，如图 13.2 所示。通过在工作波段内定义非重叠波段，很容易获得其他用于多通道的 COTS 高频太赫兹光学镀膜滤波器。13.3 节将介绍多通道多路复用方案。

13.2.2 基本子系统介绍

本节研究低比特率信号在短距离安全通信中的应用。图 13.3 所示为单信道太赫兹火炬无线通信链接的基本架构，13.2.1 节介绍使用单个灯泡、PIR 传感器和滤波技术。

以下两种方式可实现简单的数字开关键控(OOK)：

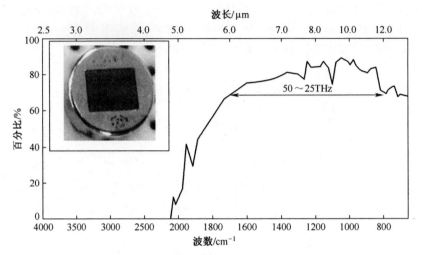

图 13.2　5μm 长通滤波器的光谱发射率[44]（由 Murata 制造公司提供）

(1) 直接(内部,电子)调制,可用于第一个实验[42]。
(2) 间接(外部,空间)调制,可用于第二个实验[39-41]。

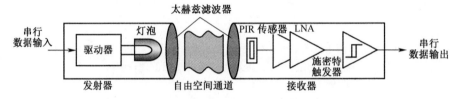

图 13.3　超低成本开关键控太赫兹火炬无线连接的基本架构[42]

13.2.2.1　基本发射机子系统

发射机由 5 个 Eiko 8666-40984 微型白炽灯构成,其长度为 6.3mm,直径为 2.6mm。这些灯泡连在一起,构成一个圆柱形封装,其外径为 8.2mm,如图 13.4 所示。

1) 灯丝工作温度预估

发射机一个重要的参数是灯泡的灯丝工作温度。理想的光谱辐射率是波长的函数,如果辐射温度已知,可用普朗克(Planck)公式算出其波长。此外,如果已知光谱发射率和滤波器的 3dB 瞬时频宽,可以估算传输的集成输出噪声功率。通过校准热成像摄像机,可直接测量灯丝的工作温度。广泛应用的另外一种间接方法是测量灯丝电阻,它是工作温度的函数。精确测定商用灯泡内部灯丝的几何结构是不可能的。然而,为达到某种程度上的良好近似,可假设灯丝是一个完美的圆柱体,具有均匀的横截面积 $CSA(cm^2)$ 和长度 $l(cm)$。钨灯丝的电阻率 $\rho(T)$ 是绝对

温度 T 的函数,可用如下公式表示电阻 $R(T)$:

$$\rho(T) = R(T) \cdot \left(\frac{\text{CSA}}{l}\right)_{\text{eff}} (\Omega \cdot \text{cm}) \tag{13.4}$$

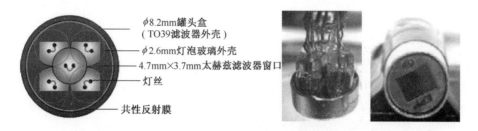

图 13.4　白炽灯泡和滤波器组件

将精确的曲线拟合用于公开发表的测量数据,获得钨电阻率 $\rho(T)$[46],如图 13.5 所示,可由下面的二次方经验公式给出。

对于 200K<T<3000K,有

$$\rho(T) = 2.228 \times 10^{-8} \cdot T^2 + 2.472 \times 10^{-4} \cdot T - 1.859 \times 10^{-2} (\Omega \cdot \mu\text{m}) \tag{13.5}$$

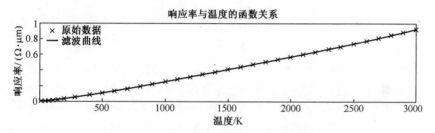

图 13.5　钨的测量发射率与温度的关系及曲线拟合

在室温下,$\rho(300\text{K}) = 5.14 \times 10^{-6} \Omega \cdot \text{cm}$。室温下直接测量连接在一起的 5 个 Eiko 8666-40984 灯泡电阻为 23.6Ω。因此,如果连接线的寄生电阻可忽略的话(一个好的假设),那么平均每个灯丝的电阻为 $R(300\text{K}) = 4.72\Omega$。因此,横截面面积与长度的有效比值可通过式(13.4)和式(13.5)得到,即 $(\text{CSA}/l)_{\text{eff}} = 1.09 \times 10^{-6} \text{cm}$,此处假设其与温度不相关。通过在特定的偏置区间上间接测量灯泡的电阻,可将工作温度估算到可接受的精确度。

2) 光谱发射率估算

在估算完灯丝的工作温度后,理想(黑体)光谱发射率 $I(\lambda, T)$ 可通过普朗克公式得到:

$$\begin{cases} I(\lambda,T) = \dfrac{2hc^2}{\lambda^5} \cdot \dfrac{1}{e^{hc/\lambda kT}-1}(\text{W}/\text{m}^2 \cdot \text{sr} \cdot \mu\text{m}) \\ \text{有一个特殊峰值在 } \lambda_{\text{peak}} = \dfrac{b}{T}(m) \end{cases} \quad (13.6)$$

式中：$I(\lambda,T)$ 为在热力学温度 T 下，法线方向上单位波长、单位固体角、单位辐射面积的辐射功率；λ 为自由空间波长；T 为灯丝的绝对温度；h 为普朗克常数；c 为真空中的光速；k 为玻耳兹曼常数；b 为维恩位移常数。

图 13.6(a) 所示为在不同温度上，理想光谱发射率与波长的关系。

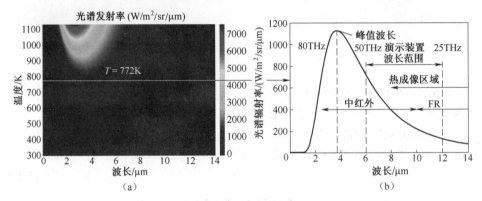

图 13.6 在(a)各种温度和(b)772K 工作温度上计算的理想光谱发射率与波长关系

在最早的实验中，Eiko 8666-40984 灯泡有 44mA 的直流偏压电流，估算灯丝工作温度约为 772K，$R(772\text{K}) = 17.02\Omega$，在 80THz 处相应地有一个峰值，如图 13.6(b) 所示。通过改变直流偏压电流很容易调节峰值的频率。对于较大的偏压电流，可获得较高的光谱发射率，使得传输的综合噪声功率增加。然而，这种不良结果造成带限输出噪声减少，使源输入直流功率效率下降，当可获得的直流电源功率很高时（如安全密钥卡），这可能成为一种问题。

3) 灯泡灯丝发射率估计

多数散热材料远非理想的黑体辐射体。所以，它们并不能有效地发射黑体辐射。发射率 $\varepsilon(\lambda,T)$ 定义为在同一波长、同一温度下，材料发射能量与理想黑体辐射能量之比。这是一个描述辐射效率的参数。实际上，如果辐射范围不是很大，那么材料表面的发射率只是温度的函数（达到很好的近似）。精确的曲线拟合可用于钨的光谱-平均测量数据或总发射效率 $\varepsilon(\overline{T})$[46]，如图 13.7 所示，其线形表达式为

$$\varepsilon(\overline{T}) \approx 1.343 \times 10^{-4} \cdot T - 2.019 \times 10^{-2} \quad (13.7)$$

4) 带限输出噪声功率和直流-太赫兹功率转换效率估算

前面得到了滤波器的 -3dB 带宽(25~50THz)，并估算了灯丝的工作温度、光

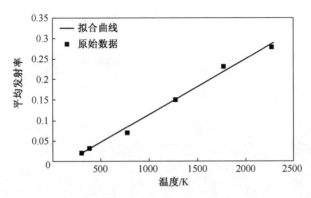

图 13.7 钨的测量光谱-平均发射率与温度的关系及曲线拟合

谱发射率和辐射体发射率,因此每个灯泡的带限输出噪声功率 P_{out} 为

$$P_{out} = \varepsilon(\overline{T}) \cdot \pi \cdot A_{eff} \int_{\lambda_1}^{\lambda_2} I(\lambda,T) d\lambda \qquad (13.8)$$

式中:A_{eff} 为灯丝的有效辐射面积;λ_1,λ_2 分别为带限的上限波长和下限波长。

将灯丝看成均匀分布的圆柱体,其截面面积为 CSA,长度为 l。所以,如果其中的一个参数可以物理测量的话,那么另一个便可以用下式得出:$(CSA/l)_{eff}$ = 1.09×10^{-6} cm。于是有效辐射面积可以用 $A_{eff} = 2l_{eff}\sqrt{\pi CSA_{eff}}$ 估算。使用电子扫描显微镜(SEM),可测得 Eiko 8666-40984 灯泡灯丝直径的平均值为 22.40μm,如图 13.8 所示,可得到有效辐射面积为 $2.54 \times 10^{-6} m^2$。在式(13.8)中,对静态直流偏压电流为 44mA 来说,每个灯丝的带限输出噪声功率为 1.31mW。而且,由前面得出在灯丝工作温度的电阻值 $R(772K) = 17.02\Omega$,可得到每个灯泡的直流输入功率为 $P_{DC} = 33$mW,所以,带限输出噪声与源直流输入功率之间的效率约为 4%。需要注意的是,玻璃封装的非理想传输特性、散射耗损与滤波器的 2dB 插入噪声损失并没有考虑进去。尽管如此,估算值为 4% 的直流-太赫兹功率转换效率已经大于相干源效率。作为一个特殊应用,这也许是太赫兹火炬技术的一个重要特性。

值得注意的是,Eiko 8666-40984 白炽灯泡用于一般用途,其建议的直流操作功率 $P_{DC} = 100mA \times 4V = 33$mW。在这种静态偏压条件下,测量的工作温度为 1610K,几乎是钨熔点 3695K 的 1/2。该温度对应的辐射率峰值在近红外区域的 167THz(1.8μm)。由于它远离光谱可见光区域,在推荐的直流操作功率下,直流-可见光功率转换效率非常低,比直流-太赫兹转换效率低好几个量级。而且,通过将白炽灯偏压电流从 100mA 降至 44mA,光谱辐射率峰值(直流-太赫兹功率转换效率达最大值)可很轻松地调节一个倍频程以上,即从 167THz 到 80THz。这样便可以与另一种采用红外发光二极管和光电二极管的低成本方法相媲美,后一种方法在短波操作,需要在不同的器件之间切换,因为不可能进行连续光谱调谐。最后,太赫兹火炬应用(P_{DC}<100mW,完全低于灯泡指定的直流操作功率量级)预期能够长时间操作。

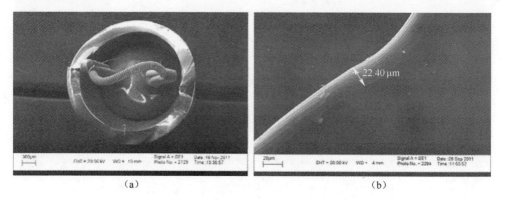

(a) (b)

图 13.8 Eiko 8666-40984 灯泡钨丝的 SEM 图像
(a)整个灯丝在破裂玻璃罩的圆形周边里;(b)灯丝近距放大图。

5) 灯泡响应时间估算

如果源辐射是间接调制(如通过空间调制器),或者直接调制时不需要快速切换(如通过电子调制),那么白炽灯的响应时间并不重要。但是,对于需要快速切换且不能间接调制的源来说,需要对直接调制响应时间相关的物理限制进行研究。实际上,响应时间分两种类型,即电子响应和热响应。对电子响应来说,在 Eiko 8666-40984 灯泡灯丝的低频电感为 L_{LF} = 5.18μH,一般被认为与温度无关。所以,在最差的温度条件下,电子时间常数 $L_{LF}/R(300K)$ 仅为 1.1μs。这比热时间常数要小几个数量级。因为热时间常数限制了响应时间,为此希望依赖热动力学技术。

对于加热与冷却过程,需要考虑两种热时间常数。加热的热时间常数 τ_H 定义为从初态与终态温差从 10% 到 90% 所用的时间;冷却的时间常数 τ_C 定义与此类似,是指从初态与终态温差从 90% 到 10% 所花的时间。图 13.9 所示为计算的灯丝瞬时温度,具有标记(M):空间(S)为 1:1 的方波,调频为 0.16667Hz(非常慢的比特率)。

当灯泡电源接通时,初始温度 $T(0)$ 为阶梯响应函数,由于焦耳加热产生大电流注入,灯丝的温度增加。由于钨的电阻率为正温度系数,灯泡瞬时电阻也从它的初始值 $R(T(0))$ 开始增长,直到达到一个稳态;例如从 $R(300K)$ = 4.72Ω 到 $R(772K)$ = 17.02Ω。最终达到稳态温度时,输入直流功率恰好通过所有耗散损失(如欧姆及辐射损耗)机理达到平衡。图 13.10(a)所示为对应于终态工作温度为 772K 的静态直流偏置电流为 44mA 时,测量的瞬态接通直流曲线。图 13.10(b)所示为根据测量的灯泡电阻得到灯丝的瞬态温度。值得一提的是,钨被认为具有较低的比热容 C_p = 0.134J/(g·K)。然而,当比特率增加时,就需要将热力学系

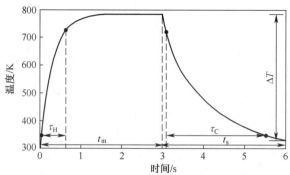

图 13.9 具有方波 M：S=1：1、调频为 0.16667Hz
($t_m>\tau_H$ 和 $t_s>\tau_C$)的灯丝瞬时计算温度

的问题考虑进去。幸运的是，由于灯泡的瞬时电阻是通过电流-电压(I-V)测量得到的，因此已经将热力学系统的比热容考虑了进去。

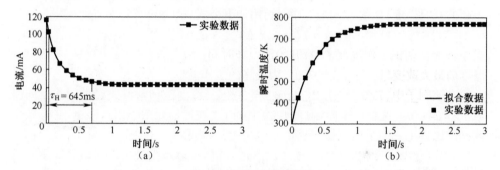

图 13.10 瞬时接通响应
(a)电流；(b)提取的灯丝温度。

可将简单的经验曲线拟合应用到瞬时接通灯丝温度上，如图 13.10(b)所示，如下公式的误差不超过 1.5%：

$$T(t) = T(\infty) - \Delta T_{max} \cdot e^{-1.9995t/\tau_H} \tag{13.9}$$

式中：t 为从初始工作温度 $T(0)$ 开始的瞬时加热时间；$\Delta T_{max} = [T(\infty) - T(0)]$ 为灯丝温度的最大变化，$T(\infty)$ 为最终工作温度。

在该例子中，$T(0)=300K$，$T(\infty)=772K$。可得到加热或接通的热时间常数为 $\tau_H = 645ms$。

当灯泡电源关掉时，初始温度 $T(0)$ 为阶梯响应函数，灯丝开始冷却，其瞬时电阻也随时间从初始的稳态值 $R(772K)$ 降低到最终稳态值 $R(300K)$。然而，电流将瞬间降为 0，所以不能使用类似于接通时的热时间常数方法。为了测量关闭时的热时间常数，提出一个新方法。在电源关闭后，以不同的冷却时间间隔测量由初始稳态接通状态的瞬时接通电流。图 13.11(a)给出 6 个接通电流的测量结果，内插曲线显示 Eiko 8666-40984 灯泡的瞬态冷却响应具有 44mA 的静态直流偏压电流。由灯泡瞬时电阻,可提取出相应的灯丝温度,如图 13.11(b)所示。

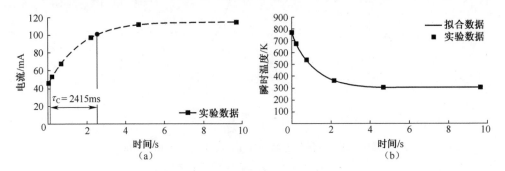

图 13.11 瞬时接通响应
(a)电流;(b)提取的灯丝温度。

热钨丝冷却是一个弛豫过程[47]。然而,可将简单的经验拟合曲线用于钨丝关闭的瞬时温度,如图 13.11(b)所示,用如下公式表达,其误差不超过 3%:

$$T(t) = T(\infty) + \Delta T_{max} \cdot e^{-1.9995t/\tau_H} \quad (13.10)$$

式中:t 为从初识工作温度 $T(0)$ 开始的冷却时间;$\Delta T_{max} = [T(0) - T(\infty)]$ 为灯丝温度的最大改变量,$T(\infty) = 300K$ 为最终的工作温度。

在该例子中,$T(0) = 772K$,$T(\infty) = 300K$。得到冷却常数或者关闭热时间常数 $\tau_C = 2415ms$,这将严重限制灯泡的关闭速度,在通信通道中则将限制 OOK 数字调制的比特率——虽然在快速切换的应用中,这不是一个问题。实际上,在后面可看到,当灯丝温度变化 ΔT 远小于 ΔT_{max} 时,比特率远远超过关闭时热时间常数的倒数,但带来的后果是无线链接的端到端系统性能下降,其中假设 PIR 传感器的热时间常数非常短,即 τ_{sensor} 远小于 τ_C。

13.2.2.2 基本接收子系统

热释电传感器能通过测量目标与背景之间的温差探测物体。热释电材料产生自发极化电荷,其量级由材料的温度变化决定。热释电传感器的等效电路模型如图 13.12 所示。

当入射辐射通量 $\Phi_s[W]$ 被传感元件材料吸收时,会引起物理温度的改变。这一改变用下式表示[48]:

$$\Delta T = \alpha \frac{\Phi_s}{G_T} \frac{1}{\sqrt{1 + (\omega \tau_T)^2}} \quad (13.11)$$

式中:α 为吸收效率;$\tau_T = H_p/G_T$ 为探测器的热时间常数(s)(Murata IRA-E710ST 传感器的值未知,InfraTec LME-553 传感器的值是 200ms[45]——由于加热和冷却的热参数没有区别,并假设该值是这两种条件下的最坏情况);H_p 和 G_T 分别为传

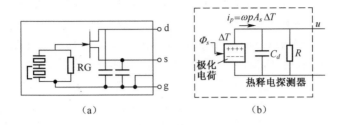

图 13.12 PIR 探测器的等效电路模型

(a) Murata IRA-E710 ST1 探测器[44];(b) InfraTec LME-553 探测器的前端电路。[48]

感材料的热容($W \cdot s/K$)和热导率(W/K)。

由于前面同样的原因(灯丝关闭热时间常数的问题),当传感材料物理温度的改变 ΔT 远小于 ΔT_{max} 时,比特率实际上远远超过传感器热时间常数的倒数,但是同样会造成无线链接端到端的系统性能下降(输出信噪比降低,造成最大传输距离降低),13.4.3 节将进行介绍。

由于热电效应,温度的改变会产生较小的极化电流 i_p,它与温差和传感元件的表面积成正比,即

$$i_p = \omega p A \cdot \Delta T \tag{13.12}$$

式中:ω 为入射光角调制频率;p 为热电系数($C/(cm^2 \cdot K)$),A_s 为传感元件截面面积。输出电压的幅度为

$$u = \omega p A_s \left[\alpha \frac{\Phi_s}{G_T} \frac{1}{\sqrt{1+(\omega \tau_T)^2}} \right] \frac{R}{\sqrt{1+(\omega \tau_E)^2}} \tag{13.13}$$

式中:$\tau_E = RC_d$ 为探测电路的电气时间常数(MurataIRA-E710ST1 传感器的值未知,但是 InfraTec LME-553 传感器的值为 0.4ms[45],R 为电压跟随器内阻(如图 13.12(a)所示的 RG,用于将电流转化为电压),C_d 为 PIR 传感器输出电容。

这两个实验使用的 Murata IRA-E710ST1 传感器有两个 2mm×1mm 的传感元件[41,42]。由于背景环境可以从移动目标中扣除,这种双元件传感器一般用于探测移动中的物体。因此,需要将在其中一个元件中引入短路以移除这个功能。

商用热释电传感器通常有一个集成的前置放大器[44-45]。然而,输出电压一般都比较小,在毫伏量级。所以,需要后端电子装置。引入包含两级高增益低噪声放大器(LNA)的模拟电路,用于信号放大和阻隔直流电。后面还有一个用于简单模数转换的施密特触发器。这个简单的后端电子装置可作为一种用于 OOK 数字调制的低成本解决方案。

13.2.3 首台单通道"太赫兹火炬"原理验证演示器

实现了基本的单通道架构,如图 13.3所示。发射器与接收器相距 0.5cm,以建立

一个短视线无线通信链接。通过中间驱动的电路,矩形脉冲发生器可用于数字调制灯泡。通过 5 个串联的灯泡,可将静态直流偏置电流设置为 44mA,光辐辐射率峰值达到 80THz。实验结果表明,在 0.5cm 的传输距离上,最大比特率为 5b/s,如图 13.13 所示。从图 13.13(a)可以看到,比特率随着距离的增加急剧下降,其主要原因是光束散射(没有采用后向反射器和准直透镜)和大气吸收造成的损耗。13.4 节将对这些影响进行讨论。由于这种衰减特性并不会视作不良因素,因此,它们在特定的安全防卫应用中产生较小的截取或干扰。同样,从图 13.13(b)可以看到,随着采用的灯泡数目增多,固定传输距离上的最大有效比特率增加。然而,在此特定实验设置中,随着灯泡数目增加超过 3 个,出现了饱和效应,有效比特率反而下降。

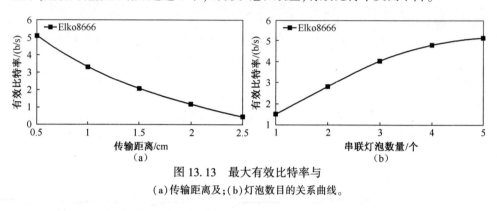

图 13.13　最大有效比特率与
(a)传输距离及;(b)灯泡数目的关系曲线。

13.3　多路复用方案体系结构

13.3.1　多路复用方案介绍

在通信系统中,多路复用设计可提供重要的优势,包括提高抗干扰(自然与人为均包括在内)的可靠性以防窃听,这是安全通信所必须具备的物理层。

13.3.1.1　频分复用

为了提高单通道限带端对端的比特率,太赫兹火炬的概念可通过频分复用(FDM)得以增强,并始终保持其低成本的特点。在此例子中,对一组输入数据流进行多路分解,数据在多个通道同时传输,每个通道都工作在 10~100THz 范围、由不同的 COTS 滤波器定义的非重叠频段内。图 13.14 所示为一个四通道系统的简单太赫兹火炬频分复用方案[41]。其带宽、选择性和透光率应经过仔细选择,以便通过每个通道的能量传输大致相等。从单通道接收器恢复的比特流经过多路复用以重现最初传输的比特流。

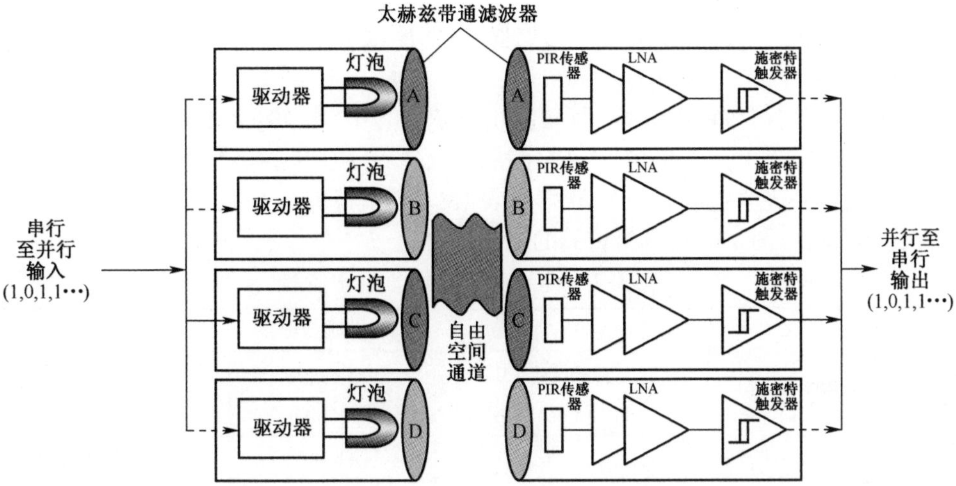

图 13.14 超低成本"太赫兹火炬"FDM 系统实例[41]

13.3.1.2 跳频扩展频谱

除了 FDM,还可应用跳频扩展频谱(FHSS)系统进一步提高安全等级。此处可周期性地将输入比特流从一个通道切换到另一个通道,每一通道工作在 10~100THz 的不同频段,以便在某个时间上只使用一个通道。图 13.15 所示为一个四通道系统的简单"太赫兹火炬"FHSS 方案[41],图中没有显示伪随机通道配置、同步及锁定子系统。虽然整体的端到端比特率并没有优势,但相对于限带单通道技术,物理层安全性显著增强。

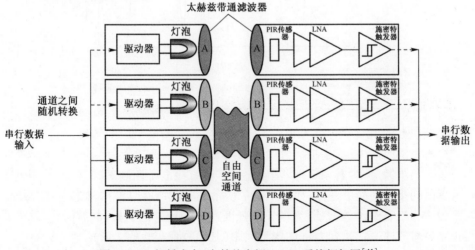

图 13.15 超低成本"太赫兹火炬"FHSS 系统框架图[41]

13.3.2　首台"太赫兹火炬"频分复用演示器

演示了首台"太赫兹火炬"频分复用系统。其中,在 20~90THz 的高频太赫兹热红外区域定义了 4 个通道。用于该用途的 4 个 COTS 滤波器来自诺森布里亚(Northumbria)光学镀膜有限公司[49],表 13.1 列出了每个 1mm 厚 COTS 滤波器的有关光学特性,图 13.16 给出它们的光谱透射率。

表 13.1　COTS 滤波器的光学特性

Northumbria 光学镀膜 有限责任公司	性能指标		
	50%截止后 [THz](μm)	50%截止前 [THz](μm)	平均透射率/%
SLWP-8506-000240	N/A	34(8.801)	约 79.6
SWBP-6177-000111	42(7.059)	57(5.295)	约 84.2
SWBP-4596-000070	60(5.004)	72(4.188)	约 75.7
SWBP-3685-000091	75(4.001)	89(3.372)	约 72.2

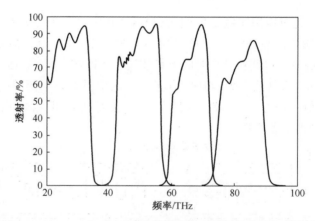

图 13.16　表 13.1 中 COTS 滤波器的测量光谱透射率响应曲线[49]

首台"太赫兹火炬"频分复用系统采用的发射器与接收器与单通道"太赫兹火炬"系统相似。然而,在直径为 8.2mm 的包装盒中,还包括一个共形金属反射膜,以减少光束散射损失(提高正向方向的辐射等级)。四通道发射-接收对采用面对面安装。与单通道"太赫兹火炬"演示器的灯泡直接电子调制不同,此处采用光学斩波器的间接调制简单易行,如图 13.17 所示。通过所有灯泡的静态直流偏压电流都为 44mA,在通道滤波前,光谱辐射强度在 80THz 处达到相同的峰值。发射器与接收器对的通道之间有 1cm 的固定间距(是第一个实验的 2 倍)。

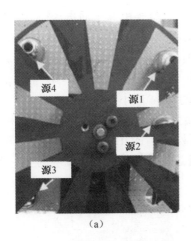 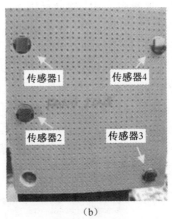

图 13.17 （a）光学斩波器和（b）接收器阵列后面的发射器通道组件[41]

值得一提的是，相邻通道的发射器-接收器对可能需要避免相邻通道的相互干扰。但这个问题在此特定应用中并不重要，因为有很多简单的解决方案（如采用准直透镜，保证带间距以及增加滤波选择性）。然而，在这个特定实验装置中，相邻通道的发射器-接收器空间分离，并通过 12cm 直径的斩波器叶片完全屏蔽，如图 13.17 所示[41]。

在图 13.18 中，每个独立通道最大的比特率为 10.3b/s。结果表明，如果斩波频率进一步提高，则经过用滤波器 SWBP-3685-000091 重新获得发射器-接收器对的通道信号会发生畸变。这是因为特定通道滤波器的带宽和透射率小于规定值。将四通道发射器-接收器对的并行输出汇合成一条串行输出流之后，可获得"太赫兹火炬"频分复用演示系统的最大有效比特率。在这项实验中，如预期的那样，测量的最大端到端比特率可达到 41.2b/s。与第一次实验相比，比特率提高了 8 倍，传输距离增加 2 倍多。最近的频分复用应用结果达到更快的 1280b/s。此外，还首次演示了 FHSS 实验方案，其比特率达 320b/s。测量四通道频分复用方案在 2.5cm 传播距离上的比特误码率（BER）小于 10^{-6}。

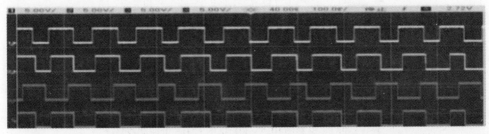

图 13.18 四通道发射器-接收器对的输出比特流，每个通道的比特率为 10.3b/s

未来的"太赫兹火炬"频分复用方案可能包含更多个通道,这需要更多具有预设带宽的滤波器。低成本使能技术使这些滤波器可供使用。对于较窄的部分带宽(10%~30%),可用金属网滤波器,如所演示的那样,在10THz采用14%的部分带宽,以及半波长交叉的二维阵列(尺寸为15μm)图样。在40THz,3.75μm的半波长尺寸非常接近于低成本阴影掩模制造的1μm最小特征尺寸极限。

在FDM和FHSS的应用中,可以采用大量、具有足够带宽、选择性和透过率的标准COTS滤波器及窗口,形成多通道操作。图13.19给出中心频率在0.5~30THz,具有高斯型带通特征、90%光谱透射率和7%~25%半高宽(FWHM)的COTS金属网滤波器。

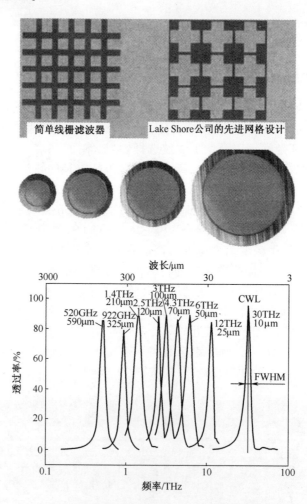

图13.19 (见彩图)0.5~30THz的COTS带通滤波器

13.4 基本局限性和工程解决方案

采用单通道和多通道频分复用结构,成功演示了基于"太赫兹火炬"技术的超低成本、短距无线通信链接。尽管首次演示的这些原理演示验证实验的测量性能在比特率及传输距离上有局限性,但重要的是这种技术才刚刚起步。通过理解单个技术的实际局限性,根据特定应用,设计工程师们将确定是否值得利用单个部件的极限性能,采用更贵但性能更好的部件,或者是另一种解决方案。

13.4.1 工作波段

建议"太赫兹火炬"技术工作在 10~100THz 的高频区,该波段完全高于太赫兹相关技术常用的频率范围。此建议基于10THz 以下低频段,光谱辐射量级处于用普朗克公式产生的长波末端。增加灯泡的静态直流偏压电流将会提高灯丝的工作温度,也提高了光谱辐射的振幅与频率峰值。然而,长波末段的光谱发射率将不会增加到峰值附近的相同位置。因此,峰值附近产生的高量级光谱噪声功率将被浪费(因为峰值高于100THz),并且直流—太赫兹的功率转换效率也会大大降低。先前讨论过的一个例子,为 Eiko 8666-40984 灯泡建议了通用的直流操作功率量级。

工作波段还受到发射机硬件(除灯丝散热器)或目标、通道环境和接收器硬件相关背景热噪声的限制。在 300K 的室温下,等效的光子能量 $E=kT=26\text{meV}$,其中 k 为玻耳兹曼常数,利用普朗克关系式 $E=h\nu$,其中 h 为普朗克常数,得到 ν 为 6THz。所以,对室温操作来说,"太赫兹火炬"原理具有 6THz 的低频限制。"太赫兹火炬"的热力学概念依赖于温度变化、时间变化(在安全无线射频识别(RFID)、智能秘钥、数据安全传输、隐蔽通信、夜间信号和简易爆炸装置(IED)触发应用中),或空间变化(在 IED 触发、自适应热伪装的高像素分辨率远红外对抗、哨兵诱饵和敌我识别应用中)。在发射器/目标中采用主动冷却子系统(如珀耳帖效应制冷器,光电管(PEC))可提高其温度变化 ΔT,改善端到端系统的性能,但是仅当发射器/目标控制了接收器的视场时才适用。在接收器的后端电子设备中采用 PEC 只能提高其信噪比。采用 PEC 时,无论是发射器还是接收器,都将不可避免地增加直流电源的功耗、复杂性、尺寸、重量和成本。

13.4.2 灯丝和传感器的热时间常数

如果白炽灯灯泡采用直接调制,加热和冷却的热时间常数都对其信号传播速度加以基本限制,这在第一个实验中可观察到,其最大比特率只有 5b/s。由于热电传感器只能探测源温度的改变,提高比特率会产生较小的温差,产生较低的输出信噪比,如图 13.20 所示。

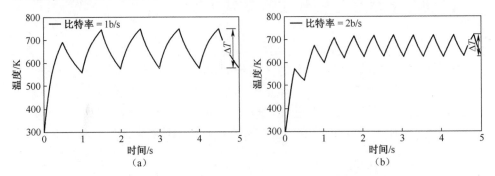

图 13.20 测量的瞬时灯丝温度,表明源温度 ΔT 随比特率增加
(a)1b/s 和较大的源 ΔT;(b)2b/s 和较小的源 ΔT。

一种解决方案是采用间接调制,通过一个恒定量级的光学开关对噪声功率谱(由具有固定静态直流偏压电流的灯泡产生)进行外部脉冲调制,最终避免了所有与发射器热时间常数限制有关的问题。如果采用如 FDM 实验中一样的简单光学斩波器[41],可研究与 PIR 传感器有关的热时间常数限制。

在单通道覆盖 25~50THz 的频谱范围,用 Murata IRA-E710ST1 传感器进行一项实验。在实验中,光学斩波器与发射器相距 1cm,当 I=44mA、50mA 和 60mA,估算峰值频率分别为 80THz、93THz 和 108THz 时,测量 3 个静态直流偏压电流值。将最小静态偏压电流即 44mA 的性能与最先的第一个直接调制实验相比较。如图 13.21(a)所示,当固定传播距离为 1cm 时,最大比特率为 50b/s。与相同条件的直接调制情形相比,结果表明:当传输距离多一倍时,比特率提高 10 倍。此外,如图 13.21(b)所示,当固定比特率为 15bit/s,最大传输距离为 2.25cm。结果表明,比特率提高 3 倍,传输距离几乎增加 5 倍。

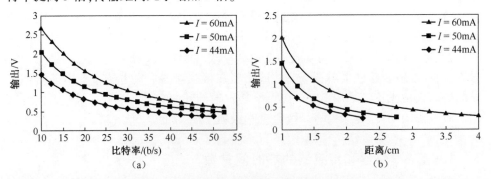

图 13.21 利用光学斩波器,不同静态直流偏压电流的实验结果,显示 LNA 输出电压与(a)固定传输距离为 1.0cm 的比特率及(b)固定比特率为 15bit/s 的传输距离之间的关系

正如所期望的,图 13.21(b)表明,随着静态直流偏压电流的增加,传输距离也在增加。然而,在图 13.21(a)却看不到一样的特性。这是因为 Murata IRAE710ST1 传感器不足以响应 52.5b/s 以上的比特率。其原因是传感器响应率在 1.3Hz 处有 70.7%的截止调制频率,在下一个小结中将进一步讨论这一问题。

对于大多数实际应用,光学斩波器的用处很小。然而,可以采用其他的间接调制技术。例如,根据操作速度,选择机械快门(通过微型机械或者微机电系统[52]实现)可提供优良的传输与消光比,尽管这种方案造价有些高。高对比度太赫兹调制器基于通过环形孔径阵列的非常传输,可实现超快速率(预期转换速度大于 10Gb/s)和低成本[53],尽管基于共振阵列的瞬时带宽较窄。

13.4.3 探测器响应度和颤噪效应

热电传感器的探测器响应度为

$$n = \frac{u}{\Phi_s} = \omega p A_s \cdot \left[\frac{\alpha}{G_T} \frac{1}{\sqrt{1+(\omega \tau_T)^2}} \right] \cdot \frac{R}{\sqrt{1+(\omega \tau_E)^2}} \quad (13.14)$$

由式(12.14)可看出,调制频率的响应特性由热时间常数 τ_T 和电学时间常数 τ_E 确定。在图 13.22 中可看到 Murata IRA-E710ST 和 InfraTec LME-553 探测器响应度的频率调制响应曲线。Murata IRA-E710ST 在 1.3Hz 附近有一个非常低的 70.7%截止调制频率。事实上,Murata IRA-E710ST1 传感器最初是用来探测热物体的缓慢运动(如人类活动探测)。因此,低频调制操作(一般为 1~10Hz)可采用非常便宜的大批量生产的基本技术来实现。InfraTec LME-553 探测器在 600Hz 有 70.7%的较大截止调制。这是因为较贵的 InfraTec LME-553 探测器具有低阻抗内部前置放大器。所以,当 τ_T 远大于 τ_E(因为 $\tau_T = 200ms$,$\tau_E = 0.4ms$)时,由热时间常数决定了 InfraTec LME-552 传感器的截止调制频率较低,可为间接调制"太赫兹火炬"无线链接提供最大的传输比特率。

InfraTec LME-553 传感器元件是由晶体热电钽酸锂材料构成,同时具有压电特性。因此,除非进行了校正,否则该传感器的性能受到来自外部机械振动和声波压力的颤噪效应的严重影响。简单的工程解决方案就是将两个传感器与高增益、低噪声运算放大器的差分输入直接连在一起。在模拟信号到达施密特触发器之前,对该 LNA 输出进行带通滤波。

双传感器实验用单通道完成,频率范围为 25~50THz。光学斩波器距离发射器 1cm,再次考虑静态偏压电流的 3 个值,即 $I = 44mA$、$50mA$ 和 $60mA$。正如图 13.23 所示,最大比特率和最大传输距离都随直流偏压电流的增加而增加。此外,InfraTec LME-553 可对记录的 1.4kb/s 比特率进行响应(该单通道电流 $I = 60mA$),即使它的 70.7%截止调制频率只有 600Hz。事实上,用高量级的静态直流偏压电流可实现较好的无线链接。

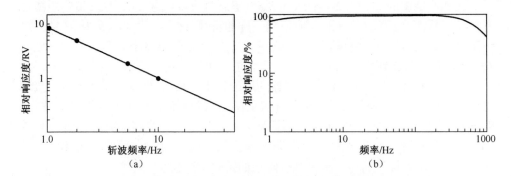

图 13.22 PIR 传感器响应度与调制频率的响应曲线
(a) Murata IRAE710 ST1,在 1.3Hz 达到 70.7%截止频率(Murata 制造公司提供[44]);
(b) InfraTec LME-553,在 600Hz 达到 70.7%截止频率[45]。

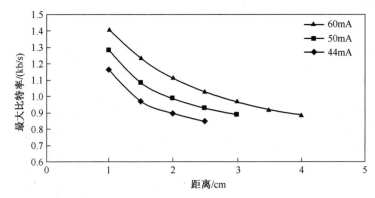

图 13.23 利用间接调制 InfraTec LME-553 传感器,测量覆盖 25~50THz 波段,
具有差分静态直流偏压电流的发射器灯泡的最大比特率与传输距离的关系

13.4.4 灯泡玻璃外壳的吸收

商用现货(COTS)白炽灯泡有密封外壳,可防止热钨丝在空气中氧化。这种壳体材料(如熔融石英或者碱石灰玻璃)在光学和近红外波段的透射率非常高,但在长波则远远不行。图 13.24(a)所示为 3~100μm(3~100THz)的典型碱石灰窗口玻璃的测量折射率(n)和复折射率的消光系数(k)[54]。

Eiko 8666-40984 灯泡有一个厚度约为 300μm 的玻璃外壳,但其端部更厚(约为 400μm),实验装置的绝大多数能量辐射由此处发射,如图 13.4 所示。假设玻璃壳体厚度为 350μm,可计算出相关的功率透光率、反射比和吸收比[22],如图 13.24(b)所示。计算结果表明,1~65THz 频率范围内的透光率较低。所以,灯泡的玻璃外壳显著影响了整个传输光路的功率损耗。在该波长范围,玻璃外壳热

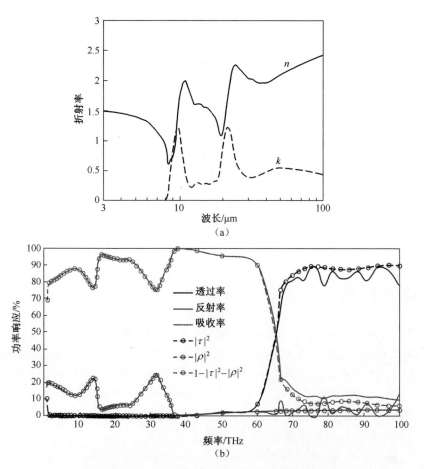

图 13.24 （见彩图）(a)典型碱石灰窗口玻璃的测量折射率和消光系数
(Solar Energy 材料公司提供[54])；(b)根据(a)中测量数据
计算的 350μm 厚玻璃外壳的透射率、反射比和吸收比

量的二次辐射机理占主导作用。

  降低玻璃封装损耗的一种方法是选择性地移除其端部，并用一个透过率更好的窗口材料代替。例如溴化钾(KBr)有非常好的传输特性，在 15~750THz(0.4~0.2μm)，传输水平可达 80%，但具有吸水性。用 KBr 做准直透镜，其速度比 PIR 传感器快，且具有改进的后端电路，近期结果表明，1000b/s 的单通道连接距离大于 10cm，且没有可探测误差。硒化锌(ZnSe)在较宽的频率段 16~600THz(0.5~19μm)内具有较低的吸收系数，没有吸水性而且稳定，适用于所有用户环境，因而可用于光学元件(如窗口，透镜和分光器)测量高温。俄罗斯 TYDEX® 公司将这种材料用作宽带减反射辐射(BBAR)涂层。图 13.25 所示为 25~100THz 范围、具有 BBAR 涂层的硒化锌(ZnSe)窗口材料的光谱透射率。合成(CVD 生长)钻石在紫

外到远红外范围有较高的透射率(70%左右)。

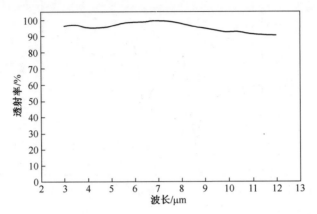

图 13.25　25~100THz 范围具有 BBRA 涂层的 ZnSe 窗口材料的光谱透过率[55]

13.4.5　自由空间衰减及扩展损耗

目前,演示了厘米量级的短距离传输"太赫兹火炬"概念,(在 4cm 范围,用 60mA 偏压静态直流电源串联连接 5 个小灯泡)。在 10~100THz 的高频太赫兹波段工作的一个固有缺陷是空气中的高自由空间衰减。图 13.26 所示为各种光谱窗口,包括 21~40THz(7.6~14μm)的低衰减波段,40~56THz(5.4~7.6μm)的高衰减波段,以及达到 100THz 的混合低衰减和高衰减波段。因此,大体上可实现利用光谱低衰减窗口位置的多通道"太赫兹火炬"结构。

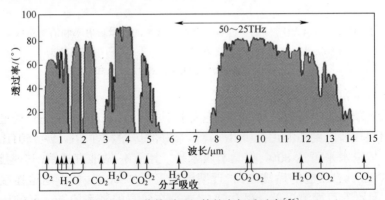

图 13.26　紫外到远红外的大气透过率[56]

由于早期原理验证实验演示器的传输距离为厘米量级,主要损耗机制为光束扩展。对于紧凑设计(5 个小型灯泡组装成一个紧凑的圆柱体封装,外径只有 8.2mm),使用一个很大的抛物面反射镜是不合适的。一个简单的工程方案是采用共形金属反射膜(如金属箔),将其放置在 5 个灯泡的阵列之后,以减少光束扩展带损耗。此外,通过使用低吸收率材料准直透镜,并将其放置在发射机和接收机上,可期待实现米量级传输距离的多比特率连接。

13.5 结论

本章研究了可实现安全及防御特殊用途的低成本解决方案的新型"太赫兹火炬"技术,并侧重于在短程、低比特率无线通信连接中的应用。

在介绍了基本概念之后,给出了首次原理概念实验演示的结果,强调了存在的一些固有优点及面临的挑战。针对于提高无线安全通信链路的比特率与传输距离,同时保持非常高的直流-太赫兹转换效率和波形因素,讨论了各种使能技术的物理限制以及简单的工程解决方案。

与成熟的相干射频无线电解决方案相比,该项技术依然处于起步阶段,因而初始性能可能远远达不到预期。然而,通过研究大量的超低成本技术,尽可能地选择低成本和高性能指标的部件(如太赫兹源,探测器等),其性能水平无疑会大幅度提高(如操作速度更快,传输距离更远)。

该项研究的动机应得到持续关注,其原因是它为一些特殊应用提供了至关重要的益处。例如:①只需要低精度的部件;②易于生产;③固有的超低成本;④无触点数据传输,电子和机械性能可靠;⑤不额外增加成本的可调谐性能;⑥多种技术解决方案;⑦毫瓦输出功率且不需要特殊致冷;⑧非常高的直流-太赫兹功率转换效率;⑨工作在实际上从未用过的电磁频谱区域。最后一点可实现隐蔽性保密操作。事实上,对于大量可自由使用的光谱波段以及较高的大气衰减,该项技术具有极低的拦截与编码窃取概率,这使其成为安全传输的理想工具。

"太赫兹火炬"技术期望在不需要高数据率、但低成本的安全与防御领域中有新的应用,例如:安全 RFID、智能秘钥、安全数据传输、隐秘通信、夜间信号传输、IED 触发、自适应热伪装的高像素分辨率远红外对抗、哨兵诱饵、敌我识别和潜在爆炸探测的吸收光谱学。

致谢

该项目早期工作启动得到 Platform Grant EP/E063500/1 下属的英国工程和物理科学委员会(EPSRC)资金支持。作者要感谢 Hanchao Lu,以及由 William J. Otter 和 Stephen M. Hanham 对本文的最终校对。此外,Hu Fangjing 要感谢中国国家留学基金委员会(CSC)对其博士学位的资助。

参考文献

1. King EV (1965) Infra-red ray alarm system. The Radio Constructor, October, pp 173-176
2. Nezih P, Abbas AN (2012) Terahertz technology for nano applications. In: Bhushan B (ed) Encyclopedia of nanotechnology. Springer, New York, pp 2653-2788
3. Lin H, Fischer BM, Mickan SP, Abbott D (2006) Review of THz near-field methods. Smart materials, nano-and micro-smart systems. Proc SPIE 6414:64140L
4. http://ieeexplore.ieee.org/xpl/aboutJournal.jsp?punumber=5503871#AimsScope
5. http://www.digitalbarriers.com/inside-thruvision/
6. http://www.azdec.com/
7. http://tplogic.net/wp-content/uploads/2013/07/product_brochure.pdf
8. http://cp.literature.agilent.com/litweb/pdf/5989-7620EN.pdf
9. http://www.teraview.com/products/terahertz-pulsed-spectra-3000/index.html
10. Williams BS (2007) Terahertz quantum-cascade lasers. Nat Photonics 1:517-525
11. Preu S, Dohler GH, Malzer S, Wang LJ, Gossard AC (2011) Tunable, continuous-wave terahertz photomixer sources and applications. J Appl Phys 109:1-56
12. Nagatsuma T (2009) Generating millimeter and terahertz waves. IEEE Microw Mag 10:64-74
13. Knap W, Kachorovskii V, Deng Y, Rumyantsev S, Lü JQ, Gaska R, Shur MS, Simin G, Hu X, Khan MA, Saylor CA, Brunel LC (2002) Nonresonant detection of terahertz radiation in field effect transistors. J Appl Phys 91:9346-9353
14. Meziani YM, Garcma-Garcma E, Velázquez-Pérez JE, Coquillat D, Dyakonova N, Knap W, Grigelionis I, Fobelets K (2013) Terahertz imaging using strained-Si MODFETs as sensors. Solid State Electron 83:113-117
15. Rauter P, Fromherz T, Winnerl S, Zier M, Kolitsch A, Helm M, Bauer G (2008) Terahertz Si:B blocked-impurity-band detectors defined by nonepitaxial methods. Appl Phys Lett 93:261104-1-261104-3
16. Komiyama S, Astafiev O, Antonov V, Kutsuwa T, Hirai H (2000) A single-photon detector in the far-infrared range. Nature 403(4768):405-407
17. Lucyszyn S (2007) Evaluating surface impedance models for terahertz frequencies at room temperature. PIERS Online J 3:554-559
18. Lucyszyn S (2005) Investigation of Wang's model for room temperature conduction losses in normal metals at terahertz frequencies. IEEE Trans Microw Theory Tech 53:1398-1403
19. Lucyszyn S (2004) Investigation of anomalous room temperature conduction losses in normal metals at terahertz frequencies. IEE Proc Microw Antenna Propag 151:321-329
20. Lucyszyn S (2001) Comment on terahertz time-domain spectroscopy of films fabricated from

SU-8. IEE Electron Lett 37:1267

21. Lucyszyn S, Zhou Y (2011) Engineering approach to modelling metal THz structures. OnlineJ Terahertz Sci Technol 4:1–8

22. Lucyszyn S, Zhou Y (2010) Characterising room temperature THz metal shielding using the engineering approach. PIER J 103:17–31

23. Lucyszyn S, Zhou Y (2010) THz applications for the engineering approach to modelling frequency dispersion within normal metals at room temperature. PIERS Online J 6:293–299

24. Lucyszyn S, Zhou Y (2010) Engineering approach to modelling frequency dispersion within normal metals at room temperature for THz applications. PIER J 101:257–275

25. Zhou Y, Lucyszyn S (2009) HFSS^{TM} modelling anomalies with THz metal-pipe rectangularwaveguide structures at room temperature. PIERS Online J 5:201–211

26. Episkopou E, Papantonis S, Otter WJ, Lucyszyn S (2012) Defining material parameters incommercial EM solvers for arbitrary metal-based THz structures. IEEE Trans Terahertz Sci Technol 2:513–524

27. Episkopou E, Papantonis S, Otter WJ, Lucyszyn S (2011) Demystifying material parameters for terahertz electromagnetic simulation. In: 4th UK/Europe-China conference on millimetre waves and terahertz technologies, Glasgow, pp 80–81

28. Otter WJ, Hanham SM, Episkopou E, Zhou Y, Klein N, Holmes AS, Lucyszyn S (2013) Photoconductive photonic crystal switch. In: 38th international conference on Infrared, Millimeter and Terahertz Waves (IRMMW-THz 2013), Mainz, Germany

29. Episkopou E, Papantonis S, Holmes AS, Lucyszyn S (2012) Optically-controlled plasma switch for integrated terahertz applications. In: 39th IEEE International Conference on Plasma Science (ICOPS2012), Edinburgh

30. Lucyszyn S, Zhou Y (2012) Reconfigurable terahertz integrated architecture (RETINA)-a paradigm shift in SIW technology. IEEE International Microwave Symposium (IMS2012) workshop proceedings, WFA: integration and technologies for mm-wave sub-systems, Montreal, Canada

31. Zhou Y, Lucyszyn S (2010) Modelling of reconfigurable terahertz integrated architecture (RETINA) SIW structures. PIER J 105:71–92

32. McPherson DS, Soe HC, Jung YL, Lucyszyn S (2001) 110GHz vector modulator for adaptive software-controlled transmitters. IEEE Microw Wirel Compon Lett 11:16–18

33. Lucyszyn S, Silva SRP, Robertson ID, Collier RJ, Jastrzebski AK, Thayne IG, Beaumont SP (1998) Terahertz multi-chip module (T-MCM) technology for the 21st century? IEE colloquium digest on multi-chip modules and RFICs, London, pp 6/1–8

34. Lucyszyn S (1997) The future of on-chip terahertz metal-pipe rectangular waveguides implemented using micromachining and multilayer technologies. IEE colloquium digest on terahertz technology and its applications, London, pp 10/1–10

35. Lucyszyn S, Budimir D, Wang QH, Robertson ID (1996) Design of compact monolithic dielectric-

filled metal-pipe rectangular waveguides for millimetre-wave applications. IEE Proc Microw Antenna Propag 143(5):451-453
36. Sanchez-Hernandez D, Lucyszyn S, Robertson ID (1996) A study of integrated antennas for terahertz circuits. COST-245 workshop on applications of MMICs in active antenna systems 1996. ERA, Leatherhead
37. Lucyszyn S, Wang QH, Robertson ID (1995) 0.1 THz rectangular waveguide on GaAssemiinsulating substrate. IEE Electron Lett 31:721-722
38. Lucyszyn S, Hu F (2013) THz torch technology for low-cost security applications. NATO conference on THz and security applications 2013, Kiev, Ukraine, May 2013
39. Hu F, Lucyszyn S (2013) Improved 'THz Torch' technology for short-range wireless data transfer. IEEE International Wireless Symposium (IWS2013), April, Beijing, China
40. Hu F, Lucyszyn S (2012) THz torch technologies for 21st century applications. IoP Photon 12 2012, September, Durham
41. Hu F, Lucyszyn S 2011 Ultra-low cost ubiquitous THz security systems. In: Proceedings of the 25th Asia-Pacific Microwave Conference (APMC2011) 2011, Melbourne, Australia, pp 60-62
42. Lucyszyn S, Lu H, Hu F (2011) Ultra-low cost THz short-range wireless link. IEEE international microwave workshop series on millimeter wave integrated technologies 2011, Sitges, Spain, pp 49-52
43. Rogalski A (2003) Infrared detectors: status and trends. Progress Quant Electron 27:59-210 http://www.murata.com/products/catalog/pdf/s21e.pdf
44. Murata Manufacturing Co., Pyroelectric infrared sensor & sensor module. Catalogue No S21E-2
45. http://www.infratec-infrared.com/Data/LME-553.pdf
46. Lide DR (ed) (1996) CRC handbook of chemistry and physics, 77th edn. CRC Press, Boca Raton
47. Durakiewicz T, Hala S (1999) Thermal relaxation of hot filaments. J Vacuum Sci Technol A:Vacuum Surf Films 17:1071-1074
48. InfraTec 'Detector basics'. http://www.infratec.de/fileadmin/media/Sensorik/pdf/Application_Detector_Basics.pdf
49. http://www.noc-ltd.com/catalogue
50. Melo AM, Kornberg MA, Kaufmann P, Piazzetta MH, Bortolucci EC, Zakia MB, Bauer OH, Poglitsch A, Alves da Silva AMP (2008) Metal mesh resonant filters for terahertz frequencies. Appl Opt 47:6064-6069
51. http://www.lakeshore.com/products/optical-filters/THz-and-IR-Band-Pass-Filters/Pages/Overview.aspx
52. Lucyszyn S (ed) (2010) Advanced RF MEMS 2010. Cambridge University Press, Cambridge
53. Shu J, Qiu C, Astley V, Nickel D, Mittleman DM, Xu Q (2011) High-contrast terahertz modulator based on extraordinary transmission through a ring aperture. Opt Express 19:26666-26671
54. Rubin M (1985) Optical properties of soda lime silica glasses. Solar Energy Mater 12:275-288
55. http://www.tydexoptics.com/en/products/pyrometry/cvd_znse/
56. http://en.wikipedia.org/wiki/Absorption_(electromagneticradiation)

第14章
太赫兹最新技术及其在军事安全领域中的应用

Ashok Vaseashta

摘　要：近些年发生的突发事件促使机场和边境安全检查站使用的安检措施产生变化。在货物筛查设备和主要边境检查站，需要快速检查数千个集装箱，有效筛查每个集装箱成为一项艰巨任务。因此，人们越来越重视可用于远距离安检的新技术，以简化和加快检查进程或提供附加功能。太赫兹（THz）是一项有前途的新兴技术，其应用形式多种多样。此外，在战场上的一种重要威胁形式是各种各样的小型爆炸装置（IED），如汽车炸弹（VBIED），它们可绑在人身上不显眼的位置。由于这些材料具有太赫兹光谱特征，利用太赫兹成像系统可对此类载体威胁成像。通过采用具有足够高功率量级的太赫兹源照射目标，以及快速图像探测和处理，可对隐藏在衣服下面的非金属武器成像。一些阻挡和干扰视觉的材料，光谱曲线平滑，衰减低。然而，最初使用的太赫兹频率是窄带830GHz，通过光学混频可识别金属和介电物体。因此，识别爆炸材料化学成分及混合化学成分的最终可行方法是采用宽带太赫兹源天线。本章介绍太赫兹主动和被动成像系统在化学和生物制剂探测及信号远程监控中的潜在应用。利用纳米材料生成太赫兹波并探测响应信号可用于远程探测。还证实了几种常见化学品、爆炸化合物和药物的太赫兹光谱清晰而易于识别。

A. Vaseashta (✉)
Institute for Advanced Sciences Convergence, NUARI, 13873 Park Center Rd. Suite 500,
Herndon, VA 20171, USA
International Clean Water Institute, NUARI, 13873 Park Center Rd. Suite 500,
Herndon, VA 20171, USA
e-mail: avaseash@norwich.edu

14.1 引言——新兴、持久、两用和非常规威胁形式

当前,地缘政治格局极其复杂多变和不可预测。众多类型的威胁已呈高度非对称、动态和非线性发展的特点。传统的交战原则已不再适用或有不同解释。如图14.1所示,敌方可采取多种方式的蓄意/隐蔽攻击,包括心理操纵(PSYOPS)、核生化(CBRN)、简易爆炸装置(IED)、非传统制剂(NTA)、网络攻击和筹集资金以支持此类行动的非传统方法(哈瓦拉、比特币),以及当前和未来用于摧毁恐怖组织核心的对抗平台。值得注意的是,目前太赫兹技术被认为是潜在可用于多种应用领域的平台,其中STANDEX①就是一个由多国共同支持的平台。

尽管技术进步已经达到空前的先进水平,但恐怖组织的非对称威胁也在不断发展变化。科技进步与互联网的全方位结合可以为主导和非主导研制战剂的国家提供相同的手段,使之保持一定程度的先进性。实施有效对抗也可以采用本质上相同的工具。因此,理解不断变化的新兴科学、概念和理论对支持防御和安全潜在应用中有效地对抗变得至关重要。纳米材料带来了各种技术进步,其独特性归因于器件尺寸减小[1]。此外,在材料合成、器件制作及表征方面取得的进展为学习、理解、控制、甚至操纵孤立的原子、分子和体材料之间的跃迁特性提供了手段。因此,利用各种新型的"设计材料"可制作出具有显著可调谐性和特定性能的器件及系统。这些技术进步与信息技术、认知科学、生物技术、人工智能和遗传学相结合可提供一种创新型的生态系统和潜在途径,从而可以前所未有的方式对抗各种类型的威胁。技术创新的核心是研制出增强远程机动性、远程询问及缓解、加强信息收集的系统,进而在起点(PO2)挫败威胁[2]。

本章介绍利用太赫兹光谱探测爆炸物和有害气体,对可作为武器的隐藏金属物体成像,并接收远距离装置发射的电磁信号,讨论利用电磁光谱太赫兹区域的先进纳米材料实现各种功能的创新型对抗实例。从战术上讲,威胁的不确切性对点目标探测和远距离探测提出巨大挑战,这种威胁的日益增长归因于社会内部的全球化和流动性增加、化学和生物技术爆发、化学武器易于场外制备以及病原体的隐蔽性制造、运输、释放或扩散。

了解新兴安全挑战(ESC)和威胁的性质可能阻止或减少潜在的灾难性事件,已经对许多潜在威胁的危害严重度(SH)进行表征,对其毒性、易燃性和反应性进行了排序。虽然已经对很多常规有毒工业化学品(TIC)/有毒工业材料(TIM)的

---

① Http://factsindia.wordpress.com/category/standex/

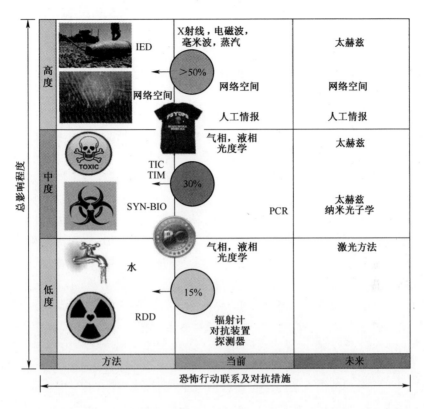

图 14.1　目前和未来的对抗平台恐怖行动的方法,包括 CBRNE、网络、水和比特币

特性进行了充分研究,但还必须使用先进技术平台以识别和削弱许多其他新兴、持久、两用和非常规威胁因素。这些技术获得了广泛应用,但在转基因生物体(GMO)和核酸合成最新进展、现场检测匮乏以及参考材料和标准等方面的研究引起了公众和科学界的关注。同样,合成生物学(syn-bio)也正在修改有机体的DNA,以改变其编码信息。这些编码信息包括预期突变选择、诱变诱导、基因或调控成分改变、克隆选项、非自然存在的生物组分和系统设计。合成生物学为"重新设计"现有微生物基因组提供了工具,以提高其功效或提供全新功能。例如,成功"重新设计"的生殖细菌支原体虽然具有已知的最小细菌基因组,但仍然拥有所有代谢、生长和繁殖的生化机制,这些可在公开文献和互联网上随时获得。合成生物技术因其毒性增强、抵抗调节体、改变宿主防御、提高环境稳定性和扩散性等而遭到滥用。如同探测转基因生物体,探测新兴合成生物威胁的方法有限,对抗措施需要利用先进的技术创新平台。"两用"是政治和外交领域中的常用术语,此处表示一种可用于和平时期及军用的技术。合成生物制剂虽然主要用于核扩散背景下,但在转基因生物和生化武器中的使用仍受到很大关注。因此,太赫兹成像系统需

要使用综合算法,完成信息处理、战略评估和混杂危险环境建模,阐明噪声和背景的交互作用。

14.1.1 信号采集与远程探测

测量传感和转换功能有两个最重要的指标,一是探测待测材料以获得适当的响应时间;二是产生与探测材料相符的响应函数。鉴于上述复杂环境,子系统级所面临的任务是评估传感器/探测器系统的整体效果和效率。在点目标/直接/采样探测平台上,分析准确、实时(大多数情况下)并符合传感器/探测器对于特异性、选择性和灵敏度的度量标准。然而,由于一些化学-生物制剂的极端特性,不能经常性地与这种环境直接或密切接触。在这种情况下,就需要远距离探测/成像系统。远距离探测/成像系统包含一组探测核生化(CBRNE)制剂和污染的方法,可在远距离快速、可靠、实时地探测并区分化学、生物(如细菌、病毒、病原体)、挥发性有机化合物(VOC)、有毒工业化学产品(TIC)/有毒工业材料(TIM)、退回/未使用药物以及其他远距离污染物的物质成分。通常,将纳米材料的光学特性与生物技术和量子力学相结合,可用于远距离探测/感测/成像应用[2]。其他几种方法还包括使用纳米粒子,具体地说,就是将量子点用于催化作用或载体中实现传导[3],其中的一些例子是表面增强拉曼光谱学(SERS)[4]和局部表面等离子体共振(SPR)[5]。而另一种潜在的应用是超材料或负折射率材料用于卫星成像元件[2],所面临的挑战是照明源必须具有足够的强度和最小的功耗。此外,基于强度的测量对信号中的强度噪声灵敏,需要合适的信号提取软件。然而,另一种远距离探测方法是使用碳纳米管(CNT)产生的高频电磁波,可识别化学-生物制剂的潜在反射/散射光束特征[6]。在使用碳纳米管产生高频和相同手性的碳纳米管方面仍存在巨大挑战[7]。太赫兹频率电磁信号的优势是其光子能量处于较低的毫电子伏特(meV)范围,因而不能分解活细胞的有机分子,可用于如机场监控等很多场合。此类扫描仪可在几米外的距离上探测金属,如隐藏在衣服下面的武器,而不会使人暴露在有害辐射中。还有很多其他应用,例如通过识别仅由遮光材料覆盖的太赫兹金属薄膜结构鉴别文件的有效性。太赫兹光谱学正处于深入研究中,已经成功用于表征包括包装、炸药和药物等许多材料。

14.1.2 信号情报(SIGINT)

信号情报(SIGINT)①是通过通信情报(COMINT)、电子情报(ELINT)和遥测

---

① http://factsindia.wordpress.com/category/standex/

情报(TELINT)的远程情报信息收集获得。情报来源于一类独立或组合装置所构成的仪器产生的信号。利用在信号传输中实施拦截/接收/解密,甚至可提供低功率发射机的信息类型和位置。大多数军事通信都通过加密算法进行限制。为了解密,需要结合额外的情报层进行复杂处理,以分析随时间变化的情报模式和内容。一般来说,ELINT 分析包括 TELINT 和雷达发射机(RADINT)的非通信电子传输信息。

生成电子战斗序列(EOB)(涵盖 COMINT 和 ELINT)需要识别关注区域中的信号情报发射机,确定其地理位置或移动范围,表征其信号,并确定它们在广泛的战斗序列组织中的作用(如可能的话)。国防情报局(DIA)通过位置维护 EOB,国防信息系统局(DISA)的联合频谱中心(JSC)用 5 个以上的技术数据库补充该位置数据库,这些数据库(平台按命名排列)是:频率资源记录系统(FRRS)、背景环境信息(BEI)、频谱认证系统(SCS)、设备特性/空间(EC/S)和战术数据库(TACDB)。对其进行综合分析超出了本章范围,但要强调的是,太赫兹在信号情报(SIGINT)以及测量与信号情报(MASINT)中的作用不断增加。虽然太赫兹仍处于初期发展阶段,但它已经具备现代战争优势特征的潜力。随着作战频谱的转移,电子战(EW)可能会变为电磁战(EMW)——有效抑制敌方使用的通信信道,实施测量与信号情报,优化其在友方部队使用及进行远程羽烟分析。

14.2 太赫兹成像技术——系统基本操作原理

以下章节概述太赫兹技术、系统概念实现和战场防御安全的最新应用。如图 14.2 所示,太赫兹波段为具有分子旋转和振动模式原点的基频范围。在具有角动量 $l-1$ 和 l(符号有其通常含义)的分子旋转模式之间的能级跃迁为

$$\Delta E_l = E_{l-1} - E_l = \frac{l(l+1)h^2}{2\mu r_0^2} - \frac{l(l-1)h^2}{2\mu r_0^2} = \frac{lh^2}{\mu r_0^2}$$

$$m_1 r_1^2 + m_2 r_2^2 = \mu r_0^2$$

其中,ΔE_l 约几毫电子伏,与许多已知和可能爆炸物分子间的振动模式相重叠。

使用毫米波到太赫兹的电磁频谱创建目标图像,通过测量电磁波能量的吸收(或反射)或仅仅测量反射和发射能量强度来获得目标的化学成分信息。一般来说,太赫兹成像技术包括两类,即主动和被动。主动成像系统用太赫兹能量光束照射探测空间,由于探测器对照射频率特别灵敏,可照射整个空间或者用聚焦光束扫描目标。因为能量可透过大多数材料,且仅仅到达皮肤深度,因而对健康造成的有害影响明显小于使用 X 射线等其他类似的成像技术。被动成像探测技术依靠采集物体自然发出的辐射,利用与物体之间的发射率对比,完成目标识别。

图 14.3 所示为几种基本的主动和被动的太赫兹成像方法。图 14.3(a),(b)

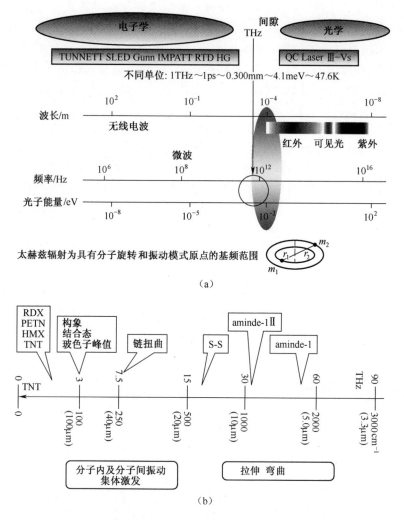

图 14.2 (a)太赫兹波段处于电磁频谱上的电子和光学区域交汇处;(b)太赫兹波段上几种关注材料的分子内和分子间振动、拉伸、弯曲和吸收带
TUNNETT—隧道渡越时间;SLED—超格电子器件,IMPATT—电离雪崩跃迁时间;
RTD—谐振隧道二极管;HG—量子级联激光器。

为太赫兹时域光谱术(TDS),采用一对透镜或抛物面反射镜,将太赫兹光束聚焦到中间焦点上,透镜或反射镜用于准直太赫兹光束。

将待测物体(进行扫描的物体)放置在焦点上,然后测量透过物体的太赫兹波振幅和延迟。通过平移物体并测量物体每个位置上透射的太赫兹波形,产生太赫兹像素图像。图14.3(b)为反射模式的太赫兹时域光谱仪(TDS)。通常,高吸收系数材料更适合于反射几何结构,低吸收系数适合透射几何结构。

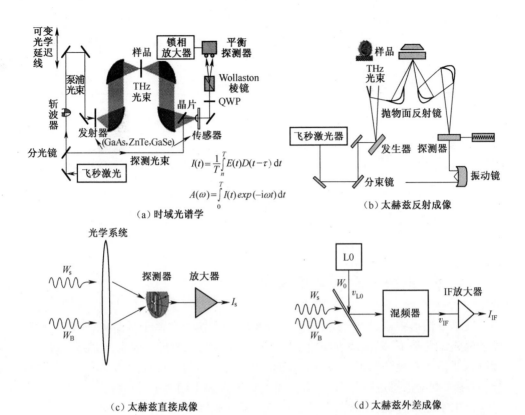

图 14.3 太赫兹成像方法
(a),(b)时域光谱术(TDS);(c)直接(被动)成像;(d)外差成像。

探测器提供的电流信号与电场(而不是强度)成正比,从而可确定样品的吸收系数和折射率。自早期无线电年代以来已经运用外差法。两个间隔很近的频率拍频产生外差,可获得原始信号的求和与差分。其主要优点是可以采集非常弱的窄带信号,信号经过直接探测和之后的后置放大(或前置放大)会增加一个点上的电子噪声,使得信号提取需要较长的积分时间。图 14.3(d)中的太赫兹外差成像可用于被动或主动成像。然而,实际上在许多情况下仅仅通过关闭(或斩波)相干照明源,就可在两种观察模式中同时使用相同的系统。采用商业可获得组件的系统众多且各不相同,但不属于本章的讨论范围(尽管应用广泛),本章主要局限于安全应用领域。

大多数成像技术依赖于物体的温度或发射率对比度。被动系统利用自然背景辐射照射探测空间。每个物体都会在所有波长上产生电磁辐射,按照普朗克辐射定律,辐射强度与物体的物理温度及其发射率的乘积成正比。被动成像系统需要物体与周围环境产生正或负的表观温差。由于周围环境温度通常较低,一些被动系统利用其周围的非相干源,通过使物体反射的温度高于系统来增强对比度。被动探测系统必须能够鉴别温差。与相机类似,图 14.3(c)中的被动太赫兹成像仪能够基于探测硬件,实现对隐藏武器的成像。为了便于比较,表 14.1 列出了物体的发射率,其中的一些系统正处于研制阶段或使用中。

表 14.1 物体发射率

物体	发射率/%
人类皮肤	65~95
塑料	30~70
纸张	30~70
陶瓷	30~70
水	50
金属	近似为 0

14.3 系统概念和实施策略

在本章情形中,系统要求仅限于安全领域。系统配置基于远距离精确探测爆炸物的限定前提下,以支持主要用于安全运输中对隐藏物体的识别、远距离爆炸物探测以及信号测量和情报——虽然范围广泛,其应用均假设远距离提取"一个"特征,对接收到的信息进行分析。因此,可设计出许多不同类型的系统。

从根本上讲,研制太赫兹系统主要是为了完成以下任务:

(1) 远距离探测、定位和识别武器、爆炸性化合物和设备以及其他关注的物体。

(2) 远程监控携带金属物品、武器、爆炸品的人员和设备以及其他安全相关物体,同时保护所有个人隐私。

(3) 远距离探测有毒工业化学品(TIC)/有毒工业材料(TIM)羽烟、生物制剂和其他关注药剂。采集各种化合物的特征及性能进行实时分析。项目拓展可用于采集电子特征以分析、干扰/阻止由信号情报推导的结论(如有必要),从而支持 MASINT 和 HUMINT。

系统包含的主要部件如下:
(1) 探测器阵列和扫描装置;
(2) 图像采集-软/硬件;
(3) 图像解读/识别/计算;
(4) 用于比较的图像/图谱数据库;
(5) 显示硬件/设备;
(6) 网络接口和其他层级系统组件。

系统研发取决于性能要求,并对相关设计问题与性能要求进行某些折中。事实上,目前已有许多针对于在研各种各样商业系统的开发指南。随着新技术,如纳米技术不断取得进展,可采用许多新配置。下面讨论系统性能以及这些先进、新型纳米技术对系统性能的提升。

目标识别从探测开始,随后使用图像识别算法进行识别和分类,将其与关注项进行匹配。为了达到最终识别,识别过程要通过若干个层级阈值,并用目标高发生概率、低识别虚警率进行匹配。这些步骤基于物质的反射特性,表 14.2 所列为基本的炸药和人体反射特性。

利用服装材料的反射特性可对该数据进一步归一化,并将其存储在数据库中。最终的识别评估比较困难,需要具有创新性的算法设计。许多主动毫米波成像系统可由商业获得,其中主要的供应商有太平洋西北国家实验室①、L3 通信公司 Safe-view②、QinetiQ③、安捷伦科技④、Millitech⑤、Trex Enterprise Corporation⑥、Brijot⑦ 和 Millivision⑧ 等。

表 14.2　炸药和人体的反射特性

物质/名称	相对分子质量	密度 /(g/cm^3)	电介质常数	反射率 反射比(R)	dB
梯恩梯(TNT)	227.13	1.65	2.7	-0.24	12.3
黑索金(RDX)	222.26	1.83	3.14	-0.28	11.1
奥克托金(HMX)	296.16	1.96	3.08	-0.27	11.2
泰安(PETN)	316.2	1.78	2.72	-0.25	12.2
特屈儿(Tetryl)	287.15	1.73	2.9	-0.26	11.7
硝酸甘油(NG)	227.09	1.59	19	-0.63	4.1
硝酸铵(AN)	80.05	1.59	7.1	-0.45	6.9
RDX TNT(COMP B)			2.9	-0.26	11.7
RDX (COMP C-4)			3.14	-0.28	11.1
PETN (Detasheet)			2.72	-0.25	12.2
HMX TNT (Octol)			2.9	-0.26	11.7
RDX-PETN (塞姆汀塑胶炸药-H)			3	-0.27	11.4
人体皮肤(H_2O+NaCl)		0.93	88	-0.81	1.9

---

① http://www.technet.pnnl.gov/sensors/chemical/projects/ES4THz Spec.stm
② http://www.sols.1-3com.com/
③ http://www.qinetiq.com/pages/default.aspx
④ http://thznetwork.net/indx.php/archives/1813
⑤ http://www.millitech.com/
⑥ http://www.trexenterprises.com/
⑦ http://www.microsemi.com/products/screening-solutions(redirected)
⑧ http://www.microsemi.com/products/screening-solutions(redirected)

目前，太赫兹系统正在研制中，通过利用最新技术，太赫兹源最终可实现以下目的：

(1) 利用 TTDS 脉冲方法的电介质无损检测；

(2) 通过皮肤或薄组织的非侵入性医学诊断；

(3) 探测衣服下方隐藏的金属和违禁品；

(4) 从有限距离探测信号发射。

从系统的角度看，系统的集成将受益于材料尺寸减小和新特性的不断形成[2]。首个关注的焦点是可生成大功率信号的太赫兹系统，其中一种配置是基于半导体异质结形成的电子共振结构[8]。n 层的电子通过施加的交流电压 V_e 加速，到达(长度 $L\approx 150nm$)高迁移率 n 型宽带隙半导体的阻挡层并反射回来，没有任何动能损耗。然后，电子沿弹道朝相反的阻挡层行进并再次反射。当 V_e 极性改变，该过程持续并导致电子共振产生太赫兹信号。可同时采用直流偏压对弹道装置进行扩展，光脉冲信号在具有小间隙值的短量子阱中产生迁移电子。由于电子聚束传输的空间电荷限效应，光脉冲的长度可大于半个太赫兹周期。

考虑的另一种配置是异质结构，它与常见的双重结构排列的阶跃恢复二极管等效。这种配置，提供了一种可生成高效谐波太赫兹信号的新型非线性器件结构。事实上，两个阻挡层通过具有适当 n 掺杂的 AlGaAs/GaAs/AlGaAs 或 InAlAs/InGaAs/InAlAs 窄带隙半导体相对摆放，可视作两个反向的阶梯恢复二极管结，在无任何直流偏压下工作。为了产生太赫兹辐射，可使用一组合适的材料作为靶标。利用中心频率为 790nm、重复率为 75MHz 的 12fs 锁模钛:蓝宝石激光器提供光激励[8]。使用气动高莱探测器(非相干探测)或常规 TDS 结构的光电(相干)探测器实现太赫兹辐射探测。

新型太赫兹发生器利用碳纳米管(CNT)结构，实现电子到真空的场发射，这种结构可产生高电流密度(基于场放大因子的假设和电子逸出功函数的估算)[9]。工业上需要小型化太赫兹源以提高扫描的速度和分辨率。用于太赫兹波段的便携式太赫兹源利用基于行波结构的负阻管振荡器设计[10]。太赫兹源由三极管组成，栅压高于阳极电压。这种结构可使负阻管作为负电阻器件，形成加速阳极到栅极的二次电子发射。在阳极和工作点电势(电压低于栅压)之间用串联或并联振荡器电路连接。

14.4 未来军事安全应用的思考及发展方向

基于以上太赫兹应用的优势，目前其产生、探测和成像仍处于初步研发阶段，军事安全应用领域的太赫兹商业系统或作战系统非常有限或几乎没有。

正在探究太赫兹应用的许多途径，如图 14.4 所示，按照预期的应用领域，太赫兹应用可分为以下几类：
(1) 工作在 300~600GHz 的单频亚毫米波电子部件和系统；
(2) 宽带成像和光谱学；
(3) 频率高于 600GHz 的部件和系统研发。

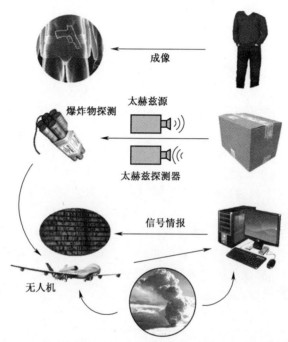

图 14.4　太赫兹成像应用,包括成像、探测、MASINT 和羽烟监控

在安全领域应用的亚毫米波系统采用 600GHz 太赫兹,可瞄准几十米远处的目标。接收器主要采用外差技术。在 600GHz 以上频率,研究工作侧重于部件级。微型测辐射热计可用于宽带探测器阵列。除作为低成本解决方案外,该器件还可根据需要的灵敏度用于较宽的频率和温度范围。

如前所述,脉冲太赫兹系统可利用放置在 1m 远处的反射光谱仪进行远距离探测。Liu 等[11]演示了将光学系统靠近目标,利用探测爆炸物准直的太赫兹光束准确地采集距离达 30m 的反射光谱。

小尺寸系统可提供许多其它选择方案,10nm 级的宽带太赫兹可用作"分子扫描仪"。此外,太赫兹波可对镀有光学不透明薄膜的"光学矩阵码"进行解码。如果将此类编码图案显影在柔性基底上,这种系统可用于库存管理。同样,此类涂层也可以在货币上覆膜以防止伪造货币、解密机密数字信息和读取数字认证产品。还可以采用太赫兹反射金属天线矩阵,通过用接收天线阵列识别远场反射图形,解密此类结构是否涉及机密数字信息。

成像技术是太赫兹相机的关键问题。能量处理采用合适的散热方法,是实现太赫兹连续波(CW)操作面临的主要挑战[12]。在光电导天线外差接收器阵列的基础上进行图像探测,并利用由光频梳发生器(OFCG)获得的两个锁相光波照射接收器实现连续波操作。这种结构效率高、相位可控,使用固有光纤的本地振荡器(LO)分布损耗低,以及由于分布的本地振荡器相干性产生振幅和相位恢复。利用光频梳发生器的不同频带和宽带设计的光电导天线,可用于实现可调谐操作。最近研制的光频梳(OFC)源与射频和光电子技术相结合产生非常高质量的信号,同时减少了总尺寸[11]。

太赫兹辐射可透过衣服和包装,但它们被金属和许多其他无机物质强烈吸收。太赫兹源利用了一些基本技术,如从毫米波提取的谐波或使用各种光信号的方法。通过冷却到液氮或液氮温度以下,远红外激光器通过量子级联的方式可达到太赫兹低频。

然而,太赫兹波的一些缺点限制其在日常医疗中的使用。这些限制包括发射源性能低,对于病理组织敏感性或选择性低。通过使用纳米颗粒作为造影剂,纳米技术似乎成为改进太赫兹成像方式的关键所在。如前所述,碳纳米管(CNT)是小型太赫兹源的合适替代物。同样,许多包含自由电子的纳米材料,如基于量子点(QD)的系统,由于固有的离散能级、载流子弛豫时间长及对时间的可控性,纳米材料为基于量子点的太赫兹光电器件提供了发展方向[13]。此外,由于存在表面等离子体,非线性光学现象通过表面等离子体的激发和多光子光电效应的强烈相互作用以及高场强而得以增强。

14.5 结论

在成功研制了毫米波系统之后,高频太赫兹波段的应用越来越广泛。高频太赫兹系统结构紧凑,特别是当使用了小尺寸材料。目前,正在研制从亚毫米到低频太赫兹范围的许多部件和系统。当前,太赫兹系统仍处于实验室研发阶段,预期应用包括远程/遥控武器损耗检测、隐藏金属物体成像和远距离羽烟分析。还包括其他许多应用,如伪币检测、库存管理、机密信息保护及产品数字认证等。在进一步开发太赫兹系统之前,需要对太赫兹源和探测器技术进行深入研究。重点研究远距离探测系统,利用纳米材料系统为轻型太赫兹发生器和探测器提供可靠解决方案。由于在探测物质特异性方面具有潜力,太赫兹技术用于安检仍具有光明前景。最后,由于太赫兹器件重量轻,用于无人机可完成测量与信号情报、羽烟监控、数字特征识别以及指挥、控制、通信、计算机、情报、监视和侦察(C^4ISR)的局部监控。

参考文献

1. Vaseashta A, Mihailescu I (2007) Functionalized nanoscale materials, devices, and systems. Springer, Dordrecht
2. Vaseashta A (2012) Ecosystem of innovations in nanomaterials based CBRNE sensors and threat mitigation. In: Vaseashta A, Khudaverdyan S (eds) Advanced sensors for safety and security 2012. Springer, Dordrecht
3. Denkbas E et al (2012) Nanoplatforms for detection, remediation, and protection against chembiowarfare. In: Vaseashta A, Braman E, Susmann P (eds) Technological innovations in sensing and detection of chemical, biological, radiological, nuclear threats and ecological terrorism. Springer, Dordrecht. ISBN 978-94-007-2488-4
4. Sharma B, Frontiera RR, Henry A-I, Ringe E, VanDuyne R (2012) SERS: materials, applications, and the future. Mater Today 15(1-2):16-25
5. Vaseashta A, Irudayaraj J (2005) Nanostructured and nanoscale devices and sensors. J Optoelectron Adv Mater 7(1):35-42
6. Hartnagel HL, Ong DS, Oprea I (2009) Ballistic Electron Wave Swing (BEWAS) to generate THz-signal power. Frequenz 63(3-4):60-62
7. Vaseashta A (2003) Field-emission characteristics of carbon nanotubes and their applications in photonic devices. J Mater Sci Mater Electron 14(10-12):653-656
8. Criado AR, De Dios C, Acedo P, Hartnagel HL (2012) New concepts for a photonic vector network analyzer based on THz heterodyne phase-coherent techniques. Proceedings of European Microwave Week, Nov 2012, Amsterdam, The Netherlands
9. Brodie I, Spindt CA (1992) Adv Electron Electron Phys 83:1-106
10. Koops HWP, Al-Daffaie S, Hartnagel HL (2012) Portable source with free electron beams for 0.1 to 10 THz. In: Proceedings of WOCSDICE-EXMATEC 2012, CRHEA-CNRS in Porquerolles, France
11. Liu HB, Chen Y, Bastiaans GJ, Zhang XC (2006) Detection and identification of explosive RDX by THz diffuse reflection spectroscopy. Opt Express 14(1):415-423
12. Al-Daffaie S, Acedo P, Hartnagel HL (2012) Simulation of a CW THz camera scheme. In: Proceedings of WOCSDICE-EXMATEC 2012, CRHEA-CNRS in Porquerolles, France
13. Ferguson B, Zhang XC (2002) Materials for terahertz science and technology. Nat Mater 1(1):26-33

附录
圆桌研讨会问答

问1 基于实验室获得的经验,太赫兹技术的优点及缺点是什么?

(H. Roskos, A. Rogalski, W. Knap, F. Sizov, C. Corsi, R. Spagnolo)

基于太赫兹技术的两个重要方面——探测器和源,参加高级研讨会的最先进实验室回答了这一问题。

我们知道,采用硅和氮化镓(GaN)的标准铸造工艺,研制基于场效应晶体管(FET)的太赫兹探测器,并与集成硅读出电路相结合,可实现片上太赫兹信号处理和实时焦平面图像采集。碲镉汞(MCT)太赫兹(测辐射热计型)探测器与集成硅读出电路相结合可获得多元阵列,实现片上信号处理和实时焦平面图像采集,这被认为是短期获得高性能探测器的途径。因此,很可能研制出室温生长如氧化钒(VO_x)测微辐射热计。近期,利用新颖的电子和光子概念实现了快速太赫兹探测器,一维纳米线硅 FET 探测器的室温噪声等效功率(NEP)达到了最先进技术水平($6 \times 10^{-11}/Hz^{1/2}$),速度高,截止频率达到10THz。获得室温石墨烯的成功结果已经用于实际的实时成像和柔性阵列。新技术如用于太赫兹波段的石英增强光声光谱(QEPAS)技术,不需要光探测,可避免使用低噪声,但价格昂贵、体积笨重的低温测辐射热计。

所有专家都认同以下 H. Roskos 教授提出的重要目标:

(1) 研制实时或近实时应用的太赫兹相机。

(2) 将太赫兹技术与主流微电子技术相结合。利用多种优势,如单元尺寸减小、制造复现性和高产品合格率,以及更重要的成本可伸缩性(产品价格随着产量增加近指数下降)。

多数专家强调了实验研究的重要性,认可太赫兹探测器理论、整个探测器系统的电磁模拟和最影响信号损耗的探测器系统部件测定,以及研制太赫兹探测器参数测量系统。所有专家强调,近年来太赫兹技术在工业中的接受度经历了上升和下降周期,但至今,太赫兹技术仍没有获得很大成功。高成本和复杂性事实上依然是重要的问题。
(F. Sizov)
在我们的实验室中,最关键的设备和技术是:探测器物理和技术参数研究以及太赫兹多元探测器读出电路设计。常规具有集成硅读出技术(Si-CMOS)的多元探测器阵列使片上信号处理和实时焦平面图像采集成为可能,碲镉汞(MCT)太赫兹探测器(测辐射热计型)技术可实现多元阵列。

问2 实验室研发的最强项技术是什么?

(N. Palka)
我在演讲中介绍了两种技术:
(1) 研发太赫兹图像实时处理与融合软件,提供针对探测物体的良好可视性和感知。
(2) 探测反射结构中隐藏材料的 P 光谱法,该方法的一个优点是,即使有 2 至 3 层的覆盖物,也能清晰地看到材料的光谱特征。
(H. Roskos)
我们利用硅和氮化镓(GaN)的专有标准铸造技术,研制基于 FET 的太赫兹探测器。选择铸造技术的原因有两方面:①能够研制实时或近实时应用的相机;②将太赫兹技术与主流微电子技术相结合,利用众多优势,如单元尺寸压缩、制造复现性和高产品合格率,主要是成本的可伸缩性(产品价格随着产量增加近指数下降)。虽然太赫兹技术在工业中的接受度出现了上升和下降周期,但至今,太赫兹技术仍没有获得很大成功。我们认为高成本和复杂性依然是重要的问题。传统基于波导的太赫兹系统,其系列化和手工制造工艺以及光电太赫兹方法,即使产量增加,但价格仍然昂贵。尽管如此,太赫兹波导技术的超高灵敏度应用和光电子学的宽带光谱应用(如远距离安全筛查)仍然非常重要。但是很多应用并不需要这些技术性能。晶体管方法有助于从波导技术向平面技术转变,更适合并行生产过程。此外,晶体管具有生成相机芯片焦平面阵列的独特特性,从而可最大程度地利用已开发的可见光、近红外和远红外相机技术。

晶体管器件的另一个优势是在超高频段具有较高灵敏度和转换效率。
"我们小组还演示了远距离安全成像系统。该项工作与晶体管探测器完全独立,但在我看来,可完全解决相干多发射源/多探测器系统与合成图像重建的问题。如果将其用在宽视场(如大厅里固定点的静态研究装置),那么就可利用十分成熟、廉价且在 100GHz 频段具有良好空间分辨力的太赫兹源和探测器"。

(M. Razeghi 和 M. Vitiello)

基于近年来在太赫兹 QCL 设计和实现的理论和应用方面获得的开创性研究，太赫兹源取得了惊人的发展。我们实际上正在开发下一代 QCL 技术，该技术由欧洲光子学业界定义并使用。近期，在最先进的研究实验室演示了高功率（100mW）、宽带可调谐（10%发射频率）、高定向（发散角小于 3°）的太赫兹 QCL 源。短期内还期望大幅度提高 QCL 的发射功率，虽然实现室温工作可能还需要很长时间。

(C. Corsi, W. Knap, H. Roskos, F. Sizov 和 M. Vitiello)

强调了目前一个重要问题是缺乏高频下相对紧凑、高效、长寿命、有足够功率驱动主动相机的发射机，其中不包括采有光混频器的光电子系统。即将推出频率达几百千兆赫的微电子源，还有频率达几十千兆赫的大功率振荡器，特别是用氮化镓(GaN)材料制造的系统将具有极大应用潜力。倍频与再放大相结合可延伸至大部分的亚太赫兹。虽然 Si 和 InP 技术进展惊人，但仍然匮乏 1THz 及以上频率的太赫兹源。当前迫切需要研制出工作温度接近室温的 QCL，或者引入全新概念，而目前获得这些性能仍不具备条件，但可通过真空电子学来实现。

(C. Corsi, W. Knap, N. Palka, H. Roskos, F. Sizov, V. Spagnolo, A. Vaseashta 和 M. Vitiello)

除了主要应用于安全领域之外，所有参会者还预见了太赫兹技术的其他许多应用，特别是在环境监测、医疗科学、质量和过程控制。太赫兹传感技术在质量和过程控制方面大有前途，使其成为材料无损评估的重要讨论主题，如复合材料、塑料基结构(特别是超材料、液晶等新型材料和结构)。太赫兹波具有诸如对水敏感的显著特点可用来监控食品和农产品。例如，可以评估水果受损情况和监控蔬菜中的含水量。在工业和农业食品部门，紧凑和高速太赫兹相机能够与传送带配合提供需要的即时产品质量控制信息。对成品进行成像并不总是允许使用像 X 射线这样的有害辐射。太赫兹波可以很容易地透过包装材料，同时对人类、动物和食物无害。

(C. Corsi, N. Palka, H. Roskos, F. Sizov 和 M. Vitiello)

太赫兹成像，甚至太赫兹光谱学将是针对特定癌症(皮肤癌、乳腺癌、前列腺癌等)的重要和有价值诊断工具：

(1) 对材料的无损评估，如复合材料和塑料结构。

(2) 新材料和结构，如超材料和液晶。

短期：基于无损检测，适用于基于晶体管自身的检测，以及具有任何类型发射机和探测器的合成孔径成像。

中期：基于晶体管的检测，广义上的气体传感、化学和生物传感器研制，食品检查和通信应用。

长期:基于晶体管的检测,带探测器芯片的太赫兹显微镜、医疗成像和机器人相机,太赫兹技术将在多传感器应用中发挥应有的作用。

在海关和邮政包裹监控、食品生产质量控制中,太赫兹方法的任何低成本和非致冷操作应用:

(1) 探测(大气传感和爆炸物诊断);
(2) 文化遗产;
(3) 生物学(DNA 芯片);
(4) 医学(皮肤癌诊断);
(5) 天文学;
(6) 过程控制;
(7) X 线断层摄影术;
(8) 防御;
(9) 无线通信;
(10) 生化分析。

问3 在短期至中期应用中,研发工作还存在什么不足?

(N. Palka)

(1) 成像:对隐藏物品成像取决于许多因素,如物体的尺寸和温度、衣服的衰减以及穿着衣服的数量。由于太赫兹相机的灵敏度和分辨率较低,研究探测物体的自动识别技术也很困难。

(2) P-光谱法:至少在目前看来,其缺点是与镜面反射类型和水汽影响的敏感度有关。P-光谱受到覆盖层的影响而发生变形,但我们不能期望在太赫兹波段内可透过 10 层衣服看到材料。由于受到入射脉冲的特定光谱影响,当前该方法仍局限于 1.8THz,而且只能探测黑索金(RDX)(Ciclonite 或 T4)爆炸物。太赫兹短脉冲在高频段能够提供良好的灵敏度,也可测量奥克托金(HMX)和泰安(PENT)光谱。因此,该方法局限于短距离应用。我们仍然相信,远距离探测爆炸物是可行的,但是还存在许多问题,诸如爆炸物的对比度小、水汽的影响、样品形状、遮盖物、缺少大功率可调谐太赫兹源和灵敏的探测器。

(F. Sizov)

现代化设备不足。要实现主动视觉系统,需要大功率太赫兹源。FET 太赫兹源样机设计很昂贵。研发制造周期很长(使用 CMOS 的结果)。传统的 CMOS 技术针对数字应用进行了优化。应该对通用设计方法进行改善以便考虑到检测元件信号输入功率的有效性。FET 技术发展应研究用于高频的问题(与 FET 匹配的栅电阻、寄生效应以及天线阻抗)。

(M. Vitiello)

仍然缺乏工作在室温下的可靠太赫兹 QCL 器件。

问4　与红外在光谱学、告警和监视以及微波在监视/远距离探测应用中的成熟技术相比,太赫兹技术的竞争力如何? 成本如何?

(N. Palka)

我认为,由于成本高,太赫兹技术只能用于红外和微波技术不能应用的其他领域。毫米波/太赫兹扫描仪和相机是该领域的突出技术,但广泛使用主要受其成本限制。

太赫兹探测爆炸物和药物,由于存在与水和覆盖材料衰减有关的严重局限性,目前仅限于邮政扫描仪和其他短程安检应用。

(H. Roskos)

红外技术要先进得多,而且在气体探测和更广泛的化学探测上更具优势。它具有探测很窄波段振动模式的优点,不需要太赫兹波段需要的宽带旋转模式。此外,红外还具备优良的热响应特性。然而,太赫兹具有一些独特的性质:它可穿透很多容器材料,通过探测晶格的声子响应,在诊断大量存在于制药和爆炸物中的微晶材料(粉末)方面具有价值。目前获得性能成熟且经过校准的红外系统并不便宜,这使得太赫兹系统还有应用的空间。我们联系了使用傅里叶变换红外光谱仪进行痕量气体检测的公司,基于对太赫兹波段成本的考虑,我们研制了一种类似的系统——新一代光电太赫兹测量系统。

(1) 微波:维吉尼亚二极管公司(Virginia Diodes)或辐射计物理学公司(Radiometer Physics)提供的每台设备成本为数万欧元的几百千兆赫的常规波导源和探测器。太赫兹光电系统的价格没有太大差异。显然,这个价格水平非常吸引人。

大多数太赫兹应用仍处于实验室级别,这需要几年的时间才能够达到与中波红外(MID-IR)相匹敌的技术竞争力。另一方面,在一些应用(如气敏)中,太赫兹技术比中波红外更有前途,但需要避免使用低温系统,以降低成本。

(F. Sizov)

太赫兹技术仍然不够先进,缺乏足够的竞争力。但在一些应用中,如某些气体和物质的检测与识别,太赫兹比红外更有前途。至于太赫兹被动成像系统,它们用于短距离(大气吸收),而由于使用低温探测器,因而造价太昂贵。对于太赫兹主动实时成像系统,现有的大功率太赫兹源并不适合,需要进一步开发。

(M. Vitiello)

(2) 光谱学:许多化学物质在太赫兹波段具有非常强的旋转特性和振动吸收

线。特别是对于气体来说,典型的吸收强度比微波段强 $10^3 \sim 10^6$ 倍。大气科学是太赫兹光谱学应用的另一个领域。在平流层和对流层中,气体以水、氧气、氯气和氮气化合物的形式产生热发射可用于研究与臭氧消耗、污染监测和全球变暖有关的化学过程。通过太赫兹技术可轻松检测到有害物质和化合物,但需要时间来研制经济有效的系统。

太赫兹成像应用发展特别引人关注,主要是因为许多材料在太赫兹波段是透明的,在可见光波段是不透明的,反之亦然。与亚太赫兹辐射相比,太赫兹波为非电离,在许多令人关注的成像应用,特别是检测物质特定光谱特征和亚毫米衍射限横向分辨率具有很大优势。对太赫兹成像的更多关注在于太赫兹射线具有强烈穿透非极性和非金属材料的独特能力,如纸张、塑料、衣服、木材和通常在光学波长不透明的陶瓷,而这些材料经常用于许多物体的包装和镀膜,从而使太赫兹成像系统成为无损质量检测和密封容器检查的理想工具。我们已经演示了将小型、低成本太赫兹系统用于牙齿或皮下黑素瘤的无创医学成像,完成了植物中含水量、包装肉中脂肪含量以及汽车仪表板和高压电缆中制造缺陷的监控。由于其无损性质,这种太赫兹检测方法实际上特别适用于许多工业应用,如高速数据采集、在线软件分析和在线监控。

制药科学是另一受益领域,大量物质在太赫兹波段具有"指纹"光谱特征。利用太赫兹技术,实现了创新的材料光谱表征、假冒产品的预防和检测、片剂包衣和活性物质密度的精确控制,以及 DNA 生物传感、拉伸和扭曲模式,熔融实验中的等离子体诊断,无线通信和高速信号处理。虽然造价成本高,但利用太赫兹辐射目前已实现了具有光明前景的军事安全应用——雷达建模、行李筛查、检查站针对隐藏爆炸物的人员安检等。

问 5　特定研发领域有哪些最迫切的需求？

(N. Palka)

(1) 光谱学:灵敏、宽带(0.3~3THz)、室温(或 77K 以上)、动态范围高和低成本的太赫兹探测器;大范围可调(0.3~3THz)、窄带、大功率、室温(或 77K 以上)和低成本的太赫兹辐射源;宽带(0.3~3THz)、室温和低成本的太赫兹辐射源。

(2) 成像:性能(分辨率,灵敏度)良好和价格合理的远距离(大于 25m)太赫兹相机。

(H. Roskos)

发射机的研发的确很重要(见以上观点),但缺少新理念。所以,这不是缺钱的问题,而是缺乏有前景的概念。

(M. Vitiello)

将紧凑型室温系统与高功率源、低 NEP 探测器和低损耗波导进行集成用于实际应用：
(1) 建立扩展的太赫兹材料数据库；
(2) 开发太赫兹标准和测量系统；
(3) 研发功能性太赫兹器件和材料。

问6　什么是太赫兹技术的创新周期？

(N. Palka)

未来，光子方法可用于开发 1~3THz 的大范围可调谐、窄带以及基于非线性晶体光学参数振荡器(OPO)和量子级联激光器(QCL)的大功率太赫兹源。

电子方式：
(1) 开发用于成像的低价、高灵敏度、高分辨率硅矩阵。
(2) 开发高达 2THz 的低价、高效肖特基二极管倍频器。

(H. Roskos)

与所有基础理论全新的物理技术相同，太赫兹需要两代人(40~50 年)来实现：一代物理学家研究核心技术，下一代工程师、化学家、生物学家等开发应用，将研究成果转化到市场。如果太赫兹历史从 1984 年的奥斯通(Auston)开关算起，那么已经经历了近 30 年。假设每一代人花费的时间为 20~25 年，那么现在我们应该是第二代。因此，太赫兹技术在未来的 10~15 年有希望广泛渗透到非科学市场。

(F. Sizov)

在 3~5 年内，将关注大规模太赫兹阵列和至少两种颜色的太赫兹主动视觉系统的演示验证。

(M. Vitiello)

(1) 室温、高功率、小型半导体太赫兹源。
(2) 实现高速、低噪声、高动态范围的太赫兹纳米阵列结构检测器。
(3) 太赫兹光纤、波导和超材料。
(4) 太赫兹发射显微镜(材料和器件的动态响应)。

问7　新技术(纳米、皮秒和有机电子学)在太赫兹科学中发挥了什么作用？

(H. Roskos)

(1) 纳米：非常重要，它可以是栅极长度小于 90nm 的晶体管或纳米器件，也可以是 QCL 量子阱结构或太赫兹子带调制纳米器件。等离子体将发挥比以往更重要的作用，但我猜测，很多事情会发生在微米量级上。

（2）皮秒：由飞秒激光脉冲通过光混频产生的皮秒和亚皮秒太赫兹脉冲，因其大带宽，对太赫兹光谱学非常重要，是时间分辨非线性太赫兹科学新领域的基础。我不知道它们对于测距或层析成像应用是否重要，只要测量保持在线性区域，频率捷变连续太赫兹波辐射测量就可完成相同的工作。

（3）有机：未发现有突破性的特征。传统的有机物具有低电荷载流子迁移率，这是一个很大的问题。我对基于石墨烯或碳纳米管（CNT）的太赫兹发射机和通用探测器持悲观态度。太赫兹被动部件（可切换滤波器、偏振器等）和专用传感器有很好的发展机会。
（F. Sizov）

（4）纳米：影响很大。新一代纳米电子学可用于太赫兹波的产生和探测（如低寄生效应 FET）。基于石墨烯或零间隙 MCT 量子阱结构的太赫兹系统，因其高电子迁移率和皮秒时间范围的快速能量弛豫似乎可进行太赫兹速度操作。纳米技术应该可以调整，生成多元太赫兹成像阵列。有机电子学由于速度大大低于硅电子学，因而用途似乎不是很广，其高速应用仍不确定。
（V. Spagnolo）

我相信纳米结构探测器和太赫兹激光源将发挥重要作用。
（M. Vitiello）

研制新型和更加先进的纳米工艺规程是太赫兹技术取得突破性进展的一个关键因素，尤其是高温操作的大功率和准直光束剖面太赫兹 QCL、太赫兹光子晶体发射器、太赫兹等离子体透镜、太赫兹室温等离子体波纳米探测器、太赫兹调制器、太赫兹波导和滤波器以及太赫兹偏振器。

问8　建立共用的综合科学/技术网络，以支持多学科跨国合作

（H. Roskos）
这个问题非常重要。太赫兹器件将成为防御安全、无损检测甚至是医学领域（可能包括癌症和糖尿病检测）多传感器系统的不可或缺的一部分。
（F. Sizov）
由于太赫兹是一门多学科交叉的科学和技术，因此，在北约及其合作伙伴国代表之间进行太赫兹光谱学、近场和"常规"视觉应用方面的合作具有战略意义，从而可以共同研究和研制太赫兹原型样机。

(V. Spagnolo)

我相信这是欧洲太赫兹行业发展的关键契机。

(M. Vitiello)

建立包括先进纳米制造的高分辨率和灵敏度光谱学、光学计量学、全息成像、非线性光学和先进固态理论之间的跨学科合作研究计划。

问9 太赫兹技术应用于农产品安全控制

(H. Roskos)

这个问题很有趣。太赫兹技术在这一领域的开发仍远远不够。例如，由罗德与施瓦茨公司(Rohde & Schwarz)研制的太赫兹成像仪技术,可用于食品包装。

(F. Sizov)

可利用太赫兹波检查食物的质量偏差。在这情况下,可直接使用太赫兹安全系统。

(M. Vitiello)

利用太赫兹波对水敏感的显著特征来监控食物和农业产品。例如,评估水果损伤和监控蔬菜的含水量。

在工业和农产品领域,需要小型和高速的太赫兹相机提供传送带上的产品实时质量控制信息。最终产品成像并不总是可以使用如 X 射线的有害辐射,而太赫兹光束易于透过包装材料,同时对人员、动物、植物和食物不造成伤害。

问10 在太赫兹领域,电子学和光子学方法的未来发展方向和应用领域有哪些?

(N. Palka)

未来,光子学方法的发展方向为研制基于 OPO 和 QCL 的 1~3THz 大范围、可调谐、窄带、大功率源。

电子学方法的发展方向和应用领域如下:

(1) 研制应用于太赫兹成像的低价、灵敏、高分辨率硅矩阵。

(2) 研制频率高达 2THz 的低价、高效肖特基二极管倍频器。

(H. Roskos)

基于前面几个问题的回答,我将给出我的个人意见。电子学和光子学这两种方法在当前和未来都将发挥其应有的作用。对于太赫兹的大众市场应用,如果存在的话(医学,或是无损检测以及具有大量特殊系统的传感器),光电子学方法并不能占据主导地位。尤其是用到化学传感器时,系统成本太高。低成本的电子解决方案具有强大的竞争力。

(F. Sizov)

电子学方法似乎是适合的,并即将在1THz及以下波段占据主导地位。光子学方法很适合,例如,在1THz以上的高频范围产生QCL,尽管QCL和光子学太赫兹探测器在该波段内需要低温操作。而太赫兹探测器、光整流探测器和热探测器(包括自由载流子辐射热测量计)在这两个波段占主导地位。

(V. Spagnolo)

我相信电子学将主导1THz以下频率范围的太赫兹应用,而光子学将在高于1THz的频率范围获得成功应用。

(M. Vitiello)

光子学已经率先实现了许多重要的太赫兹器件,如QCL和单行载流子光电二极管(UTC-PD)。QCL是在$1.2\sim5$THz频率范围占主导地位的最强大、紧凑和可靠的连续波太赫兹源,在实际的安全、传感和成像应用中可采用小型斯特林制冷机。UTC-PD可产生特别适合无线通信的亚太赫兹波。

在近20年中,光子学技术在电磁频谱的太赫兹波段实现了非凡的突破,这都归功于在辐射产生、使用和检测方面取得的进展。在诸如高速通信、分子光谱学以及安全控制和医疗诊断成像等广泛实际应用的驱动下,许多新颖和领先技术应运而生。

高频电子器件的性能不断进步也得益于太赫兹技术。作为太赫兹和亚太赫兹探测器,固态电子如共振隧穿二极管和太赫兹单光子探测器,以及传统电子器件如肖特基二极管、场效应晶体管和高电子迁移率晶体管的性能令人印象深刻。

问11 光谱表征的优异特性有哪些,太赫兹如何增强或匹配这些特性?

(H. Roskos)

对于太赫兹传感器,提高灵敏度非常重要。我设想超材料在研究太赫兹传感器像元上的直接分子对接位点方面将发挥非常重要作用——这同样又是一个跨学科任务。

(F. Sizov)

在太赫兹技术中,很多气态物质都有自己的特征,因而,太赫兹光谱学有非常强的选择性。但是,目前由于缺乏宽带和高效的太赫兹源、测量手段和系统,太赫兹光谱学仍是一个相对未开发的领域。太赫兹时域光谱系统似乎较复杂,在大范围的光谱应用中不具备优良的性价比。

(V. Spagnolo)

光谱系统的主要特征是选择性,采用的激光源和探测物体之间需要达到共振条件。太赫兹波段的许多分子和化合物具有重要的吸收带。因此,与可见光、红外和微波技术相比,利用太赫兹光谱系统可增强这些物体的探测率,使其达到一个不可超越的水平。

(M. Vitiello)

由于具备观察化学品和有机分子内部分子振动的能力(这种分子内模式出现在红外波段),光谱学提供了一种非常独特的工具。因此,通过了解分子内振动,可阐明大型生物分子的动力学,获得有关人体的知识。

(1) 对研究蛋白质、DNA、生物分子和各种各样的癌症具有重要意义。太赫兹波对极性分子(如水)具有极高的吸收灵敏度,因而可探测具有不同水合度的癌症组织的异常反射。

(2) 太赫兹时域光谱系统主要用于众多工业领域,包括硅太阳能电池和纳米复合材料。太赫兹辐射能够评估特定的半导体材料特性,如迁移率、载流子密度、等离子体振荡和掺杂量级,还可用于评估类似的超导体、水锰矿、铁磁体和多铁性材料。

(3) 许多复杂的有机分子在太赫兹波段具有特殊的吸收带,金属物体由于其高反射率而容易识别。这些特性表明了太赫兹技术在军事安全应用领域的巨大潜力,诸如武器、爆炸物和非法药物识别,即使它们隐藏在普通的包裹和封装材料中。

(4) 太赫兹光谱学还广泛应用于分析和定位故障点,或者检测航天飞机的内外泡沫绝热材料。

(5) 太赫兹对水的敏感度,可用来监控食物和农产品。例如,评估水果的损伤程度和监控植物的含水量。

(6) 太赫兹技术可用于监控大气环境中的许多化合物,如 OH、H_2O、HCl、O_3、ClO、HOCl、BrO、HNO_3、N_2O、CO、HCN、CH_3CN,研究臭氧化学,以理解全球变暖的成因,了解大气化合物对气候的影响,分析对流层中的污染物,这些都是重要的应用领域。

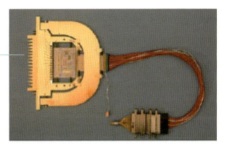

Ge:Ga应力模块

图 2.15 PACS 光电导体焦平面阵列。PACS 仪器红色和蓝色阵列的 25 应力和低应力模块(对应于 25 个空间像素)集成到外壳上(摘自 http://fifi-ls.mpg-garching.mpg.dr/detector.html[19])

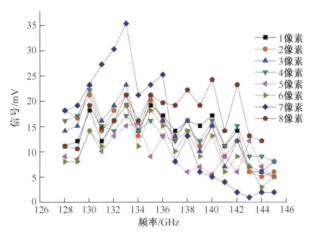

图 3.7 第一个 8 像元双线性阵列输出信号的频率响应关系

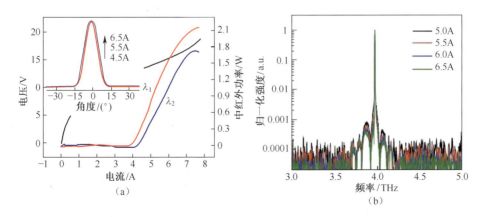

(a)　　　　　　　　　　　　(b)

彩 001

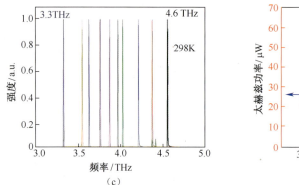
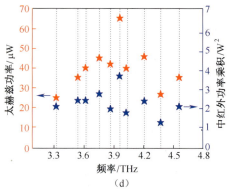

图4.3 (a)器件工作于4THz时两个波长下的 P-I-V 特征,插图为不同电流下的远场图;(b)不同电流下的归一化太赫兹光谱;(c)器件在3.3~4.6THz波段发射的太赫兹光谱;(d)不同太赫兹频率下的太赫兹功率和中红外功率乘积,虚线作为引导线

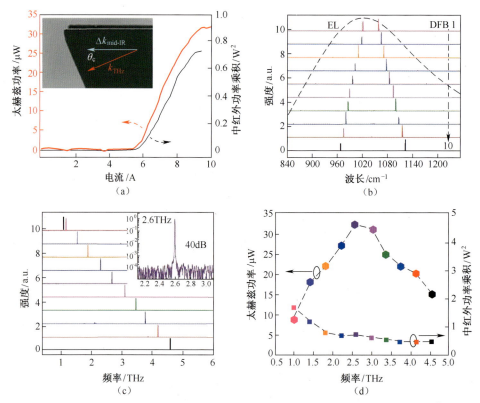

图4.4 (a)器件工作在2.6THz的太赫兹功率和中红外功率的乘积特性曲线,插图为采用Cerenkov方案描述的接近激光器前表面的器件SEM图;(b)根据 λ_1 和 λ_2 之间的可变频率差设计的不同DFB的中红外光谱和EL光谱;(c)1.0~4.6THz太赫兹器件发射的太赫兹光谱;(d)在不同太赫兹频率下,发射的太赫兹功率和中红外功率乘积。

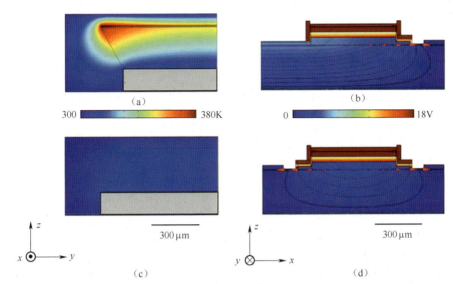

图 4.5 采用(a)、(b)外延层上安装和(c)、(d)外延层下安装器件的温度和电位分布;(b)、(d)中的虚线和箭头表示电位等高线和电流流向;(b)为单边电流注入;(d)为双边电流注入。

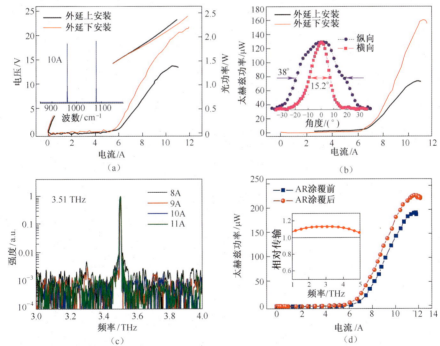

图 4.6 (a)器件采用外延层上安装和外延层下安装的中波红外 $P-I-V$,插图为 10A 时的中波红外光谱;(b)器件在两种安装模式下太赫兹功率与电流的关系,插图为器件在 10A 时,垂直和水平方向外延层下安装的太赫兹远场;(c)器件外延层下安装的太赫兹光谱;(d)器件带有抛光中波红外面(◇点线)和采用 SU-8 涂层后(●点线)的外延层下安装的太赫兹功率特性,插图为高电阻率硅片上 15μm 厚的 SU-8 涂层的相对传输

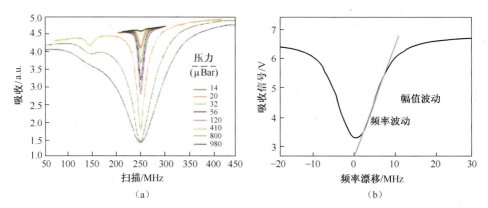

图 5.1 (a)CH_3OH 吸收线与气体压力的函数关系;(b)鉴频器与吸收分子线的函数关系,显示频率波动与可探测强度波动的转换关系

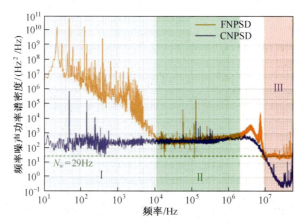

图 5.3 THz QCL 的 FNPSD 实验结果(橙色),其与电流驱动的 CNPSD 频率域噪声分量的对比结果(蓝色),虚线标记了白噪声水平

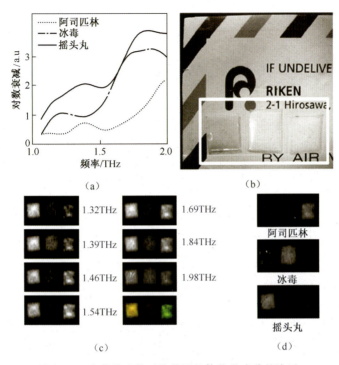

图 6.1 太赫兹成像系统检测物体化学成分的演示

(a)一些违法药物(摇头丸、冰毒)和阿司匹林的光谱透过率谱线;(b)所观测的物体,从左至右分布为摇头丸、阿司匹林、冰毒;(c)物体在不同频率下的太赫兹图像,带颜色的图像表示太赫兹成像可能探测到物体;(d)图像处理的结果[2]。

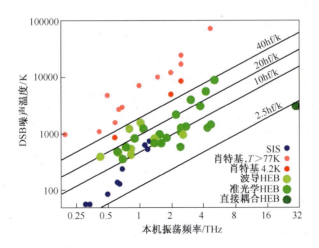

图 6.3 广泛使用的太赫兹外差接收机的噪声性能比较,给出了波导和准光学两种类型 HEB 混频器的接收机数据

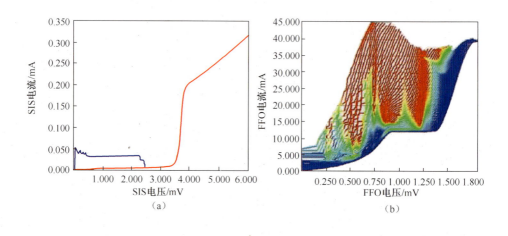

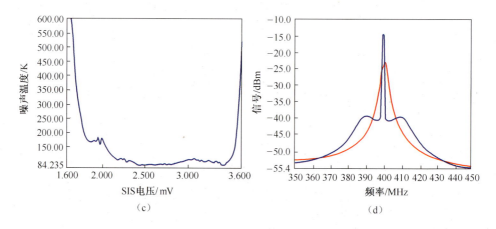

图 6.6 接收机 T4m-093#6m 的主要特性曲线

(a) SIS 混频器的电流-电压特性曲线(CVC),蓝色电流-电压特性曲线表示未抑制的直流约瑟夫森效应,红色曲线表示抑制隧道结临界电流的最佳电流控制线;(b) 穿透隧道结不同量级磁场的 FFO 电流-电压特性曲线,颜色表示 SIS 混频器的本机振荡器驱动量级;(c) 接收机噪声温度与偏压的函数关系;(d) 有 PLL(蓝色)和没有 PLL(红色)的 LO 线,在大约为 400MHz 中频上,由集成在相同 SIS 混频器芯片上的谐振混频器输出端获得的 LO 线。

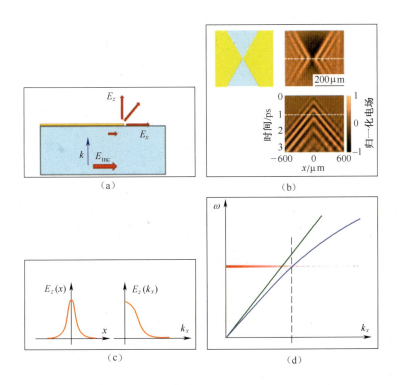

图 7.3 太赫兹表面波在金属样品边缘的激发和增强

(a)激发过程示意图;(b)太赫兹表面波的实验观察(瞬态场分布的空间分布以及显示波离开金属边缘传播的时空分布图)[1];(c)边缘感应场强 E_z 及其角光谱示意图;(d)表面波分布图,显示出感应场光谱(红色)与表面波散射曲线(蓝色)重合。

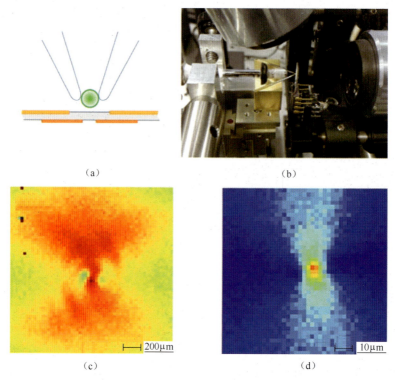

图7.5 用双探针探头将太赫兹脉冲光斑限定在 $5\sim10\mu m$ 的范围内[5]

(a)探测装置示意图;(b)探测装置结构图,可看到双探针和亚波长孔径近场探测器(绿色圆圈表示微粒,可以置于针尖间进行太赫兹分析);(c)探针正下方平面内的电场分布实验图,针尖发射出表面波;(d)针尖间的电场集中。

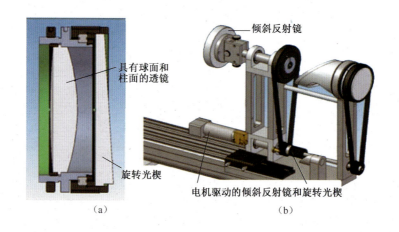

彩008

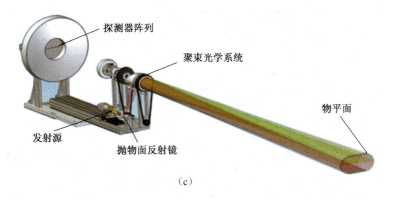

(c)

图 9.2 812GHz 实时反射成像线扫描

(a)聚束光学系统的横截面;(b)系统正面部分,可看到后端的电机驱动倾斜镜,以及前端带有电机驱动光楔的照射聚束光学系统,发射器位于系统底部,在中间部位显示(黄铜色物体);(c)总视图,太赫兹光束聚焦为一行,通过移动来照射物平面的轨道形区域。

图 9.7 扫描合成孔径成像系统的 CAD 示意图

(发射源和探测器线阵在系统顶部左侧(黄铜色部件)。扫描尺寸为 1m×2m×1.5m。两个大反射镜尺寸为 1m×0.7m,镜子设计的旋转频率为 0.5Hz。发射源辐射照射到下面的窄圆柱反射体,将辐射光束导入装置顶部右侧的大反射镜。反射镜辐射照射旋转三角形偏振器,将光束照射到照射装置右侧的目标场景。目标反射辐射可沿着同样光路反射到探测器阵列上)

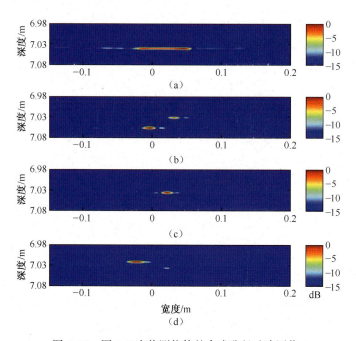

图9.10 图9.9中待测物体的合成孔径重建图像

(a)7.5cm 宽的金属块;(b)间距为 7.5cm 的两个 2.5cm 宽金属块;(c)半径为 2.5cm 的金属圆柱;(d)2.5cm 宽的金属块与金属圆柱,其中水平和垂直刻度的数字单位为 m。

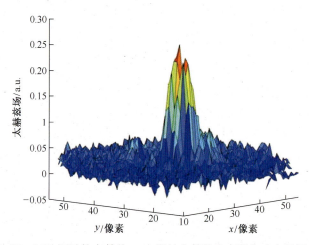

图9.12 CCD 记录的太赫兹 OPO 源的太赫兹光束聚焦光电场图像。
(x 轴和 y 轴代表数字拼接的相机像素,产生的焦点有效像元面积为 192m×192m)

彩010

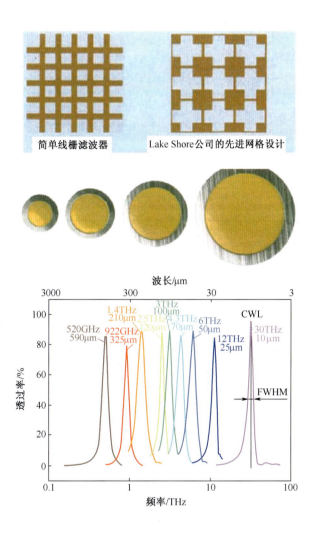

图 13.19 0.5~30THz 的 COTS 带通滤波器

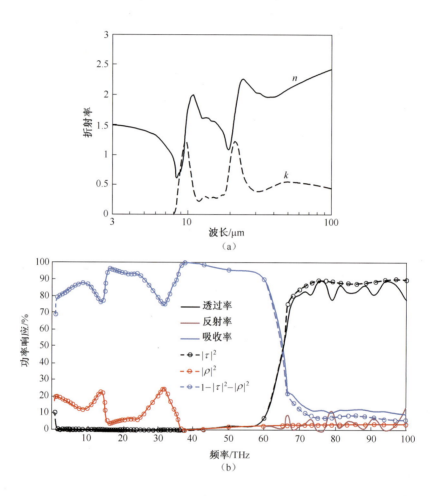

图 13.24 (a) 典型碱石灰窗口玻璃的测量折射率和消光系数（Solar Energy 材料公司提供[54]）；(b) 根据(a)中测量数据计算的 350μm 厚玻璃外壳的透射率、反射比和吸收比